다이얼로그
물리학

3

전자기학

DIALOGUE PHYSICS

묻고 답하며 알아가는 물리학

다이얼로그 물리학

3

전자기학

이공주복 지음 | 임승연 그림

이화여자대학교출판문화원

이 저서는 이화여자대학교 학술연구과제(1-2019-0205-001-1)의 일부 지원을 받음.

들어가며

"I love physics with all my heart.
It is a kind of personal love, as one has for
a person to whom one is grateful for many things."
- Elise "Lise" Meitner (1878~1968)

이화여자대학교 물리학과에 해마다 80명씩 신입생이 입학하던 시절이 있었다. 그러다 학부제가 실시되었고, 자연과학부로 입학한 학생 중 물리학을 전공으로 선택하는 학생들의 수는 급격히 감소했다. 수학을 좋아하고 잘하는 학생들은 수학을, 싫어하는 학생들은 화학이나 생물학을 전공으로 택하는 경향이 나타났기 때문이다. 수학은 '물리학의 언어'라고들 하니 어느 정도의 수학 능력을 갖춰야만 하는 물리학을 굳이 전공으로 택할 이유가 없지 않은가. 정말 물리학을 사랑하지 않는다면 말이다.

이즈음 일반물리학의 한 분반을 담당하며, 정녕 수학이라는 장벽 때문에 물리학을 택할 수 없는 것이라면 수학을 최소한으로 줄이고 물리적 개념을 많이 강조하는 방식으로 강의해보자는 생각이 들었다. 지금처럼 많은 동영상 자료가 있던 시절이 아니라서 구할 수 있는 한 많은 사진 이미지를 준비했는데 학생들 반응이 좋았다. 물리학을 전공할 생각이 전혀 없던 학생이 물리학을 전공으로 택하기도 하고, 인문사회 계열이나 예체능 계열의 학생들이 많지는 않았지만 나의 일반물리학 강의를 수강하러 왔다. 모두 수식을 최소한으로 사용하여 자연의 법칙을 이해해보자는 강의 소개문을 보고 찾아온 것이다. 이 비非이공계 학생 중에는, 수강생 대부분이 이공계인 일반물리학 강좌에서 아주 좋은 성적을 받은 학생들도 꽤 있었다. 동기 유발과 교육 효과가 함께 간다는 것과, 수학적 배경이 물리학을 처음 공부하는 데 필수가 되는 것은 아님을 깨닫는 경험이었다.

우리가 일상에서 경험하는 많은 현상은 일차적으로 고전물리학, 즉 고전역학이나 고전전자기학으로 설명된다. '일차적'이라고 표현한 것은, 자연현상은 까도 까도 새로운 양파처럼 한 가지 이론이나 법칙만으로 완벽하게 설명되지 않는 경우가 대부분이지만 그럼에도 그것을 통해 주된 이유 정도는 파악할 수 있음을 의미한다. 뉴턴의 운동방정식이나 맥스웰 방정식 등의 미분방정식 및 적분방정식을 푸는 대신, 친숙한 일상의 사례들을 통해 원리를 먼저 이해해보고자 했던 시도는 동료 교수의 부추김이 더해져 『만득이의 물리귀신 따라잡기』 1~3권 시리즈(1997~1999)의 출간으로 이어졌다. 오래전 일이다. 수식을 최소한으로 하는 일반물리학 강의는 기회가 될 때마다 계속 진행했지만 이 책들에 대해서는 잊고 있었다. 그러다가 시리즈를 출간한 지 10년도 훌쩍 지나서 다시 주변 사람들에게 등 떠밀려 개정판을, 심지어 예전에 포함하지 못한 '상대성이론과 양자역학'까지 포함해 일반물리학 전반을 아우르는 시리즈 개정판을 출판하는 것에 동의하고 말았다. 처음에는 제목과 등장인물을 바꾸고 내용만 조금 다듬으면 되는 수준이라고 생각했으나 다시 읽어보니 그 정도로 해결될 수 없겠다는 생각이 들었다. 세월이 흘렀다고 일반물리학의 기본 주제가 달라진 것은 아니나 설명 방식은 많이 달라졌기 때문이다. 주제가 바뀔수록 수정도 많아졌고, 거의 새로운 책을 다시 쓰는 지경이 되었다. 이렇게 해서 먼저 고전물리학과 물성·파동·열역학을 다룬 『세상 뭐든, 물리』 1·2권(2017)이 나왔다. 하지만 4권으로 예정되었던 '상대성이론과 양자역학'뿐 아니라 기존 시리즈의 3권에 해당하는 '전자기학'까지 출간할 수 없는 상황에 놓였다. 아쉬워하던 차에, 일반물리학 전반에 관한 입문서를 완결하고 싶었던 나의 마음이 통했는지 많은 이들의 염려와 도움으로 드디어 『다이얼로그 물리학』 1~4권 시리즈를 출간하게 되었다. 1·2권은 수정이 많이 이루어지긴 했지만 출판사 관계자들의 동의하에 『세상 뭐든, 물리』 1·2권과 같은 내용을 다루고 있음을 밝혀둔다.

이 시리즈는 두 학생 '울리'와 '엘리'가 우연히 한동네에 사는 여성 물리학자 '바리 교수'를 알게 되고, 바리 교수와 함께 대화하며 일상의 다채로운 예를 통해 물리학의 기초 개념들을 하나씩 깨우쳐가는 이야기로 구성되어 있다. 나의 분신이기도 한 바리 교수의 이름 '바리'는 나와 어울린다며 딸이 지어준 이름이고, '울리'는 '물리학의 양심'으로 불리는 천재 물리학자 볼프강 파울리(1900~1958)에게서, 또 '엘리'는 아인슈타인이 '우리(독일어권)의 퀴리 부인'이라고 칭한 여성 물리학자 리제 마이트너(1878~1968)의 어릴 때 이름인 '엘리제'에서 따온 이름이다.

바리, 울리, 엘리의 대화는 질문과 답변으로 이어진다. 대부분의 질문은 내가 일반물리학 강의를 하며 학생들에게서 받은 것들, 혹은 일반적으로 익숙하여 쉽다고 생각하지만 그것이 잘못된 이해에 기인하는 경우가 많은 개념을 질문으로 재구성한 것들이다. 특히 일반물리학 강의를 수강하면서 한 학기 동안 수십 번 질문하는 열정적인 비이공계 학생들이 종종 있는데, 그들의 질문을 대화에 많이 포함하여 비전공자나 대중이 보편적으로 가질 수 있는 궁금증들에 답을 제시하고자 노력했다. 반면에 자연의 법칙을 이해하기 위해 물리학이 어떤 개념들을 내놓았는지 최소한의 수학을 사용해 설명하고자 했으나, 완전히 수학을 배제하려 하지는 않았다. 물리학을 조금 더 깊이 잘 이해할 수 있는 가장 쉬운 방법은 어찌 보면 결국 수학을 통해서이기 때문이다. 직관적으로 자연의 법칙을 이해하는 것은 결코 쉽지 않지만, 수학으로 기술된 자연의 법칙을 수학적으로 풀고, 그 결과를 해석함으로써 자연을 이해하는 것은 훈련을 통해 가능하다. 이 시리즈는 그러한 수학적 훈련에 본격적으로 들어가기 위한 가교라고 할 수 있다.

『다이얼로그 물리학 1: 고전역학』은 속력, 속도, 가속도의 기초 개념으로 시작하기 때문에 처음에는 지루하게 느낄 수 있으나, 물리학을 '진지하게' 처음 접하는 독자라면 차근차근 읽어가길 바란다. 그러다 보면 '에프는 엠에이$F = ma$' 하나로 얼마나 많은 현상을 이해할 수 있는지, 직선운동이 어떻게 회전운동의 개념으로 확장되는지, 관성력은 왜 필요한지 등을 경험할 수 있게 될 것이다. 『다이얼로그 물리학 2: 물성·파동·열역학』은 총 네 권의 시리즈 중 가장 쉽게 접근할 수 있는 내용이다. 아르키메데스의 원리나 베르누이의 원리, 엔트로피를 비롯한 열역학 법칙들, 그리고 음파를 통한 파동의 물리적 특성 등을 일상의 예와 함께 이해해나갈 수 있을 것이다. 『다이얼로그 물리학 3: 전자기학』은 수식이 가장 많이 등장하는 권이다. 고전역학이 뉴턴의 운동방정식 '$F = ma$' 하나를 공부하는 것이라면 전자기학은 맥스웰 방정식 네 개를 공부하는 것이라고 할 수 있기 때문이다. 전기장과 자기장이 독립적이지 않고 서로 얽혀 있어서 이 둘과 관련된 네 개의 방정식은 모두 상대적으로 복잡하다. 방정식의 의미를 대화로 풀어 설명했지만 진지하게 물리학을 공부하고자 하는 독자를 위해 해당 방정식들을 따로 각 회차 마지막에 정리하여 제공했다. 1~3권은 대부분 고전물리학 영역이다. 즉 1900년 이전까지 확립된 물리학이다. 하지만『다이얼로그 물리학 4: 상대성이론·양자역학』은 소위 '현대물리학'이라고 부르는 1900년 이후에 발전한 개념들을 소개한다. 고전물리학처럼 우리의 일상에서 '직접적으로' 경험할 수 있는 개념이 아니어서 처음 접하는 사람은 누구나 매우 혼란스러워한다. 대중매체에서 다루는 과학 정보를 통해 아인슈타인의 상대성이론이나 '슈뢰딩거의 고양이' 등의 개념에 이미 익숙한 사람도 실제 그것의 구체적인 내용이나 원리에 대해 이해해보고자 하면 쉽지 않을 것이다. 나 역시 맛보기 수준으로만 집필하는 데도 많은 어려움을 느꼈다. 이러한 어려움을 조금이라도 상쇄해보고자 4권에서는 아인슈타인을 비롯한 아홉 명의 유명한 현대물리학자와 그들의 삶, 업적 등에 대해 간략히 소개했다. 시리즈의 내용 중 서로 연관된 일화들은 해당 내용 부분에 참조로 권과 일화의 번호를 넣었고, 매 일화의 끝에는 <바리 교수의 물리노트>로 핵심 내용을 간략히 요약했다. 참, 바리, 울리, 엘리가 함께 놀이하듯 물리 공부를 한다는 설정 아래 바리 교수의 갖가지 요리 레시피들이 모든 시리즈 사이사이에 양념처럼 등장하니, 복잡해진 머리를 환기하는 시간이 되었으면 한다. '리, 리, 리 자로 끝나는 말은? 바리, 울리, 엘리, 요리, 물리 보따리~'도 흥얼거리며.

"Have no fear of perfection: you'll never reach it."

- Salvador Dali (1904~1989)

원고 교정을 볼 때마다 오류가 보이고, 기존에 설명한 방식들이 계속해서 마음에 들지 않았다. 심지어 간단히 설명한다는 명목 아래 핵심을 짚지 않고 설명한 것은 아닌가 하는 불안감도 들었다. 그러나 결코 도달할 수 없는 완벽함을 갈구하지 않기로 했다. 물리학을 전공하는 사람들도 물리학 공부가 어렵다고 한다. 속도와 가속도의 정의로 시작해서 표준모형으로 마칠 때까지 총 160개의 일화를 통해 물리학 전반을 다룬 이 네 권의 시리즈는 일반물리학을 제대로 맛보기 위한 입문서에 불과하다. 그래도 어렵다. 하지만 30년간 대학 교단에서 물리학을 강의하며 얻은 나의 경험이, 많은 학생에게 그들이 조금이라도 덜 어렵게 물리학에 접근할 수 있도록 하는 데 도움이 될 수 있지 않을까 하는 희망으로 이 책들을 집필했다.

일반물리학 관련 문헌은 무수히 많으나, 집필하며 특별히 참고한 문헌은 *Physics for Scientists and Engineers with Modern Physics* (Raymond A. Serway & John W. Jewett, Jr., Brooks/Cole)와

Fundamentals of Physics (David Halliday, Robert Resnick, & Jearl Walker, John Wiley & Sons), *Conceptual Physics* (Paul G. Hewitt, Pearson Addison Wesley) 등이다. 또한 'MIT OCW'(https://ocw.mit.edu/)에 업로드되어 있는 Walter Lewin 교수님의 물리학 강의 영상물을 일부 본문에 인용했고, 'The Physics Classroom'(http://www.physicsclassroom.com), 경상대학교 정기수 교수님이 제작하신 '물리의 이해'(http://physica.gnu.kr/) 등의 웹페이지와 『호기심의 과학』(유재준, 계단, 2016) 등의 서적에서 개념을 쉽게 설명하기 위한 아이디어를 얻기도 했다. 그 외에 미항공우주국 NASA(https://www.nasa.gov)나 온라인백과사전 위키피디아(https://en.wikipedia.org)의 문도 종종 두드렸다. 특히 4권에서 살펴본 물리학자들의 삶과 연구에 대해서는 노벨상 홈페이지(https://www.nobelprize.org/)와 『스핀』(이강영, 계단, 2018), 『현대물리학의 선구자』(임경순, 다산, 2001), 『아인슈타인이 말합니다』(아인슈타인 저, 김명남 역, 에이도스, 2015) 등을 참조했다.

이 시리즈가 나오기까지 참으로 많은 분의 도움이 있었다. 『세상 뭐든, 물리』 1·2권의 오류를 꼼꼼히 정리하여 보내주신 통계물리학자 손승우 교수님, 상대성이론과 관련한 일화들을 자문해주신 중력파 물리학자 김정리 교수님, 유명한 '현대물리학과 인간사고의 변혁' 강의록을 쾌히 보내주시고 양자역학 및 표준모형과 관련한 일부 일화들을 자문해주신 입자물리학자 김찬주 교수님께 깊이 감사한다. 또한 대중적 인기가 전혀 없을 일반물리학 입문서인 이 책들을, 오로지 교육적 필요만을 이유로 주저 없이 출판하기로 결정해주신 이화여자대학교출판문화원의 이승아 전 원장님과 이혜지 주간님께 깊은 경의를 표한다. 이 분들의 무모한 결정이 없었다면 나의 초고는 낡은 컴퓨터 메모리 안에 영원히 갇혀 있었을 것이다. 무엇보다도 나의 행운은 이지예 편집자님을 만난 것이다. 비이공계 출신의 편집자가 대중서도 아닌 물리학 입문서를 편집한다는 것이 결코 쉽지 않았을 텐데도 한 줄 한 줄 스스로 물리학을 공부하는 자세로 계산식까지 확인해가며 편집하셨다. 교정지를 보며 얼마나 여러 번 감탄하고 순간순간 자신감을 얻었는지 모른다. 또 표지와 본문을 예쁘게 디자인해주시고, 본문 내 수식들을 보기 좋게 편집하느라 애써주신 디자이너들께도 감사한 마음을 전하고 싶다. 마지막으로 가족과는 비즈니스를 하지 않는다는 신념 아래 삽화 의뢰를 극구 거절했지만, 갖은 회유와 애원에 결국 승낙하여 복잡한 전문 삽화들을 꼼꼼하게 그려준 딸, 임승연 일러스트레이터에게도 큰 감사를 전한다.

2022년 2월

이공주복

차례

01 건조한 날 머리를 빗으면 정전기가 더 잘 일어난다구요?

쿨롱의 법칙

엘리는 학교에서 오후만 되면 머리가 헝클어진 느낌이 들어 종종 머리끈을 풀고 빗질을 다시 하곤 한다. 오늘도 쉬는 시간에 머리를 빗는데 유난히 정전기가 많이 일어나, 결국 화장실로 가서 물을 묻히며 빗질을 한 후 단정히 묶었다. 그러고 나니 다행히 학교가 끝날 때까지 머리를 다시 빗지 않아도 되었다. 울리를 만나 함께 집으로 가는 길, 엘리는 울리의 짧은 머리가 부럽다는 생각이 들었다.

울리 근데 정전기는 왜 일어나는 거였지?

엘리 마찰 때문에 전하가 이동해서 그렇다고 배웠잖아.

울리 배웠다고 내가 다 알면 얼마나 좋겠냐. 근데 왜 날씨에 따라 다를까? 비 오는 날처럼 습할 때는 정전기가 안 일어나잖아?

엘리 그러게…. 어? 저기 바리 아줌마 나와계신다. 가서 여쭤보자.

울리 아줌마~ 안녕하세요? 뭐 하세요?

바리 이제 학교 끝났구나? 아린이 간식 주고 있었어.

엘리 지금 간식을 주면 저녁은 언제 줘요?

바리 저녁은 안 줘. 아침을 많이 주고 중간에 간식만 조금씩 주지.

울리 어머? 정말요? 아린이 밤에 배고픈 거 아니에요?

바리 어릴 때는 아침저녁으로 두 번을 줬는데 크고 난 다음부터는 아침에 한 번만 많이 줘. 더 늙으면 조금씩 세 번에 나눠줄까 해.

엘리 그럼 그게 간식이 아니라 저녁인 셈이네요.

바리 그렇네, 하하- 근데 오늘 너희 바지가 쭈글쭈글 엉망이구나. 날이 많이 건조해서 정전기가 심하게 일어나지?

울리 맞아요. 그렇지 않아도 방금 정전기 얘기하면서 왔어요.

바리 그래? 오늘 같은 날은 정전기 현상에 대해 얘기할 만하지.

엘리 저는 아까 학교에서 머리 빗는데 정전기가 하도 심해서 물을 막 묻히면서 빗었다니까요~

울리 근데 왜 날씨에 따라 정전기가 생기기도 하고 안 생기기도 하죠?

바리 그게 날씨 때문이라기보다는 습도와 관계가 있다고 봐야 해. 그럼 '정전기static electricity'가 왜 생기는지, 그것부터 얘기해볼까?

울리 네~ 정전기라는 개념은 익숙한데, 막상 설명하려면 못 하겠어요.

바리 먼저 복습부터 해보자. 물질을 구성하는 원자는 원자핵과 전자들로 구성되어 있잖아? (2권 2화 참조)

울리 원자핵에는 중성자와 양성자가 들어 있고요.

엘리 전자는 음(−)전하를, 양성자는 양(+)전하를 띠고, 중성자는 전하를 띠지 않고요~ 전자 수와 양성자 수가 같아서 물질들은 전기적으로 중성이고 말이죠.

바리 하하- 잘하는데? 너희가 계속할래?

울리 딱 요기까지만 알아요~ 히히-

바리 전기적으로 중성인 물질들도 외부 영향을 받으면 전기를 띨 수 있는데, 마찰에 의한 영향이 대표적인 거지. 엘리는 오늘 머리를 빗을 때 정전기가 많이 생겼다고 했지?

엘리 엄청 심했죠. 머리카락이 빗에는 달라붙는데 또 머리카락끼리는 밀치고 해서 빗기 어려웠어요.

바리 그건 빗질을 하는 과정에서 머리카락의 전자가 빗으로 이동했기 때문이야.

울리 원자핵 주위를 맴돌던 전자가 떨어져 나왔다고요?

바리 그래~ 원자핵 가까이에 있는 전자들은 원자핵 속의 양성자들과의 결합력이 강하지만, 원자핵으로부터 멀리 있는 전자들은 결합력이 약해서 마찰에 의해 이동할 수 있거든.

엘리 근데 왜 머리카락의 전자들이 빗으로 이동해요? 빗의 전자들이 머리카락으로 이동할 수도 있잖아요?

바리 둘 중 어느 쪽 전자가 상대편으로 이동하는지는 어느 쪽 전자가 더 약하게 결합되어 있느냐에 따라 결정돼. 머리카락과 빗이 마찰을 일으키면 머리카락의 전자가 더 쉽게 떨어져서 빗으로 이동하지만, 만일 가죽으로 머리카락을 문지른다면 이 경우에는 가죽의 전자가 더 쉽게 떨어져서 머리카락으로 이동하거든.

울리 전자가 머리카락에서 빗으로 이동하면 어떤 일이 일어나나요?

바리 머리카락은 빗질에 의해 음(−)전하인 전자들이 나가면서 양성자 수가 전자 수보다 많아지고, 반대로 빗은 전자들이 들어오면서 전자 수가 양성자 수보다 많아지지. 이렇게 전기적으로 중성이었던 물질이 양(+)이나 음(−)으로 전기를 띠게 되는 것을 '대전charging'되었다고 해.

엘리 아하~ 그래서 빗질을 반복하면 머리카락이 자꾸 빗에 달라붙는 거군요. 머리카락의 양(+)전하와 빗의 음(−)전하가 서로 끌어당길 테니까요.

울리 그럼 양(+)전하를 띤 머리카락은 서로 막 밀치겠네요? 그러고 보니 서로 밀치는 작용에 의해 쫙 펼쳐진 머리카락 사진을 과학책에서 본 것 같아요.

바리 오호~ 같은 부호의 전하들은 서로 밀치고 다른 부호의 전하들은 서로 당긴다는 것을 알고 있구나? 그럼 전하들 사이에 작용하는 힘의 크기가 얼마인지도 알고 있어?

울리 그럴 리가요. 헤헤-

바리 후후, 18세기 중반에 활동한 프랑스 물리학자 샤를-오귀스탱 드

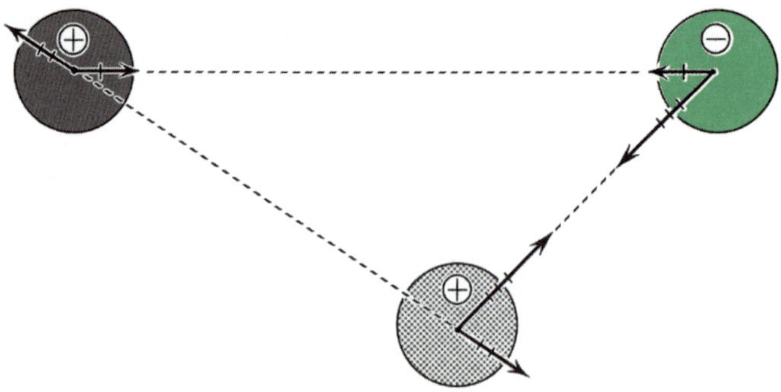

쿨롱Charles-Augustin de Coulomb은 두 전하 사이에 작용하는 힘이 '두 전하량의 곱'에 비례하고 '두 전하 간 거리의 제곱'에 반비례한다는 것을 밝혔는데, 이것이 '쿨롱의 법칙Coulomb's law'이야.

엘리 만유인력의 법칙하고 비슷한 것 같은데요? (1권 36화 참조)

바리 그렇지? 기호를 이용해 식으로 쓰면, 두 전하 q와 Q가 r만큼 떨어져 있을 때, 각 전하에 작용하는 '쿨롱의 힘' 크기 $F = k\frac{qQ}{r^2}$인데, 여기서 k는 비례상수야.

울리 만유인력에서의 질량 대신 전하량이 들어간 거네요~

바리 만유인력은 질량들이 서로 당기는 힘만 있지만, 쿨롱의 힘은 전하의 부호에 따라 당기기도 하고 밀기도 한다는 게 다른 점이지.

울리 아하~ 질량과 달리 전하는 양(+)전하일 수도 있고 음(−)전하일 수도 있어서 그렇군요.

바리 그렇지. 또 다른 점은 바로 비례상수의 크기야. 만유인력상수는 아주 작은 값이잖아? 기억날까? 참고로 만유인력상수값 $G = 6.67 \times 10^{-11} \mathrm{N \cdot m^2/kg^2}$이거든.

엘리 네~ 그래서 아줌마랑 저희가 만유인력에 의해 서로 달라붙지 않는 거라고 하셨잖아요. 근데 쿨롱의 힘은 비례상수가 큰가요?

바리 쿨롱의 법칙에 들어가는 비례상수를 '쿨롱상수Coulomb constant'라고 하는데, 만유인력상수와 달리 아주 커서, 진공에서 쿨롱상수 $k=9\times10^9\,\mathrm{N\cdot m^2/C^2}$이거든. 만유인력상수는 약 $\frac{7}{1{,}000억}$이고 쿨롱상수는 90억이란 거지. 물론 단위는 다르지만 말이야.

울리 엄청 크네요. 근데 C가 뭐죠? 본 것 같기도 한데요….

바리 전하량의 단위인 '쿨롱coulomb'이야. 언젠가 전자의 전하량 $e=-1.6\times10^{-19}\,\mathrm{C}$이라고 말한 적이 있었는데…. (2권 2화 참조)

엘리 아, 기억나요. 원자 구조, 쿼크, 암흑물질 등에 대해 알려주실 때 들었어요. 그때 메모도 했는데…. 찾으면 나올 거예요. 헤헤-

바리 전자의 전하량에서 보듯이, $-1\mathrm{C}$이 되려면 전자가 약 6×10^{18}개 있어야 하니 $1\mathrm{C}$은 굉장히 큰 전하량이야. 만일 $1\mathrm{C}$짜리 전하 2개가 진공 중에 서로 1m 떨어져 있다면, 두 전하 사이에 작용하는 힘의 크기가 얼마나 될까?

엘리 쿨롱의 법칙에 넣으면 $9\times10^9\,\mathrm{N}$, 즉 90억 N이 되네요?

바리 그래. 무게가 90억 N이면, 지구중력가속도를 대충 $10\,\mathrm{m/s^2}$라고 했을 때, 질량 9억 kg에 해당하니 어마어마하게 큰 힘이지.

울리 와~ 쿨롱의 힘은 정말 센 힘이네요.

바리 중력에 비해 엄청 강한 힘이지. 아무튼 정전기는 이렇게 물질들이 대전되어 전하들 사이에 쿨롱의 힘이 작용함으로써 그 결과를 경험하는 것이란다.

엘리 정전기가 일어나면 따갑거나 소리가 들리거나 불꽃이 보일 때도 있는데, 그런 현상은 왜 일어나는 건가요?

바리 그건 대전된 전하들이 반대부호의 전하들이나 중성의 도체와 접촉했을 때 갑자기 전류가 흐르게 되는 '방전discharge' 현상이야. 여기서 '도체'는 전기가 잘 통하는 물체를 의미해.

울리 그럼 정전기와 습도는 무슨 관계예요?

바리 습도가 높다는 것은 공기 중에 물분자가 많다는 거잖아? 물분자를 미키마우스 얼굴처럼 그려놓은 것 본 적 있지?

엘리 본 적 있어요. 얼굴이 산소(O), 귀는 수소(H)죠~

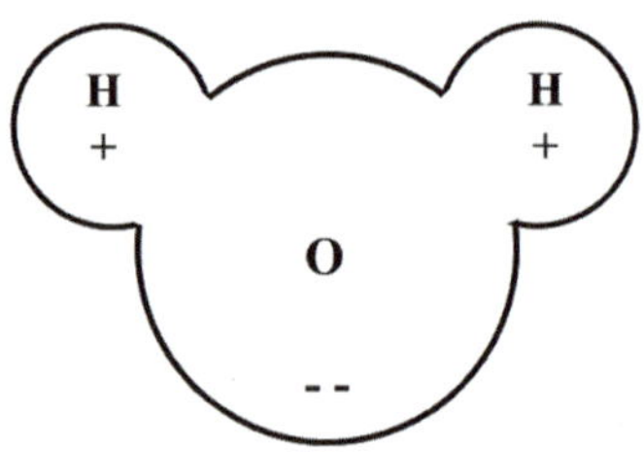

바리 맞아. 물분자는 전체적으로 중성이기는 하지만 전자들이 산소 쪽에 더 치우쳐 있어서 산소는 음(−)전하를, 수소는 양(+)전하를 띠게 되는데, 이런 분자를 '극성분자polar molecule'라고 해. 전하 분포가 고르지 않고 찌그러진 거지.

울리 전하 분포가 찌그러졌다는 것이 핵심 같은 느낌인데요?

바리 하하- 울리 느낌이 잘 맞긴 하지. 플라스틱 빗으로 머리를 빗어서 머리카락의 전자들이 빗으로 이동을 했는데, 공기 중에 물분자들이 많으면 어떻게 될까?

울리 전자가 많은 빗에 물분자의 수소 부분이 달라붙고, 전자가 부족한 머리카락에는 물분자의 산소 부분이 달라붙을 것 같아요.

엘리 아하~ 그럼 다시 중성이 되겠네요? 그래서 건조한 날에 정전기가 심하고 물을 뿌리면 다시 정전기가 없어지는 거군요.

바리 사실 공기 중에 물분자가 많으면 전자 이동도 방해를 받아서 대전이 잘 되질 않아. 그래서 피부가 건조한 사람들이 정전기 경험을 더 쉽게 하는 거고 말이야.

울리 그렇군요. 저도 이제 수분스프레이를 좀 사용해야겠어요. 헤헤-

바리 교수의 물리노트 1

- 쿨롱의 법칙Coulomb's law: 전하 q와 Q가 r만큼 떨어져 있을 때 작용하는 힘의 크기 $F = k\dfrac{qQ}{r^2}$이며, 방향은 두 전하가 같은 부호이면 서로 미는 방향, 다른 부호이면 서로 끌어당기는 방향이다. 진공에서 쿨롱상수 $k = 9\times10^9\ \mathrm{N\cdot m^2/C^2}$이다.
- 대전charging: 전기적으로 중성인 물질이 마찰 등 외부의 영향을 받아서 물질 간 전자 이동이 일어나 전기를 띠는 현상.
- 방전discharge: 대전된 물체가 반대부호로 대전된 물체나 중성의 도체와 접촉했을 때 전자 이동이 급격히 일어나는 현상.
- 극성분자polar molecule: 내부의 양(+)전하들의 평균 위치와 음(−)전하들의 평균 위치가 일치하지 않는 분자.

02 자동차 꽁무니에 정전기를 막아주는 꼬리가 달려 있다구요?

도체/절연체

한동안 건조한 날이 계속되어 엘리는 로션을 듬뿍 바르고 수분 스프레이도 자주 뿌리며 지냈다. 울리 얼굴에 갑자기 수분 스프레이를 뿌려 놀라게 하는 장난을 치기도 했다. 그렇게 주말이 되었다. 요즘은 특별한 일이 없는 한 엘리와 울리는 토요일마다 바리 교수를 찾아가는 것이 일상이 되었다. 바리 교수의 집 앞에 다다르자 예외 없이 아린이가 짖기 시작했다.

엘리 저희 이렇게 토요일마다 아줌마를 만나니까 『모리와 함께한 화요일*Tuesdays with Morrie*』이란 책이 생각나네요? 히힛-

바리 어? 엘리도 그 책 읽었니? 내가 좋아하는 책인데~

울리 또 저만 모르는 얘기죠? 그 책 재미있어요?

엘리 엄마가 보시던 책인데 저도 읽었어요. 병으로 죽어가는 모리 교수를 매주 화요일에 제자가 찾아가 만나는 슬픈 이야기죠?

바리 맞아. 작품 속 제자가 실제 이 책의 저자인 밋치 앨봄Mitch Albom이라는구나. 감동적인 얘기였어.

울리 우리는 '바리와 함께한 토요일Saturdays with Bari'인가요? 어려운 물리 얘기만 해서 감동 스토리는 안 나오겠죠? 히히-

바리 흠…. '바리와 함께한 토요일'이라…. 멋진데? 감동 스토리가 왜 아니야? 세상이 달리 보이는 새로운 경험을 하게 되는 것이 바로 감동 아니겠어? 후후-

울리 그럼 우리도 나중에 책을 한 번 써볼까요? 헤헤- 근데 아줌마, 아까 엘리랑 횡단보도 앞에 서 있는데 자동차들이 꽁무니에 쥐꼬리 같은 띠를 하나씩 질질 끌고 다니더라구요. 그건 뭐죠?

바리 정전기 방지벨트를 말하는가 보구나.

엘리 아, 그것도 정전기를 방지하기 위한 거예요? 어떤 원리로요?

바리 지난번에 습도가 높은 날에는 정전기가 잘 발생하지 않는다고 했는데, 그건 바로 물분자의 전하 분포가 고르지 않기 때문이라고 했잖아? 그래서 물은 전기도 잘 통하는데, 비슷하게 자동차에도 전기가 잘 통하는 금속을 연결해놓으면 자동차가 대전되더라도 금속을 통해 전자가 쉽게 이동할 수 있게 되거든.

울리 아~ 자동차도 대전돼요? 달리는 자동차를 누가 문지르는 것도 아닌데 어떻게 전하가 이동하죠?

바리 누가 문지르고 있는 거야. 하하- 누굴까?

울리 혹시 공기? 공기와 계속 부딪치잖아요.

바리 그래~ 공기와의 마찰 때문이야. 자동차가 달리든 가만히 있든간에 공기의 흐름에 의해 자동차 표면에서 전자가 빠져나갈 수 있거든. 이런 현상은 건조할 때 더 쉽게 일어나서, 자동차 문을 열려는 순간 방전으로 손이 따끔한 경험을 겨울철에 많이 하는 거고 말이지.

엘리 그럼 전기가 잘 통하는 금속을 연결해놓으면 자동차 표면에 쌓인 양(+)전하가 그 금속을 통해 계속 흘러나간다는 거예요?

바리 아니. 여기서 조심해야 할 점이 있어. 움직이는 것은 양(+)전하가 아니고 전자라는 거야. 즉 금속의 전자가 자동차 표면으로 이동하는 거지.

엘리 아, 그렇겠네요. 중성이었던 자동차에서 전자가 빠져나가 양(+)전하를 띠게 된 것은 결국 원자핵에 있는 양성자에 의해 그렇게 된 거니까 양(+)전하가 다른 물질로 이동할 수 없겠네요.

울리 근데 금속은 왜 전기가 잘 통하는 건가요? 고무는 전기가 잘 통하지 않는데 말이죠.

바리 중요한 질문이야. 전기가 잘 통하는 물질을 '도체conductor'라고 하고, 전기가 잘 통하지 않는 물질을 '부도체' 또는 '절연체

insulator'라고 해. 도체와 절연체의 차이를 아주 간단히 말하면 '자유전자free electron'가 있는가 없는가에 있지.

울리 자유전자가 뭐예요? 자유로운 전자인가요? 히히-

바리 그래 자유로운 전자라는 뜻이야~

엘리 정말요? 전자는 음(−)전하를 띠고, 원자핵은 양(+)전하를 띠고 있어서 서로 당기는 쿨롱의 힘이 생기는 건데, 또 자유로운 전자가 있다고요?

바리 그러게, 이상하지? 정확히 이해하려면 양자역학을 공부해야 하는데, 지금은 대충 도체와 절연체를 구분해볼게. (3권 4화 물리노트 4 [보충] 참조) 도체는 원자와 원자 사이를 자유롭게 이동할 수 있는 전자들이 있는 물질, 그리고 절연체는 전자들의 이동이 쉽지 않은 물질이야.

울리 말로만 듣던 양자역학을 우리도 배울 수 있을까요?

바리 너희가 얼마나 오랫동안 나를 찾아오느냐에 달렸겠지? 열심히 오면 언젠가는 양자역학을 살짝 맛볼 수 있을 거야.

엘리 오래오래 아줌마를 귀찮게 할게요! 헤헤-

바리 하하, 바라는 바야~ 그럼 다시 도체와 절연체로 돌아와서, 도체에는 자유롭게 이동할 수 있는 전자들이 있으니 쿨롱의 힘을 받으면 쉽게 물질을 뚫고 나올 수도 있고, 어느 한 부분에 과잉전하가 생겨도 바로 도체 전체에 골고루 퍼지는 성질을 갖게 되지. 절연체는 과잉전하가 생겨도 그 부분에 그대로 있고 말이야.

울리 도체는 전자들이 잘 이동하니 전기가 잘 통하지만, 절연체는 아니고요.

바리 맞아. 전기만 잘 통하는 게 아니라 열도 잘 통하지. 자유전자가 에너지를 쉽게 전달하는 역할을 하니까 말이야. 뜨거운 국그릇에 넣은 은수저가 금세 뜨거워지는 것도 바로 이 때문이란다.

엘리 아, 그렇군요. 근데 정전기 방지벨트를 꼭 땅에 끌리도록 달고 다녀야 하는 이유가 있나요?

바리 그건 '접지ground'라고 하는데, 전자를 무한히 많이 갖고 있는 물체에 연결한다는 의미야. 땅은 아주 큰 물체여서 자동차에 달린 금속 줄에 무한정 전자를 공급할 수 있거든.

엘리 금속 줄이 갖고 있는 자유전자로는 충분하지 않은가요? 아, 혹시 자동차가 커서 그런 거예요?

바리 그런 이유도 있고, 전자가 나간 금속 줄이 대전된 상태가 되면 주변의 공기들에 또 쿨롱의 힘이 작용하겠지? 그래서 공기분자들이 이온ion(전하를 띠는 원자 또는 분자. 전기적으로 중성인 원자 또는 분자가 전자를 잃으면 양(+)이온이, 전자를 얻으면 음(−)이온이 된다)이 되면 스파크가 생길 수 있어 위험하기 때문이기도 해. 특히 발화점이 낮은 연료를 운반하는 유조차는 반드시 정전기 방지벨트를 접지시키고 다녀야 한단다.

엘리 아~ 스파크도 쿨롱의 힘 때문이군요?

바리 그래. 과잉전하가 많아지면 쿨롱의 힘도 세져서 공기분자가 이온이 될 수 있거든. 그럼 움직이는 전하들에 의해 전류가 생기고, 공기분자를 이온화시키며 튀어나온 전자들은 충돌에 의해 공기 온도를 높임으로써 빛과 소리를 일으키는 스파크를 만들어내는 거지. 순식간에 말이야. (3권 3화 참조)

울리 아하~ 도체는 전기가 잘 통해서 위험하다고만 생각했는데, 오히려 정전기 현상을 막아주기도 한다니 재미있어요.

바리 그렇지? (비닐봉투를 하나 들고 나오며) 실험 하나 해볼까?

울리 네!! 실험은 항상 좋아요~

바리 자, 여기 플라스틱 막대, 금속 막대, 모직 헝겊, 그리고 종잇조각들이 있어. 막대를 하나씩 쥐고 모직 헝겊으로 여러 번 문지른 뒤, 어느 막대에 더 많은 종잇조각이 붙는가를 관찰해보는 실험이야. 실험하기 전에 어느 막대일까 예측해보면 더 좋겠지?

엘리 모직 헝겊으로 문지르면 어디서 전자가 옮겨가나요?

바리 금속이나 플라스틱 모두 전자가 많아진단다. 모직 헝겊이 더 쉽게 전자를 빼앗기는 거지.

엘리 그럼 모직 헝겊에서 온 전자들이 금속 막대 안을 쉽게 돌아다니게 되겠네요.

울리 실험 결과는 잘 모르겠지만 전 금속 막대로 해볼래요.

엘리 전 그럼 플라스틱 막대로~

울리 어? 금속 막대에는 종잇조각이 하나도 붙질 않아요! 플라스틱 막대에는 저렇게 많이 붙었는데요.

바리 자, 그럼 이제 금속 막대의 한쪽 끝을 이렇게 플라스틱 랩으로 감고, 랩 부분을 잡고 다른 쪽 끝을 문지른 후에 해봐.

울리 와~ 이제 종잇조각들이 잘 붙는데요? 아깐 뭐가 문제였죠?

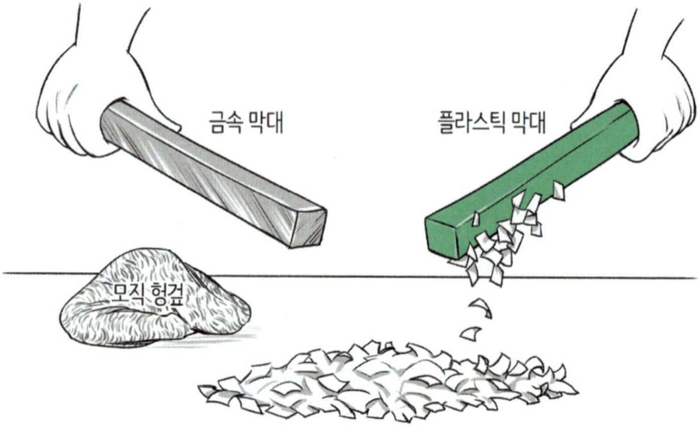

바리 네 손이 문제였지. 우리 몸은 60% 이상이 극성분자인 물이고, 그 외 많은 분자나 원자가 이온 상태로 있어서 도체라고 할 수 있어.

엘리 아~ 그럼 모직 헝겊에서 온 전자들이 울리의 몸으로 쉽게 이동할 수 있었겠네요?

바리 그렇지. 그리고 금속 막대가 그런 울리의 손을 통해 접지된 거야. 그 정도의 전자를 받아도 사람 몸에는 이미 충분히 전자들이 많기 때문에 전하량의 변화는 거의 없다고 할 수 있고, 따라서 접지 조건에 들어맞는 거지.

울리 플라스틱 랩은요?

바리 랩은 전기가 잘 통하지 않는 절연체라 금속과 손 사이에서 전자가 이동하지 못하게 해. 그래서 랩을 감은 부분을 쥐고 헝겊에 문지른다면 금속 막대가 대전된 상태로 있게 되는 거고 말이야.

울리 으~~ 열심히 문질렀는데 헛고생했네요. 근데 정전기로 스파크가 생기는 것과 번개가 치는 것이 비슷한 현상 같은데, 맞나요?

바리 다른 질문을 기대했는데, 갑자기 번개가 떠올랐나 보네?

엘리 어떤 질문이요?

바리 전기적으로 중성인 종이가 어떻게 달라붙나 하는 질문을 기대했지. 이따가 번개 얘기도 하고 달라붙는 종이 얘기도 해보자~

바리 교수의 물리노트 2

- 도체conductor: 원자와 원자 사이를 거의 자유롭게 이동할 수 있는 전자들이 있는 물질로, 과잉전하가 있으면 바로 도체 전체에 퍼지게 되며 전기나 열을 잘 전달한다.
- 절연체insulator(부도체): 전자들의 이동이 자유롭지 않은 물질로, 과잉전하가 생겨도 처음 생긴 곳에 그대로 있으며, 전기나 열을 잘 전달하지 못한다. (3권 4화 물리노트 4 [보충] 참조)
- 접지ground: 충분히 커서 무한히 많은 전자를 갖고 있는 물체와 접촉시키는 것으로, 결과적으로 도체가 전기적 중성을 유지하게 한다.

03 둘이 맞닿지 않아도 스파크가 일어날 수 있다구요?

유도에 의한 대전/유전분극

울리와 엘리는 바리 교수와 함께 물리 이야기를 하는 시간도 좋아하지만 중간에 잠시 쉬는 시간을 아주 좋아한다. 아린이와 놀 수 있기 때문이다. 이제 아린이도 엘리와 울리를 잘 따르게 돼서 이들이 가까이 다가가도 으르렁거리지 않고 꼬리를 살랑살랑 흔든다. 간식을 줄 때는 더욱 친한 척하기도 한다. 울리와 엘리가 마당의 데크에 있는 아린이 간식 통에서 간식을 꺼내 주는 동안 바리 교수는 울리와 엘리에게 줄 간식을 갖고 데크로 나왔다.

울리 아린이 간식은 고기네요?

바리 육식동물이니까 고기를 좋아하지.

엘리 사료는 하루에 한 번만 주신다면서요? 그래서 간식은 고기로 준비해놓으시는 건가요?

바리 간식은 조금 주니까 아린이가 좋아하는 고기를 주려고 해. 근데 고기를 거의 씹지도 않고 삼켜버려서 맛이나 느끼는지 모르겠다. 이제 우리 아린이도 늙어서 이빨이 시원치 않은 것 같아~

울리 늙어 보이지 않고 오히려 건강해 보이는데요?

바리 아침저녁으로 열심히 산책하니까 건강하겠거니 하고 믿어야지.

엘리 근데 아린이는 밖에서 지내는데 천둥 번개를 무서워하지 않아요?

바리 사실 엄청 무서워 해. 꼬리를 숨기고 막 울기도 해서, 그럴 땐 불쌍해서 집 안에 들어오게 한단다.

울리 저도 무서워요. 특히 번개가 번쩍번쩍할 때는 더욱요. 어떻게 그런 현상이 일어나는 건가요?

바리 번개도 종류가 많다고 하는데, 우리가 쉽게 목격하는 번개는 구름과 땅 사이에 생기는 거야. 이 경우 구름 속에서 전하들의 분리 현상이 일어나고, 그에 따라 구름의 윗부분에는 양(+)전하가, 아랫부분에는 음(−)전하가 모이게 된대.

엘리 신기하네요~

바리 그렇지? 그 많은 구름의 아랫부분이 음(−)전하를 띠게 되면 그 아래 땅에서는 어떤 변화가 생길까? 쿨롱의 힘을 생각해봐.

울리 구름을 향해 양(+)전하들이 막 모이나요?

바리 음~ 좀 더 정확히는 땅의 전자들이 가능하면 구름과 멀어지려 하지. 구름의 음(−)전하가 밀치는 쿨롱의 힘에 의해서 말이야. 그렇게 밀쳐진 전자들은 땅속으로 가기도 해서 구름과 가까운 표면 쪽이 양(+)전하로 대전된 상태가 된단다.

엘리 오~ 문지르지도 않았는데 대전이 되는 거네요?

바리 맞아. 대전되는 방법은 여러 가지가 있어. 문질러서 대전시키는 것은 '마찰에 의한 대전', 구름 아래 지표면이나 건물들이 구름과 닿지도 않았는데 대전되는 것은 '유도에 의한 대전', 또 대전된 도체가 중성 도체와 접촉해서 중성 도체도 대전되는 것은 '전도(접촉)에 의한 대전'이라고 부른단다.

울리 와~ 정말 여러 방법이 있군요.

엘리 그럼 그렇게 땅에 있는 것들이 양(+)전하로 대전되면 어떤 일이 벌어지는 건데요?

바리 양(+)전하로 대전될수록 구름 아랫부분에는 더 많은 전자가 모이게 되고, 그러면 쿨롱의 힘도 더 커져서 전자들이 구름 밖으로 튀어나오게 되지.

엘리 구름의 전자들이 땅으로 끌려가는 거네요?

바리 그렇지. 이때 전자들은 100km/s의 빠른 속력으로 떨어지면서 공기분자들과 충돌하는데, 이렇게 충돌한 공기분자들은 전자를 잃고 양(+)이온이 된단다.

울리 와~ 공기분자들까지 양(+)이온이 되면 온통 전하 투성이겠어요. 공기 중에 양(+)이온과 전자들이 잔뜩 있을 테니까요.

바리 그렇지. 그래서 떨어지는 전자들 때문에 지표면은 더욱 양(+)전하를 띠다가, 이윽고 전자들과 만나는 방전이 일어나 스파크가 생기는데 이게 바로 번개야. 번개가 칠 때 공기의 온도는 약 5만 °C까지 올라간다니 어마어마하지.

엘리 와~ 5만이요?

바리 그래. 큰 수치라 어느 정도인지 감이 잘 안 오지? 번갯불의 에너지는 100W짜리 전구 100만 개를 10초간 켤 수 있을 정도라고 하는구나.

울리 전구 100만 개를요? 그래서 그렇게 무섭게 번쩍이는 거군요.

엘리 근데 왜 뾰족한 첨탑 같은 곳에서 번개가 더 잘 치는 거죠?

바리 그건 뾰족한 곳에 전하들이 더 많이 몰리기 때문인데, 그 이유를 이해하려면 도체에 대해 좀 더 깊이 알아야 해. 나중에 다시 자세히 설명할 기회가 있을 테니 지금은, '도체가 대전되면 과잉 전하들은 도체 표면에만 분포하게 되는데, 평평한 부분보다는 뾰족한 부분에 더 조밀하게 분포하게 된다'는 정도로만 알고 있자. (3권 9화 참조)

엘리 네~ 전하가 조밀하게 모여 있으면 쿨롱의 힘도 커져서 방전이 일어나기가 더 쉬워진다는 것이군요.

바리 그래. 구름에서 떨어져나온 전자들이 뾰족한 곳으로 잘 몰리는 성질을 오히려 이용해 만든 것이 피뢰침이란다.

울리 네? 그건 모순 아닌가요? 도체가 뾰족할수록 번개를 더 잘 맞는데, 뾰족한 피뢰침이 어떻게 번개를 막아준다는 거죠?

바리 하하- 그렇지? 핵심을 얘기 안 했네. 피뢰침은 도선으로 땅과 연결되어 있어. 결국 접지 상태인 거지.

엘리 아하~ 뾰족한 피뢰침에 전하들이 많이 모여도 도선을 따라 전자의 이동이 생기겠군요.

바리 맞았어. 건물에 피뢰침을 설치하면, 구름의 방전이 너무 빨라서 번개가 형성되더라도 높고 뾰족한 피뢰침에 맞게 될 테고, 전류가 피뢰침 도선을 따라 흐르게 될 테니 건물이 받는 피해는 줄일 수 있는 거지. 최근에는 피뢰침이 뾰족할 필요도 없다는 연구까지 나왔단다.

울리 적을 알아야 적을 이길 수 있는 건가요? 헤헤-

바리 그런 셈인가? 하하- 번개는 지금도 연구할 것이 아주 많다고 해. 구름에서 전자가 떨어지며 만들어지는 형태의 번개가 가장 흔하다고는 하는데, 전자가 위로 올라가는 번개도 있고, 구름 속에서 생기는 번개, 구름과 구름 사이에 생기는 번개도 있다고 하니 아직도 모르는 것이 많은 거지.

울리 항상 느끼는 거지만 깊이 들어갈수록 자연은 복잡한 것 같아요.

바리 그래도 늘 강조하지만 기초적인 것부터 이해하는 것이 중요해. 그럼 이제 모직 헝겊으로 골고루 잘 문질러 전체가 음(−)으로 대전된 플라스틱 막대에 종잇조각들이 달라붙은 아까의 실험에 대해서 얘기해볼까?

엘리 종이는 전기가 잘 통하지 않는 절연체죠? 그럼 전자들이 이동을 못 하고요. 흠….

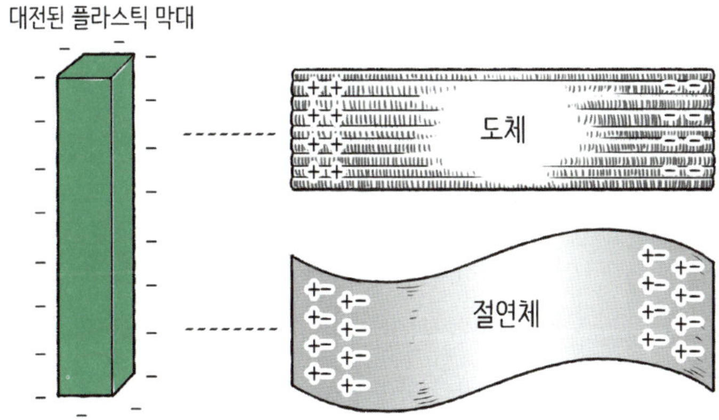

바리 자유전자가 없어도 원자들의 전하 분포가 찌그러질 수는 있어.

엘리 어? 원자는 중성인데 어떻게 전하 분포가 변해요?

바리 원자 안에서 전자는 원자핵 주위를 돌고 있다고 했잖니? 그런데 사실 정확하게 어디 있는지는 모르고, 전자가 원자핵 주변 어디엔가 있을 확률을 아는 거거든. 그래서 '전자구름electron cloud'이라고 표현하고 말이야. 이것도 양자역학! (4권 20화·26화 참조)

울리 음…. 그래서요? 전자가 원자핵 주위에 분포하여 돌고 있는 것이 종이가 막대에 붙는 것과 어떻게 연결되는 거죠?

바리 음(−)으로 대전된 막대를 종이에 가까이 가져가면, 종이 속 원자의 전자는 원자핵에 묶여 있더라도 막대에서 가능한 한 먼 곳에 있으려고 할 확률이 커진다는 거야.

엘리 종이 속의 원자 하나하나에서 그런 일이 일어난다는 거죠?

바리 그렇지. 전자가, 양성자가 당기는 쿨롱의 힘을 벗어나서 아주 멀리 갈 수는 없지만 원자 안에서라도 음(–)으로 대전된 막대로부터 멀리 있으려 하는 거지. 이런 현상을 '유전분극dielectric polarization'이라고 하고, 유전분극이 일어난다고 해서 절연체를 '유전체dielectric'라고 부르기도 한단다.

울리 또 용어가 많네요. 도체, 절연체, 유전체, 유전분극….

바리 이제 전자기학의 시작이라 또 새로운 용어가 많이 등장할 테니까 그러려니 하렴~ 중요한 것은 지금까지 얘기한 것들의 중심에 쿨롱의 힘이 있다는 거야.

울리 네~ 질량들 사이에는 만유인력, 전하들 사이에는 쿨롱의 힘~

바리 좋았어. 그럼 실험으로 돌아와서, 음(–)으로 대전된 막대 근처에 있는 도체에서는 쿨롱의 힘 때문에 자유전자들이 막대로부터 멀리 이동하고, 절연체에서는 원자 하나하나의 전자 분포가 쿨롱의 힘 때문에 변하게 된단다.

엘리 이런 경우도 대전된 것이라고 하나요?

바리 대전되었다는 것은 중성이 아니고 과잉전하가 있다는 뜻이라서, 대전된 막대 근처의 도체나 절연체는 대전된 것이 아니야. 전하 분포만 달라진 것이지 전체는 여전히 중성이니까 말이야.

울리 아, 그럼 풍선을 문질러 벽에 붙이는 것도 유전분극인가요?

바리 아주 좋은 예지. 풍선을 옷에 문지르면 보통 음(–)으로 대전되는데, 이 풍선을 벽 가까이 가져가면 벽 표면에 있는 원자의 전자구름은 표면 가까운 쪽에 있을 확률이 줄어들도록 찌그러지지. 결과적으로 벽 표면에서는 양(+)전하가 분포된 효과를 보이게 되니 음(−)으로 대전된 풍선이 벽에 달라붙는 거고 말이야.

엘리 아~ 근데 풍선을 문질러서 벽에 붙이면 금세 떨어지던데요. 좀 더 오래 붙어 있게 할 수 있는 방법은 없을까요?

바리 대전된 풍선의 전하량을 크게 하면 좀 더 오래 붙어 있게 될 걸? 폴리에스터 옷보다 털옷으로 문질렀을 때 전자가 더 많이 이동하니까 모직 헝겊을 준비해서 풍선에 문지르면 좀 더 효과적일 거야. 사실 풍선을 붙이는 것보다 부는 게 더 힘들지 않니?

엘리 그렇긴 하죠. 그것도 많이 불어야 할 때는 정말 힘들어요.

울리 다음에 학교에서 이벤트를 할 때는 모직 헝겊을 준비해야겠어요. 칠판에 테이프로 풍선을 붙이면 지저분해지니까요~

엘리 맞아. 그거 진짜 지저분해.

바리 교수의 물리노트 3

- 물체를 대전시키는 방법에는 '마찰에 의한 대전', '유도에 의한 대전', '접촉에 의한 대전'이 있다.
- 유전분극dielectric polarization: 전자의 이동이 자유롭지 않은 절연체가 대전된 물체 가까이에 있으면 원자의 전하 분포가 변하여 원자 내 양(+)전하와 음(−)전하의 분극이 일어나는 현상.

04 복사기의 작동 원리도 쿨롱의 힘으로 이해할 수 있다구요?

반도체/초전도체

언젠가부터 엘리는 바리 교수가 알려주는 내용을 열심히 노트에 메모하게 되었다. 요즘은 거의 토요일마다 바리 교수의 집에서 머물다 보니 배우는 내용도 많고 그날그날 정리한 메모도 꽤 많아졌다. 그런데 엘리는 매번 이 노트를 정리한 후에 울리를 위해서 불평 없이 복사해준다.

울리 엘리야, 너 나 얄밉지?

엘리 왜? 얄미워할까?

울리 아니~ 그건 아니고…. 네가 정성스럽게 정리한 것을 매번 복사해 가려니 조금 미안한 마음이 들어서 말이지. 헤헤-

바리 울리 네가 복사한 것들을 집에 가서 한 번이라도 봐준다면 열심히 정리해준 엘리도 아주 뿌듯해할 것 같은데~

울리 그렇죠? 나중에 봐야지 하고 복사는 하는데, 막상 집에 가면 전혀 생각이 나지 않는 것은 어떻게 된 걸까요?

엘리 그래? 앞으론 내가 문자 알람을 보내줄게~ 히히-

울리 윽! 절대 사절이야.

바리 하하- 울리 큰일 났구나~ 참, 복사 얘기하니까 오늘은 복사기의 원리에 대해 얘기해볼까?

울리 복사기의 원리요? 요즘 공부하는 내용과 연관이 있나 보죠?

바리 울리 눈치는 알아줘야 한다니까. 울리 예상대로 쿨롱의 힘과 정전기 현상을 이용해서 복사기의 기본 원리를 이해할 수 있단다.

울리 또 쿨롱의 힘이 나오네요.

바리 쿨롱의 힘은 만유인력만큼이나 중요하니까. 복사기의 원리를 얘기하기 전에 먼저 반도체에 대해 간단히 소개할게. 복사기에는 '셀레늄selenium'이라는 아주 특별한 반도체가 들어 있거든. '반도체semiconductor'라는 건 많이 들어봤지?

울리 그럼요~ 반도체가 들어 있지 않은 기기는 하나도 없잖아요?

바리 그럼 반도체가 뭔지는 알아?

울리 반만 도체? 히히-

바리 뭐, 아주 틀린 말은 아니야. 반도체는 보통은 절연체이지만 에너지를 가하면 전기전도도가 높아져서 도체가 되는 특성을 갖고 있으니까 말이야. '전기전도도conductivity'는 전기가 얼마나 잘 통하는가를 나타내는 물리량을 의미하는데, 절연체는 전기전도도가 낮고 도체는 높단다.

엘리 절연체가 도체로 변하다니 신기해요. 에너지를 받으면 전자들이 막 자유로워지나 봐요.

바리 그렇지? 대표적인 반도체 물질은 '실리콘silicon'과 '게르마늄germanium'인데, 반도체의 발견은 우리 인간의 문명을 획기적으로 변화시켰다고 할 수 있어. 우리가 이러한 물질의 특성을 이해할 수 있는 것은 양자역학의 발전 덕분이고 말이야.

울리 양자역학은 꼭 배워봐야 할 것 같아요.

바리 기회가 오겠지? 후후. 반도체의 더 신기한 특성은 반도체 물질에 다른 물질을 조금 넣어주면 다양한 전기적 특성을 갖는 반도체를 만들 수 있다는 거야. 자주 언급하진 않겠지만 그래도 용어 정도만 소개하자면, 보통 반도체를 '진성 반도체intrinsic semiconductor', 불순물이 들어간 반도체를 '외인성 반도체extrinsic semiconductor'라고 해.

엘리 영어로는 'in-'과 'ex-'인데 우리말은 그 느낌이 안 오네요.

바리 그렇지? 과학 용어를 우리말로 바꾸는 것이 쉽지 않아서 그래. 외인성 반도체는 쉽게 '불순물 반도체'라고도 불러. 진성 반도체 물질에 조금 넣어준 물질을 '불순물'이라고 부르기 때문이지. 그리고 불순물을 넣는 것을 도핑doping이라고 부르고 말이야.

엘리 도핑이요? 운동선수들이 금지된 약물을 사용하는 것과 같은 용어인가요?

바리 그래~ 스포츠에서 도핑은 '마약을 먹이다'라는 뜻으로 사용한 것이고, 반도체에서는 '불순물을 첨가하다'라는 뜻으로 사용한 거야.

울리 마약을 불순물로 보면 비슷하네요. 헤헤-

바리 그렇게 볼 수도 있네~ 아무튼 불순물 반도체의 다양한 전기적 특성 덕에 다이오드, 트랜지스터, 집적회로, LED 등등도 만들 수 있는 거란다.

엘리 아까 복사기에 들어가는 셀레늄이라는 반도체가 특별하다고 하셨는데, 무엇이 특별한 건가요?

바리 셀레늄은 빛을 쪼이면 도체가 되는 특성을 갖고 있다는 거야.

울리 와~ 정말 신기한 물질이 많네요.

바리 더구나 셀레늄은 독성 물질이지만 최근에는 노화 방지 효능이 높다는 연구 결과도 있는 등, 미량이지만 우리 몸에 꼭 필요한 영양소라고 하니 더 신기하지. 이런 셀레늄이 복사기에서도 중요한 역할을 하고 말이야.

울리 혹시 복사 시작 버튼을 누르면 빛이 번쩍 하고 지나가는데, 그 빛이 셀레늄을 도체로 만드는 건가요?

바리 맞아. 복사기 내부에는 양(+)으로 대전된 원통 드럼이 있는데,

이 원통 드럼은 음(−)으로 대전된 셀레늄으로 얇게 코팅이 되어 있지.

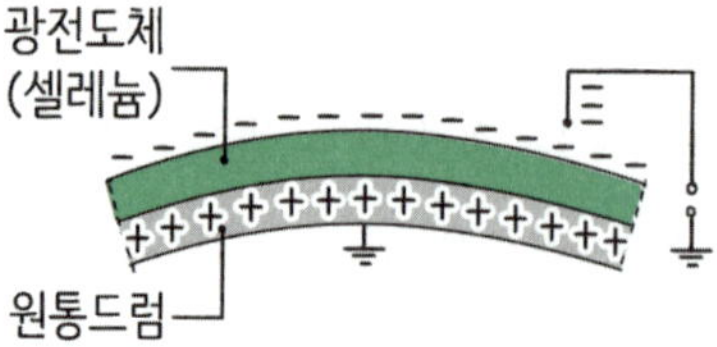

엘리 근데 복사할 때 나오는 빛은 복사하려는 종이에 쪼여지는 것 아닌가요?

바리 예리한 질문이야. 복사하려는 종이에 쪼인 빛은 반사를 하는데, 글씨가 있는 곳과 글씨가 없는 곳에서 그 반사되는 정도가 다른 것을 이용한 거야.

엘리 아하, 검은 부분은 빛을 흡수하고 흰 부분은 빛을 반사하는 것을 이용한 거군요?

바리 맞아, 바로 그거야. 글씨가 없는 부분에서 반사된 빛이 음(−)으로 대전된 셀레늄에 쪼이면, 그 부분만 도체가 되고 반사된 빛이 거의 없는 부분은 절연체로 남아 있게 되지.

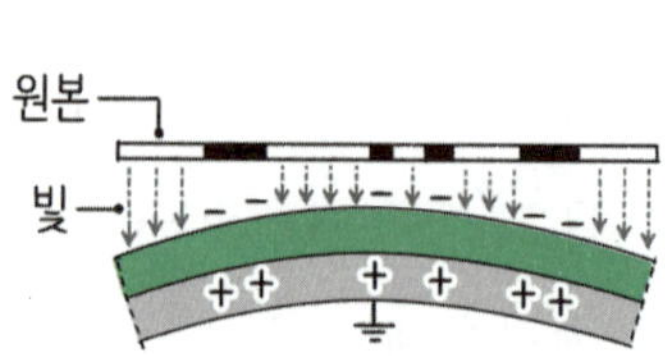

울리 우와~ 그럼 글씨 모양대로만 절연체고 나머지 다른 부분은 도체인 거예요? 그다음은 어떤 일이 벌어지나요?

바리 절연체 부분은 음(−)으로 대전된 상태로 있지만, 도체 상태가 된 부분의 전자들은 접지를 통해 흘러가버리는 거지.

울리 그럼 셀레늄에 글씨 모양대로만 전자가 붙어 있게 되겠네요~

바리 이 경우 토너 가루가 글씨에만 달라붙게 하려면 어떻게 하면 될까? 쿨롱의 힘을 이용해서 말이야.

엘리 토너 가루를 양(+)으로 대전시켜서 뿌리나요? 그럼 가루가 글씨 부분에만 붙을 테니까요.

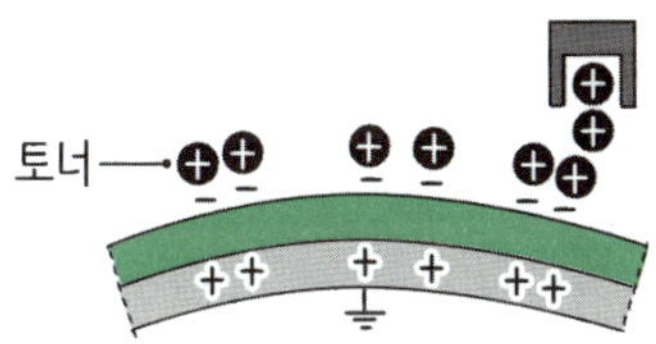

울리 하지만 여전히 셀레늄 위에 있는 거고 복사가 된 것은 아니잖아요? 어떻게 토너 가루를 새 종이로 옮기죠?

바리 그러게~ 글씨대로 음(−)으로 대전된 셀레늄에 양(+)으로 대전된 토너 가루가 붙어 있는데, 이번에는 이 양(+)으로 대전된 토너 가루를 복사지에 붙게 해야 하는 문제가 생기네? 어떻게 해야 할까? 역시 쿨롱의 힘을 이용해서 말이야.

울리 더 센 쿨롱의 힘으로 토너를 잡아떼나요?

바리 그렇지. 양(+)으로 대전된 토너 가루가 종이에 붙도록 셀레늄의 음(–)전하보다 훨씬 많은 음(–)전하를 갖는 복사지를 이 셀레늄 위로 보내는 거야. 그래야 음(–)으로 대전된 복사지가 셀레늄보다 더 세게 토너 가루를 잡아당겨서 가루가 종이에 달라붙게 되니까 말이야.

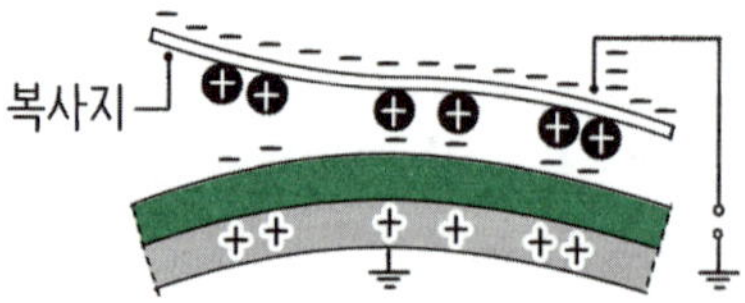

엘리 그럼 복사되어 나온 종이는 양(+)으로 대전된 토너 가루가 붙어 있는 음(–)으로 대전된 종이란 뜻인가요? 근데 그렇게 잘 붙어 있을 수 있어요?

바리 복사기에서 복사지에 토너 가루가 붙으면, 마지막 단계로 거기에 약간의 열과 압력을 가해서 토너 가루를 녹이지. 토너 가루는 일종의 플라스틱 가루라서 녹으면 종이에 완전히 흡착할 수 있거든.

엘리 아하~ 그렇군요.

울리 쿨롱의 힘, 그리고 셀레늄의 특성이 복사기 원리의 핵심이네요.

바리 요즘은 셀레늄 이외에도 빛에 따라 저항이 변하는 다른 유기물질들을 복사기에 사용하는 추세가 늘고 있다고 해.

울리 참, 전기저항이 전혀 없는 물질도 있다고 들었는데 정말인가요?

바리 '초전도체superconductor' 얘기를 들었나 보네. 아무리 전기가 잘 통하는 도체라고 하더라도 전기저항이 전혀 없을 수는 없는데, 초전도체는 전기저항이 전혀 없는 물질이란다.

엘리 저항이 없으면 좋은 것 아닌가요? 전류도 잘 흐르고?

바리 문제는 전기저항이 없어지는 초전도성이 실온에서 나타나는 물질을 아직은 모른다는 거야. 오랫동안 영하 250°C 근처에서 저항이 없어지는 물질들만 발견되다가 1987년에 이르러 영하 180°C 근처에서 초전도성을 보이는 물질이 발견되었지.

울리 영하 180°C요? 그 온도도 엄청 낮은 거잖아요?

바리 우리가 느끼기에는 아주 낮은 온도지만, 초전도성을 연구하는 과학자들한테는 꽤 높은 온도야. 발견 당시 이론적으로 설명이 불가능한 온도에서 초전도성을 보여 '고온 초전도체'라는 이름을 붙였는데, 저렴하게 구할 수 있는 액체질소를 이용해 초전도성이 나타나는 온도까지 쉽게 낮출 수 있단다.

울리 액체질소를 이용한다는 것이 무슨 뜻이에요?

바리 액체질소의 끓는점은 77K인데, 초전도성을 보이는 물질의 온도가 이보다 높으면 액체질소로 그 물질의 온도를 쉽게 낮출 수 있다는 뜻이야. 참, 절대온도 K(캘빈)에 대해서는 기억나겠지? (2권 15화 참조)

울리 네! 그럼 섭씨 온도로 보기 위해 77K에서 273을 빼면, 영하 196°C라는 거죠? 근데 영하 196°C를 고온이라고 부르다니 희한하네요.

바리 그렇지? 최근에는 실온에서 초전도성을 보이는 물질이 발표되기도 했는데, 그나마 압력이 굉장히 높을 때 가능하다고 해. 만약 실온과 대기압에서 초전도성을 보이는 물질을 발견한다면 우리 문명 발전에 또 다른 큰 기여가 될 거야.

엘리 그럼 아직은 초전도체를 활용하지 못하나요?

바리 그렇진 않아. 지금도 초전도성 도선을 자석에 감은 '초전도 전자석'을 만들어 자기부상열차나 병원의 MRI 등에 사용하고 있지. 초전도성을 보이는 낮은 온도를 유지해가면서 말이야. 초전도체는 단순히 저항이 없어지는 특성만 있는 것이 아니라 내부의 자기장도 없어지는 중요한 특성이 있는데, 이 역시 양자역학으로만 이해할 수 있단다.

울리 또 양자역학이군요. 나중에 꼭 자세히 가르쳐주세요! 참, 엘리야~ 오늘 정리한 것도 복사해줘~

바리 교수의 물리노트 4

- 반도체semiconductor: 절연체 상태에서 에너지를 받으면 도체가 되는 물질로, '진성 반도체intrinsic semiconductor'와 '외인성(불순물) 반도체extrinsic semiconductor'로 구분한다.
- 반도체에 미량의 불순물을 첨가함으로써 진성 반도체와 다른 다양한 전기적 특성을 얻을 수 있다.
- [보충] 양자역학적으로 물질 내 전자들은 특정 영역의 에너지 상태에만 있을 수 있는데, 이런 에너지 영역을 '에너지띠energy band'라고 한다. 전자들이 있을 수 없는 에너지 영역은 '띠틈band gap'이라고 하는데, 이 띠틈이 아주 크면 절연체, 작으면 반도체, 없으면 도체로 구분한다.
- 복사기의 원리: 복사기는 정전기와 전하 간 쿨롱의 힘, 그리고 빛에 반응하는 셀레늄의 특성을 이용한 원리에 의해 작동한다.
- 초전도체superconductor: 전기 저항이 전혀 없는 물질로, 특정 온도 이하에서 저항이 없어지고 내부자기장을 밀쳐내는 특성을 갖는다.

05 보이지 않아도 느낄 수 있다구요?

전기장

아침 일찍 등교 준비를 하며 책상 서랍을 뒤지던 엘리의 눈에 플라스틱 책받침이 하나 들어왔다. 예전에 엘리가 가장 좋아하는 영화 <스타워즈> 캐릭터들이 그려져 있는 책받침이라서 기뻐하며 샀던 것이다. 엘리는 장난기가 발동하여 책받침을 책가방에 넣었다. 그리고 그날 학교에서 짝꿍과 함께 몰래 책받침을 열심히 옷에 문질러 앞에 앉은 친구의 머리 뒤로 슬그머니 갖다 대는 장난을 쳤다. 장난을 칠 때마다 앞자리 친구는 고개를 갸웃거리며 뒷머리를 만졌고, 엘리와 짝꿍은 키득거리며 웃었다. 토요일이 되자 엘리는 울리를 만나 바리 교수의 집으로 향했다.

울리 너 어제 학교에서 책받침으로 계속 장난치더라?

엘리 넌 우리 반도 아니면서 어떻게 봤어?

울리 복도 지나가다 봤지.

엘리 그래? 히힛- 그게 은근 재미있어~ 근데 머리카락은 어떻게 책받침이 대전된 것을 알까? 닿은 것도 아니고 가까이 가져가기만 했는데 말이야.

울리 쿨롱의 힘이 거리의 제곱에 반비례하니까 그냥 알아야 하는 것 아닌가? 힘을 느낄 테니까 말이야.

엘리 뭔가 비슷한 내용을 배운 것 같은데 잘 모르겠어. 얼른 가서 바리 아줌마에게 여쭤보자. 저~기 나와계시네.

바리 어서 와~ 한 주 잘 지냈어?

엘리 전 학교에서 책받침으로 앞자리 애한테 장난친 게 너무 재미있었어요!

바리 무슨 장난? 우리 어릴 땐 책받침을 옷에 문질러 몰래 친구 머리에 갖다 대며 장난치곤 했는데….

엘리 사실 저도 그랬어요~ 헤헤-

바리 저런, 그 친구가 귀찮아했겠구나.

울리 엘리는 가끔 매우 짓궂어요. 히히-

엘리 근데 아줌마, 머리카락은 어떻게 책받침이 대전된 것을 알죠?

바리 일주일 동안 장난만 친 게 아니고 물리 생각도 했나 보네? 호호-

엘리 자꾸 하다 보니까 당연하게만 생각했던 현상이 신기하게 보이더라구요. 분명 책받침과 머리카락은 떨어져 있는데 머리카락이 반응을 보인다는 것이요. 지난번 실험에서 종잇조각이 막대에 달라붙은 것도 그렇고요. 쿨롱의 힘이 충분히 커서 붙는 거겠지만, 뭔가 비슷한 내용을 예전에 배운 것 같거든요.

바리 비슷한 상황이 있었지. "질량은 주변에 중력장을 만든다." (1권 40화 참조)

엘리 아 맞다, 기억나요. 중력가속도가 중력장이고, 중력장으로 질량의 존재를 안다고 하셨던 것 말이죠?

바리 맞아. 다시 알려주면, 질량 M이 만든 중력장 $\vec{g}$에 다른 질량 m이 들어올 경우 질량 m은 $m\vec{g}$ 만큼의 힘을 받지. 여기서 일부러 중력장 g 위에 화살표를 넣어 벡터라는 것을 표시해봤어.

엘리 질량 M으로부터 r만큼 떨어진 곳에서의 중력장은 질량 M에 비례하고, r^2에 반비례한다는 것도 기억나요.

울리 비례상수는 만유인력상수고요. $m\vec{g}$는 결국 만유인력이니까요.

바리 그렇지. 그때도 얘기했지만 질량이 주변에 중력장을 만들 듯 전하는 주변에 '전기장electric field'을 만들지. 즉 전하 Q가 만든 전기장 $\vec{E}$에 다른 전하 q가 들어오면, 전하 q는 $q\vec{E}$만큼의 힘을 받는 거야.

울리 $q\vec{E}$는 쿨롱의 힘이겠네요?

바리 그렇지. 중력장보다 전기장의 개념이 먼저 정의되었는데, 19세기 영국의 물리학자이자 화학자였던 마이클 패러데이Michael Faraday가 서로 멀리 떨어져 있는 전하들 사이에 어떻게 힘이 작용하는가를 설명하기 위해서 '있지만 보이지 않는' 전기장이라는 개념을 처음 소개했거든.

울리 천재적 발상인 거죠?

바리 창의적 발상이라고 해두자. 하하- 패러데이는 인류 역사상 과학발전에 가장 큰 공헌을 한 과학자 중 하나지. 아인슈타인이 패러데이의 사진을 벽에 걸어놓았을 정도니까 말이야.

엘리 와~ 정말요? 근데 전기장은 어떻게 구해요?

바리 $m\vec{g}$가 만유인력이라는 것으로부터 중력장이 구해지는 것처럼, $q\vec{E}$가 쿨롱의 힘이라는 것으로부터 전기장을 구할 수 있지. 만유인력과 쿨롱의 힘을 아니까 중력장과 전기장을 식으로 표현해볼래? 일단 크기만 생각해서 말이야.

울리 $mg = G\dfrac{mM}{r^2}$이니까 중력장 $g = G\dfrac{M}{r^2}$이 되겠죠.

엘리 $qE = k\dfrac{qQ}{r^2}$니까 전기장 $E = k\dfrac{Q}{r^2}$가 되고요.

바리 잘했어. 그럼 방향을 생각해볼까? 만유인력은 질량이 서로 당기는 방향이니까 공간의 어느 지점에서의 중력장은 이 중력장을 만들어낸 질량 M의 중심을 향하게 되지. 그래야 다른 질량 m이 들어왔을 때 질량 M 쪽으로 끌려가는 힘을 받게 될 테니 말이야.

울리 전기장의 방향은 전하의 부호에 따라 다르겠네요? 쿨롱의 힘도 그러니까요.

바리 그래~ 전하 Q가 만든 전기장의 방향은 전하 Q가 양(+)전하면 전하 Q로부터 나가는 방향인데, 음(−)전하면 전하 Q를 향하는 방향을 갖게 되지.

울리 뭔가 복잡한 것 같은데, 전하 Q가 만든 전기장 안에 있는 다른 전하의 부호는 상관없나요?

바리 다른 전하가 받는 힘이 쿨롱의 힘이니까 결과에 모순이 없어야 하겠지? 양(+)전하 Q가 만든 전기장 $\vec{E}$ 안에 양(+)전하 q가 있으면 q는 Q가 밀치는 힘을 받을 텐데, 이 힘이 $q\vec{E}$니까 전기장의 방향과 같지. 또, 만일 q가 음(−)전하면 전기장과 반대 방향,

즉 Q가 당기는 힘 $-|q|\vec{E}$를 받아서 모순이 없지.

엘리 아, 그렇네요. 양(+)전하는 자신으로부터 나가는 방향의 전기장을, 음(-)전하는 자신한테 들어오는 방향의 전기장을 만든다고 알면 되겠어요.

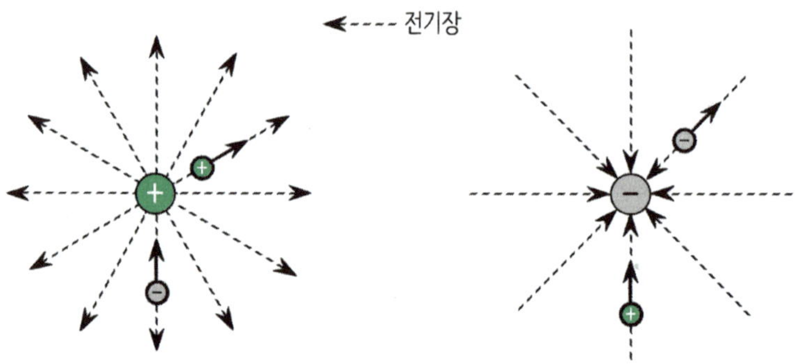

바리 맞아. 그리고 전기장 안에 들어온 전하가 양(+)전하면 전기장과 같은 방향, 음(-)전하면 반대 방향으로 쿨롱의 힘을 받는다고 이해하면 돼. $q\vec{E}\left(=\vec{F}_{쿨롱}\right)$처럼 벡터로 쓰면 방향까지 명확히 볼 수 있고 말이야. 이제 종종 벡터 표시도 하고 수식도 써도 되겠지?

울리 네…. 익숙해지도록 해볼게요.

바리 전자기에 관한 공부는 전기장과 자기장에 대한 4개의 식을 공부하는 거라, 뉴턴의 운동방정식 하나만 가지고 공부한 고전역학보다 많이 복잡하단다. 그래서 식으로 이해하는 것이 더 쉬울 수도 있고 말이야. 이제 유전분극을 복습해볼까?

울리 대전된 물체를 절연체에 가까이 가져가면 절연체를 이루는 원자들의 전하 분포가 찌그러진다고 했던 거요? (3권 3화 참조)

엘리 오~ 내 메모를 열심히 복사해가더니 복습했나 보네?

울리 그럴 때도 있는 거지. 헤헤-

바리 전하가 진공에 놓여 있지 않고 어떤 물질(절연체) 안에 놓여 있을 때를 생각해봐. 전하는 주변에 전기장을 만드는데 그 주변에 물질들이 가득한 거야. 그럼 어떤 일이 일어날까?

울리 유전분극!

바리 맞아. 자세히 살펴보기 위해 절연체 속에 양(+)전하가 하나 놓여 있다고 하자. 그럼 양(+)전하는 나가는 방향의 전기장을 만들고, 이 전기장의 영향으로 절연체를 이루는 원자들의 원자핵은 전기장 방향으로, 전자는 전기장과 반대 방향으로 힘을 받아 전하 분포가 찌그러지고 말이야. 여기서 질문 하나! 전하 분포가 찌그러진 원자는 전기장을 만들까, 만들지 않을까?

엘리 전하 분포가 찌그러졌으니 양(+)전하 부분에서는 나가는 전기장, 음(−)전하 부분에서는 들어가는 전기장이 생길 것 같아요.

바리 그렇지. 절연체 속에 양(+)전하가 있으면 절연체 내 원자의 전자구름이 양(+)전하 가까이 있도록 유전분극이 일어나는데, 따라서 절연체 내부에서는 양(+)전하가 만드는 전기장과 반대 방향의 전기장이 생기는 거지. 그럼 전하 주변의 실제 전기장은 어떻게 될까?

엘리 아하~ 전하가 물질 안에 있으면 진공에 있을 때보다 전기장의

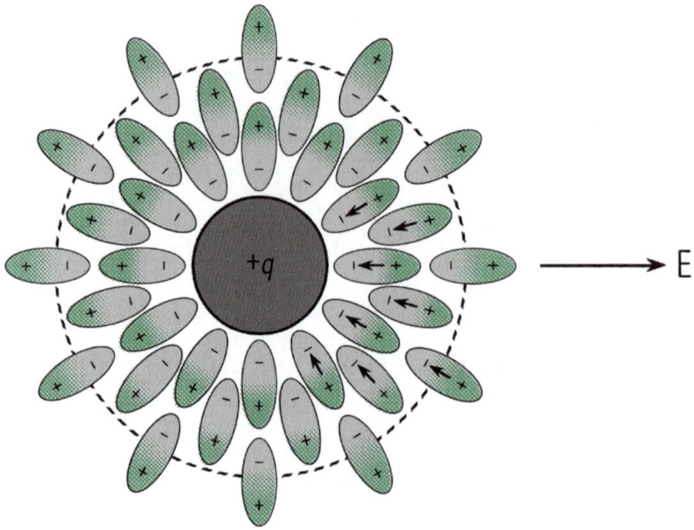

세기가 약하겠네요. 일부 상쇄될 테니까요.

바리 물질의 이런 성질을 '유전율permittivity'이라는 용어로 정의하는데, 유전율이 큰 물질일수록 외부의 전기장에 대한 반응이 커서 물질 내 알짜전기장은 더 약하게 되지. 이런 물질의 특성을 쿨롱상수에 포함시켜서 쿨롱상수는 물질에 따라 달라진단다.

울리 쿨롱상수가 상수가 아닌 거네요?

바리 쿨롱상수는 유전율에 반비례하지만, 같은 물질에서는 상수인 거지.

엘리 쿨롱상수 속에도 쿨롱의 힘이 숨어 있는 거군요~

바리 그런 셈이야. 그럼 공기, 기름, 물 중에서 어느 것의 유전율이 가장 클지 추측해볼래?

울리 물이요! 물은 매우 특이한 물질이라고 하셨잖아요, 헤헤- 근데 좀 더 논리적으로 생각해보면, 물은 극성분자니까 전기장에 대한 반응이 커서 유전율도 클 것 같아요.

바리 아주 훌륭해! 물의 유전율은 진공에서의 유전율보다 80배나 크지. 공기는 진공과 거의 같고, 기름은 종류에 따라 다르지만 올리브유의 유전율은 진공에서의 3배 정도고 말이야.

엘리 와~ 그럼 물에서의 쿨롱상수는 엄청 작아지는군요.

바리 교수의 물리노트 5

- 전하 Q는 r만큼 떨어진 지점에 전기장의 세기 $E = k\dfrac{Q}{r^2}$를 만들고, 전기장의 방향은 양전하인 경우 전하로부터 나가는 방향, 음전하인 경우 들어오는 방향이다. 여기서 k는 쿨롱상수(3권 1화 참조)다.
- 전기장 $\vec{E}$ 안에 있는 전하 q에는 쿨롱의 힘 $\vec{F}_{쿨롱} = q\vec{E}$가 작용한다.
- 유전율permittivity(ε): 절연체의 외부전기장에 대한 반응 척도로 쿨롱상수(k)와 $4\pi\varepsilon k = 1$인 관계에 있다.

06 라디오 소리가 나오지 않는 특별한 방이 있다구요?

정전기차폐

금요일 밤에는 폭풍우가 몰아치고 천둥 번개도 많이 치더니 다음날인 토요일 아침이 되자 비도 그치고 바람도 잔잔한 게 언제 그랬냐 싶게 하늘이 청명했다. 엘리와 울리는 기분 좋게 만나 바리 교수의 집으로 향했다. 그러나 거리는 간밤의 요란한 흔적으로 어수선했고, 아파트 단지 내 공원의 나무 몇 그루는 가지가 심하게 꺾여 있기도 했다. 엘리는 아린이가 밤새 밖에서 잘 지냈는지 걱정된다며 빨리 가자고 울리를 재촉했다.

울리 아줌마~ 저희 왔어요~

엘리 아줌마~ 밤새 아린이는 괜찮았어요? 천둥 번개를 엄청 무서워한다면서요?

바리 괜찮긴? 아린이가 얼마나 무서워하는지 어젯밤에는 집 안에서 재웠어. 너희도 무서웠지?

엘리 그럼요. 천둥 번개가 치면 왠지 불안해요.

울리 저도 어제는 좀 많이 무섭더라고요. 오다 보니 큰 나무들도 가지가 막 꺾여 있던데요. 벼락을 맞은 것 같지는 않았지만요.

바리 그래? 바람도 엄청 불었으니까…. 그럼 오늘은 정전기차폐 현상에 대한 얘기를 해볼까?

울리 그게 뭔데요? 용어도 어렵네요.

바리 간단히 말하자면, 번개가 칠 때 자동차 안이 밖보다 안전하다는 얘기를 하려고 하는 거야.

엘리 자동차는 금속으로 되어 있으니 번개가 칠 때 안에 있으면 더 위험한 것 아닌가요?

바리 자동차 근처에 서 있다면 더 위험할 수 있지만 자동차 안에 들어가 있으면 오히려 안전해. 전문적으로 얘기하면, 정전기적 평형 상태에서는 도체 내부의 전기장이 없기 때문이지.

울리 '정전기적 평형 상태'가 뭐죠?

바리 '도체 안의 자유전자들이 받는 힘이 없는 상태'를 의미해. 만일 도체 내부에 전기장이 있으면 자유전자들은 전기장의 영향으로 힘을 받아 가속운동을 하게 될 테니 평형 상태가 아닌 게 되지.

엘리 아~ 정전기적 평형 상태려면 도체 안에 전기장이 생기면 안 되는 거군요.

울리 근데 자동차 틀은 금속이라 도체지만 자동차 안은 도체가 아니라 그냥 빈 공간이잖아요?

바리 아주 예리한 질문이야. 도체로 둘러싸인 내부 빈 공간에서도 전기장은 0인데, 이를 증명하려면 다른 개념들을 알아야 해서 나중으로 미룰게. 지금은 정전기적 평형 상태에서 도체 내부는 빈 공간이 있든 없든 간에 전기장이 0이라는 사실을 안다고 전제한 채 이야기해보자.

울리 네~ 근데 도체가 양(+)전하나 음(–)전하로 대전되는 경우도 예전에 얘기하셨는데, 이렇게 도체가 중성이 아니고 대전되어 있으면 전기장이 있어야 하잖아요? 전하는 주변에 전기장을 만드니까요.

바리 맞아. 도체의 어느 한 부분이 대전되었을 때 자유전자들 때문에 순식간에 도체 전체로 골고루 전하들이 이동한다고 했지? 이때 도체 내부에는 전기장이 없도록 과잉전하들이 분포하는데 그 방법은, 모두 도체 '표면'에 분포하는 거야.

엘리 혹시 전하가 뾰족한 곳에 많이 모이는 것도 도체 내부의 전기장이 0이 되도록 하기 위한 것인가요?

바리 맞았어! 대전된 도체의 모양이 완벽한 구라면 구 표면에 전하가 골고루 분포해야 내부 전기장이 없어지지만, 만일 한쪽이 뾰족한 구조라면 뾰족한 부분에 더 조밀하게 전하가 분포되어야 내부 전기장이 없어지거든. 이것도 나중에 더 자세히 설명해줄게.

엘리 알아야 할 것이 너무 많아요.

바리 그렇지? 여러 번 얘기한 것 같지만, 자연현상을 이해하기 위해 정의해야 하는 물리 용어가 많아서 그래. 천천히 해도 돼.

울리 그럼, 결론적으로 자동차가 벼락을 맞아도 자동차 안은 전기장이 없어서 안전하다는 거죠?

바리 그래~ 자동차가 충분히 대전되어, 구름에서 전자들이 튀어나와

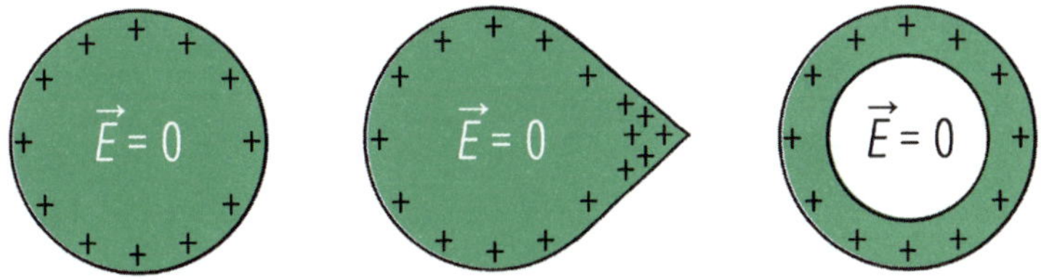

번개가 생겨도 전기장이 없는 자동차 안에서는 전하의 이동이 생기지 않으니 안전하지.

울리 신기해요. 번개 칠 때 공기 중에는 전하들 천지라서 전기장이 마구 있을 텐데 정작 도체 안에는 전기장이 없다니요.

엘리 울리 얘기를 듣고 보니, 전기장 속에 있는 도체도 그 속에는 전기장이 없다는 거네요. 같은 얘기를 제가 반복하는 거죠?

바리 반복해서 나쁠 것 없어~ 전기장 속에 도체가 들어 있으면 도체 내의 전자들이 전기장의 영향을 받아 이동해서 순식간에 내부의 전기장이 0이 되어버리지.

울리 근데 도체 안에 전기장이 없도록 전자들이 표면으로 이동하면 그 전자들이 만든 전기장은 어떻게 되는 거예요?

바리 새로운 전하 분포가 만드는 전기장 때문에 도체 밖의 원래 전기장도 변하게 되지. 예를 들어 일정한 전기장이 있는 곳에 도체가 들어가면 그때부턴 전기장은 더 이상 일정할 수 없고, 도체 근처에서는 도체 표면에 수직한 성분만 남도록 휘게 된단다.

엘리 어려워요. 왜 수직한 성분만 남아요?

바리 간단하게 도체인 구가 일정한 전기장 안에 들어 있다고 생각하

자. 그리고 전기장 벡터를 구 표면에 수직한 성분과 나란한 성분으로 분해하고 말이야.

엘리 도체인 구 표면에 나란한 성분이라면 접선 방향의 성분을 뜻하는 거죠?

바리 그렇지. 근데 도체 표면과 나란한 전기장 성분이 0이 아니면 자유전자들이 힘을 받아 도체 표면을 따라 움직이겠지? 그럼 평형 상태가 아니게 되잖아.

엘리 그래서 도체 표면 근처에서는 전기장이 표면에 수직한 거군요.

바리 그래. 도체 내부에서 전기장이 0이라는 것과 마찬가지로 도체 밖에서의 전기장은 항상 도체 표면에 수직이라는 것을 기억해 두렴. 아까 속이 빈 도체 내부의 전기장이 0이라고 한 것과 관련해서 재미있는 동영상이 있는데, '패러데이의 새장Faraday's cage'이라는 것을 한 번 검색해볼래?

울리 오잉? 커다란 금속 새장 안에 사람이 들어가 있네요?

바리 그게 바로 전기장의 개념을 소개한 패러데이가, 도체 안은 전기장이 0이라는 것을 처음 보인 실험을 모방한 것이란다. 패러데이는 방 안에 금속 막을 씌운 큰 새장 같은 또 하나의 방을 만들어놓고 그 안에 스스로 들어가 앉았어. 검전기(물체의 대전 여부나 대전된 전하의 부호 등을 조사하는 기구)를 들고 말이야. 그리곤 바깥쪽 방과 안쪽 방(새장)을 대전시킨 거야.

엘리 영상을 보니 금속 새장 밖에서는 스파크가 막 번쩍거리는데요?

바리 그렇지? 패러데이가 한 실험에서도 대전된 두 방 사이에 스파크가 보였지만, 금속 막을 씌운 방 안에 앉아 있던 패러데이는 멀쩡했고 검전기가 전혀 반응하지 않아서 그 안에 전기장이 없다는 것을 확인했다고 해. 그럼 만일 패러데이의 새장 안에서 라디오를 켜면 어떻게 될까?

울리 라디오가 안 나오기라도 하나요?

바리 또 눈치로 맞춘 거지? 하하-

울리 앗! 정말 안 나와요? 전 그냥 해본 소린데요. 헤헤-

엘리 와~ 그렇구나. 금속 새장 안에는 전기장이 없어서 라디오 수신도 안 되는 거군요~

바리 이렇게 도체가 전기장 속에 있어도 도체 내부에는 전기장이 없는 현상을 '정전기차폐electrostatic shielding'라고 해. 그래서 흔히들 전자기파로부터 보호해야 하는 전자부품들은 금속으로 된 박스나 가방에 넣고 다니는 거고 말이야.

울리 차를 타고 터널을 지날 때나 지하 주차장에 들어갔을 때 라디오가 잘 나오지 않는 것도 비슷한 현상인가요?

바리 아, 그래! 그것도 정전기차폐 현상으로 볼 수 있어. 철근 구조물 때문이기도 하고, 터널 같은 경우는 주로 산을 뚫고 만드는데 땅속에 각종 이온을 포함한 수분이 있어서 도체처럼 전기가 잘 통하거든. 도체의 특성 때문에 일부 정전기차폐 현상이 나타나서 수신이 잘 되지 않는 거란다.

엘리 엄마가 운전하시다가 지하에만 들어가면 라디오가 나오지 않아 답답해하셨는데, 정전기차폐 때문이라고 말씀드려야겠어요~ 히히. 참, 근데 어떤 곳은 라디오가 잘 나오기도 하던걸요?

바리 요즘은 전자기파를 잘 수신할 수 있도록 안테나를 설치해놓은 곳이 많지. 특히 비상시 대피시설로 활용할 가능성이 있는 지하시설에서는 정전기차폐가 생기지 않도록 준비한단다. 비상시 방송을 들어야 하니까 말이야.

울리 그렇군요~ 참, 지난번에 번개 얘기 때도 궁금했는데 질문하지 못한 것이 있어요. 비행기는 번개를 맞지 않나요?

바리 비행기도 번개를 맞지. 땅과 닿지 않고 하늘에 떠 있으니 땅으로 전자들이 나가지 못해서 대전되는 것은 아니지만, 전자들이 구름과 멀어지는 현상이 생기니까 말이야. 실제로 1,000시간 정도 비행에 한 번꼴로는 번개를 맞는대.

울리 아~ 그래도 안전한 거죠?

엘리 그렇지 않을까요? 바로 오늘 배운 정전기차폐 덕에 말이에요.

바리 맞아. 비행기는 날아다니는 패러데이의 새장이라고 할 수 있지. 금속그물이 비행기를 둘러싸도록 만들기 때문에 비행 중 번개를 맞더라도 비행기 안은 안전하단다.

울리 날아다니는 새장이라니요~ 히히-

바리 재미있지? 하하. 그럼 정리해보자. 오늘은 도체의 중요한 성질 두 가지를 알려줬는데, 뭐였을까?

울리 도체 안에서 전기장은 0!

엘리 도체 표면에서 전기장은 수직이라는 거요~

바리 하하- 잘했어. 피뢰침 얘기할 때 나왔듯이, 도체의 평평한 부분보다 뾰족한 부분에 전하가 더 많이 모인다는 것을 포함한 이 세 가지가 도체의 주요 특성이야. 왜 뾰족한 부분에 전하가 모이는지는 다음에 설명할 기회가 있을 거야. (3권 9화 참조)

바리 교수의 물리노트 6

- 정전기적 평형 상태(도체 내 자유전자에 작용하는 알짜힘이 0인 상태)에서 도체 내부의 전기장은 0이고, 과잉전하는 도체 표면에만, 뾰족할수록 조밀하게 분포하며, 도체 밖에서의 전기장은 도체 표면에 수직이다.
- 정전기차폐electrostatic shielding: 도체 외부에 전기장이 있어도 그 도체 내부나 도체로 둘러싸인 공간에서는 전기장이 0이 되어 외부 전기장의 영향을 받지 않는 현상.

07 5천 볼트인데 위험하지 않다구요?

전위

토요일마다 바리 교수 집에서 살다시피 하는 엘리와 울리는 요즘 들어 물리 이야기를 듣는 것보다도 쉬는 시간에 바리 교수와 함께 요리하는 즐거움이 더 크다. 특히 엘리보다 울리가 요리하는 것을 훨씬 더 좋아하는데, 남자 요리사들이 TV프로그램에 자주 나와 요리하는 것을 봐서 그런 것도 있지만, 더 큰 이유는 실험을 좋아하는 울리에게 요리는 마치 실험과도 같이 느껴지기 때문이다. 엘리 역시 바리 교수의 집에 갈 때마다 커다란 실험실에 온 느낌을 받곤 한다.

바리 오늘은 점심으로 뭘 해 먹을까? 찬밥이 많은데 카레라이스 어때?

엘리 저 카레 좋아해요~ 제가 감자와 당근을 씻을게요!

울리 전 뭐든 다 좋아요. 근데 저 갑자기 배가 많이 고픈데 금방 되겠죠? 헤헤-

바리 그래? 그래도 시간이 조금 걸리니, 그럼 카레 만드는 동안 울리는 간단한 간식을 만들어서 미리 좀 먹는 게 어때?

울리 무슨 간식이요?

바리 스파게티 튀김! 여기 프라이팬에 기름을 이렇게 넉넉히 붓고 이 스파게티 면을 노릇노릇하게 튀기는 거야. 잘 지켜보며 중간에 한 번 뒤집고, 타기 전에 꺼내서 종이 타월 위에 올리면 끝!

울리 맛있을 것 같아요~ 만들기도 쉽고요! 프라이팬을 살짝 들고 이렇게 흔들면 골고루 익겠죠?

바리 오~ 좋은 생각이야.

울리 근데 스파게티를 이렇게 튀겨서도 먹네요?

바리 안 될 이유도 없지? 고소하고 맛있어~ 이때 종이 타월 위에서 좀 식으면 이 컵에 꽂으렴~

엘리 튀긴 스파게티를 컵에 꽂아 놓으면 예쁘겠어요.

바리 그렇겠지? 자, 우린 빨리 카레를 만들자~

울리 앗, 뜨거워~ 스파게티 튀김이 굉장히 뜨거워요.

바리 당연하지. 수분이 없어서 튀길 때 기름이 튀지는 않지만 온도는 높으니까 말이야.

엘리 온도가 높아도 에너지는 작으니 엄살 피우지 마~ (2권 14화 참조)

바리 하하- 엘리가 제대로 공격하는구나. 온도는 입자당 에너지라는 개념인데, 비슷한 개념이 전자기학에서도 나오지. 옳지! 오늘은 이 이야기를 해야겠다.

울리 입자당 에너지와 비슷한 거면 전하당 에너지인가요?

바리 그래~ 좀 더 정확하게는 전하당 전기위치에너지라는 개념이야.

울리 전기위치에너지요? 저희가 배운 중력위치에너지와 다른가요?

(1권 20화 참조)

바리 힘만 다르고 위치에너지의 정의는 같은 거야. 만유인력 대신 쿨롱의 힘이 한 일로부터 정의되니까 말이야.

울리 중력위치에너지도 배운 지 오래돼서 가물가물해요.

바리 예를 들어볼게. 스파게티 튀김이 담긴 이 컵을 들어 올리려면 지구중력을 극복하기 위해 일을 해줘야 하잖아? 그 에너지는 컵의 위치에너지로 저장되었다가 손을 떼는 순간 운동에너지로 바뀌며 떨어지는 거고 말이야.

엘리 앗! 컵을 진짜 떨어뜨리시는 건 아니죠?

바리 하하- 그럴 리가. 자, 이제 지구 대신 양(+)으로 대전된 커다란 공이 있고, 그 위에 음(−)으로 대전된 작은 공이 있다고 생각해봐. 이 작은 공을 들어 올리려면 컵을 들어 올릴 때와 마찬가지로 일을 해줘야겠지? 양(+)전하가 잡아당기는 쿨롱의 힘을 극복해야 하니까 말이야.

엘리 그 에너지는 음(−)으로 대전된 작은 공의 전기위치에너지로 저장되었다가 손을 치우면 운동에너지로 바뀌어서 다시 큰 공쪽으로 움직이게 된다는 거네요?

울리 와~ 중력의 경우와 똑같네요.

바리 그렇지. 일을 어떤 힘이 하느냐, 또는 어떤 힘을 극복하기 위해서 하느냐에 따라 이름만 달라져서 중력에 의한 일은 중력위치에너지, 전기력에 의한 일은 전기위치에너지라고 부를 뿐이야. 위치에너지의 개념은 같고 말이지.

울리 중력위치에너지가 mgh였나요? 그럼 전기위치에너지는 qEh가 되고요? 질량 m 대신 전하량 q, 중력장 g 대신 전기장 E를 쓰면요. 거리 h는 같은 기호를 쓰고요.

바리 오~ 대단한데? 바로 그렇게 연결을 시키다니 말이야. 하지만 주의해야 할 점이 있어. 뭘 주의해야 할까?

엘리 여기서도 전하 부호요~ 양(+)전하도 있고 음(−)전하도 있으니 조심해야 할 것 같아요.

바리 그래. 쿨롱의 힘은 인력도 있고, 척력도 있으니 항상 부호를 잘 생각해야 하지. 부호가 다른 전하 사이에는 인력이 작용하니 중력위치에너지처럼 qEh로 쓸 수 있지만, 부호가 같은 전하 사이에는 척력이 작용하니 $-qEh$로 써야 하거든. 근데 더 근본적으로 주의할 점이 있단다.

울리 전하 부호 말고 또 있어요? 흠….

바리 이건 중력위치에너지에서도 주의해야 하는 점이야. mgh는 지구 표면에서 h만큼 높은 곳의 중력위치에너지고, 지구 표면의 위치에너지를 0으로 가정한 거였어. 즉 정확히 말하면, mgh는 지구 표면과 표면에서 높이 h인 지점 사이의 중력위치에너지 차이를 나타내는 거란다.

엘리 그럼 지구 표면에서의 중력위치에너지가 0이 아니에요?

바리 아니야. 약간의 수학적 계산이 필요해서 지난번에 중력위치에너지를 얘기할 때 자세히 다루지 못한 부분인데, 만일 mgh를 지구 표면에서 h만큼 올라간 지점에서의 중력위치에너지라고 하면 지구 표면에서 높이 올라갈수록 위치에너지가 커진다는 문제가 생기겠지?

울리 그게 왜 문제죠? 높이 올라갈수록 위치에너지가 크지 않아요?

바리 지구 표면 근처에서는 맞는데, 지구로부터 무한히 멀리 떨어져 있으면 어떨까? 그럼 만유인력이 0일 텐데 중력위치에너지는 무한히 크게 될 테니 이상하잖아.

울리 어? 그렇네요.

엘리 중력위치에너지가 항상 mgh인 것이 아닌가 봐요.

바리 아까 얘기했듯이, mgh는 h가 지구 반경에 비해 훨씬 작을 때 지구 표면에 대한 중력위치에너지라고 하는 것이 정확해. qEh도 마찬가지로 h가 아주 작은 경우에만 맞고 말이지.

울리 그럼 진짜 위치에너지가 0이 되는 곳은 어디예요?

엘리 중력이나 쿨롱의 힘이 미치지 않는 곳일 것 같아요.

바리 맞아. 그 말은 다른 한편으로 중력장이나 전기장이 0이 되는 지점을 기준으로 삼는 것과 같단다. 그럼 중력장이나 전기장이 없어지는 위치는 어딜까? 거리의 제곱에 반비례한다는 것을 이용해봐.

울리 질량이나 전하로부터 아주아주 멀리 떨어진 곳이겠네요.

바리 그렇지. 무한히 멀리 떨어진 곳의 위치에너지를 0이라고 하고 질량이나 전하의 중심으로부터 R만큼 떨어진 지점에서의 위치에너지를 구해보면 거리 R에 반비례하는 결과를 얻게 돼. 식으로 표현하면, 중력위치에너지는 $-G\frac{mM}{R}$, 전기위치에너지는 $k\frac{qQ}{R}$

가 된단다.

엘리 어떻게 그렇게 되죠?

바리 적분을 해야 하니 수학적 유도는 생략하고 단위만 따져보면, 에너지 단위는 '힘×거리'의 단위와 같으니까 거리의 제곱에 반비례하는 힘(만유인력, 쿨롱의 힘)에 거리를 곱하면 거리에 반비례한다는 것을 알 수 있지.

엘리 와~ mgh와는 완전히 다르군요. 실제는 거리에 비례하는 것이 아니라 반비례하는 거였다니요. 근데 인력일 때는 위치에너지가 음(−)이네요?

바리 중력이나 쿨롱의 힘에 의해 자연스럽게 움직이는 것을 높은 위치에너지에서 낮은 위치에너지로 움직이는 것으로 정의해서 그래. 인력에 의해 서로를 구속한다는 의미기도 하고.

울리 아, 음(−)의 에너지는 구속을 의미하는군요. 참, 잠깐! 아까 온도와 비슷한 것을 알려주신다고 했잖아요? 어떤 거예요?

바리 그것이 오늘의 핵심인 '전위electric potential'라는 거야. 전하 Q가 R만큼 떨어진 지점에 만드는 전기장의 세기 $E=k\dfrac{Q}{R^2}$고, 이 지점에 있는 다른 전하 q의 전기위치에너지는 $k\dfrac{qQ}{R}$인데, 이 전기위치에너지를 전하량 q로 나눈 것이 전위라는 물리량이야. 곧 전하당 전기위치에너지를 전위라고 하는 거지.

울리 아하~ 그래서 전하로 나눈 전기위치에너지인 전위가 입자 수로 나눈 에너지의 의미를 갖는 온도와 비슷하다고 하신 거군요.

엘리 정리하자면, 전하 Q로부터 R만큼 떨어진 곳의 전기장의 세기

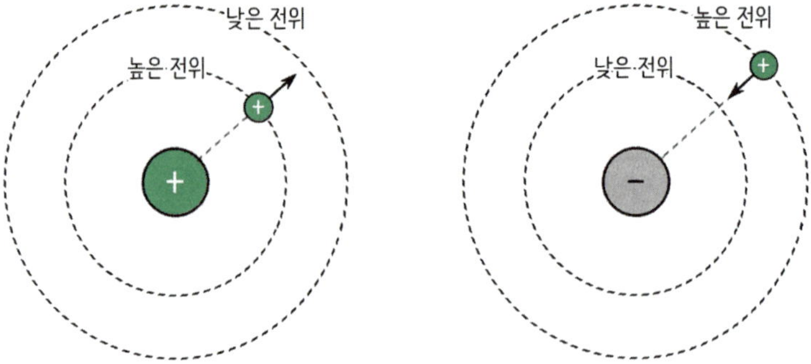

$E = k\dfrac{Q}{R^2}$고, 전위는 $k\dfrac{Q}{R}$라는 거네요.

바리 엘리가 역시 정리를 잘하네. 전위의 단위는 J/C인데, 화학전지를 처음 발명한 이탈리아 물리학자 알레산드로 볼타Alessandro G. A. A. Volta의 이름을 따서 V(볼트volt)라고 하지. 익숙한 단위지?

울리 어? 볼트는 전압의 단위 아닌가요? 전위가 전압이에요?

바리 '전압voltage'은 두 지점의 전위 차이를 가리키는 것이기 때문에 단위가 전위와 같아. 그리고 아까 엘리가 얘기한 것처럼, 위치에너지의 부호에 따라 어느 지점의 전위가 높은지도 알 수 있단다.

엘리 전기장 안에 전하를 갖다 놓으면 높은 전위에서 낮은 전위로 움직인다는 거죠?

바리 그렇지. 그리고 높은 온도가 꼭 위험하다고 할 수 없는 것처럼 높은 전위가 반드시 위험하다고 할 수도 없다는 거야. 옷에 문질러 대전시킨 풍선의 전위는 5,000V나 되지만 전하량은 작아서 전기위치에너지가 크지 않거든.

울리 와~ 풍선 하나의 전위가 5,000V요?

바리 신기하지? 얘기하는 동안 카레라이스가 완성됐네! 어서 먹자~

바리 교수의 물리노트 7

- 질량 M의 중심으로부터 R만큼 떨어진 지점에 있는 다른 질량 m이 갖는 중력위치에너지는 $-G\dfrac{mM}{R}$이고, 전하 Q로부터 R만큼 떨어진 지점에 있는 다른 전하 q가 갖는 전기위치에너지는 $k\dfrac{qQ}{R}$다.
- 전위electric potential: 전하당 전기위치에너지로, 전하 Q로부터 R만큼 떨어진 지점에서의 전위는 $k\dfrac{Q}{R}$다. 전위의 단위는 V(볼트volt) = J/C이다.
- 전압voltage: 두 지점의 전위차로, 단위는 V다.

08 고압전선 위의 참새들은 감전되지 않는다구요?

전류/등전위면/전기력선

학교 가는 길에 있는 주택단지와 공원을 지날 때면 어김없이 여기저기서 새들의 지저귐이 들린다. 출근하는 엄마와 함께 나오느라 늘 일찍 등교하는 엘리는 가끔 눈을 감고 이 새소리에 귀를 기울인다. 하나같이 예쁜 소리여서 늘 새의 이름이 궁금하지만, 대부분은 새들이 보이지 않아 어떻게 생겼는지도 알 수 없다. 하굣길에 울리를 만난 엘리는 주중이지만 오랜만에 바리 교수의 집에 가기로 했다.

엘리 아줌마~~ 또 잡초 뽑고 계시네요? 잡초가 금세 자라나봐요?

바리 잡초들은 정말 잘 자라서 일주일만 지나도 무성해지지 뭐니.

울리 어? 저거 까치 아니에요?

엘리 하하- 아린이가 잡으려다가 안 되니 약이 오른 것 같은데?

바리 어머? 이 시간에 까치가 웬일이지? 낮에는 종종 찾아온단다. 특히 아린이가 사료를 남겼을 때는 사료를 물고 가기도 하고. 그러면 아린이는 까치를 잡으려고 팔짝팔짝 뛰고 난리지.

엘리 하하하! 그러고 보니 여긴 아침에 새들이 많이 오겠어요.

바리 주로 참새와 까치가 많이 온단다. 감나무가 있어서 감을 파 먹으러도 오고 말이야. 그래도 아침에 새소리를 들으며 커피 한잔 하면 기분이 아주 좋아. 예전에는 참새들 여러 마리가 전깃줄에 줄지어 앉아 있는 모습을 자주 볼 수 있었는데, 이 동네는 전깃줄이 없어서 통 볼 수가 없네.

울리 요즘도 가끔 보여요~ 그렇게 나란히 앉아 뭐 하는 걸까요?

엘리 수다 떠는 거지~ 히히- 근데 아줌마, 참새들은 왜 전깃줄에 그렇게 오래 앉아 있는데도 안전하죠?

울리 저도 궁금했어요. 우리는 위험하다고 고압전선 근처에 가지 말라고 배우잖아요.

바리 그건 지난 주말에 얘기했던 전위차와 관계가 있어. 우리가 흔히 사용하는 전압은 전위차를 의미한다고 한 것 기억나지?

울리 그럼요~ 며칠 전에 배운 건데요~

바리 그럼 전하가 전위차를 경험하면 어떻게 되지?

엘리 움직이겠죠. 높은 전위에서 낮은 전위로요.

바리 맞아. 그렇게 전하가 전위차를 경험해서 움직이면 '전류electric current'가 흐른다고 하지. 가령 꼬마전구가 달린 구리 도선에 건전지를 연결하면 건전지의 전위차에 의해 구리 도선의 자유전자가 이동하여 전류가 흐름으로써 전구에 불이 들어오는 거지.

엘리 그럼 전자가 움직이는 방향으로 전류가 흐르나요?

바리 전류의 방향은 항상 양(+)전하가 움직이는 방향으로 정의하기 때문에 전자가 움직이는 방향과는 반대란다. 전류가 A 지점에서 B 지점으로 흐른다면 전자는 B 지점에서 A 지점으로 이동하는 거지.

울리 그럼 전류의 세기는 어떻게 정하죠?

바리 전류의 세기는 주어진 시간에 이동한 전하량으로 정의해. 단위는 쿨롱/초(C/s)인데, 프랑스의 물리학자 앙드레-마리 앙페르 Andre-Marie Ampère의 이름을 따서 A(암페어ampere)라고 부르지. 즉 1A = 1C/s야.

울리 아, A가 전하량을 시간으로 나누었다는 의미군요. 근데 참새가 고압전선 위에서 안전한 것과 전류는 무슨 관계가 있지요?

바리 그보다 먼저 감전된다는 것은 무엇을 의미하는지 생각해봐.

울리 전기를 느끼는 거요. 헤헤-

엘리 전기가 몸에 통하는 것 아닌가요?

바리 보통 그렇게 표현하지만 정확히 물리 용어를 사용하여 표현하면, '감전electric shock'은 외부의 영향으로 몸의 어느 두 부분에 전위차가 생겨서 몸속의 전하들이 이동하는 것을 의미해.

울리 아, 우리 몸속에서 전류가 흐르는 거군요.

바리 그래~ 전위차가 클수록 더 많은 전하가 강제적으로 움직이게 되어 생명 현상에 치명적인 결과를 줄 수 있는 거지. 고압전선은 전위차를 크게 할 수 있으니 위험한 거고 말이야.

엘리 음~ 생각해보니까 고압전선에 앉아 있는 참새의 두 발 사이의 전위차는 클 것 같지가 않아요. 맞나요?

바리 그래. 참새 발이 절연체기도 하지만, 두 발 사이의 전위차가 거의 없어서 참새 몸에 전류가 흐르지 않는 거지. 만일 전압이 다른 두 전선에 발을 한 쪽씩 놓고 앉았다면 바로 감전될 수 있지만 말이야.

울리 음…. 그러니까 20층에 사는 제가 안전한 것처럼 고압전선 위의 참새들도 안전하다는 거네요?

바리 재미있는 비유네~ 맞아. 20층의 중력위치에너지는 크지만, 20층 내에서는 중력위치에너지의 차이가 없으니까 말이야. 한편 사람이 땅에 서서 고압전선을 만지면 큰 전위차에 의해 감전될 수 있으니 조심하라고 하는 거지.

울리 그럼 고압전선에 대롱대롱 매달리면 감전되지 않겠네요~

바리 그렇다고 진짜 매달리지는 마렴. 호호-

엘리 울리가 그렇게 높이까지 점프를 할 수는 없으니 하나마나 실패인데요, 뭐~ 하하-

바리 그렇겠구나~ 다행이네. 하하- 자, 이제 조금 더 깊이 들어가볼까?

울리 더 깊이요? 물리는 이해한 듯하면 그게 끝이 아니고 알아야 할 것들이 또 있고 또 있고 그런 것 같아요.

바리 처음부터 자세히 설명하면 어려워하니까 하나씩 꺼내서 그래. 깊이 들어간다고 했지만 새로운 개념은 아니고 새 용어를 알려주려는 것일 뿐이야. '등전위면equipotential surface'이라는 용어란다.

엘리 등等전위면이요? 전위가 같다는 의미 같은데요?

바리 그래~ 전에 전하 Q로부터 R만큼 떨어진 지점의 전위는 $k\dfrac{Q}{R}$라고 했는데, 이 식은 전하 Q로부터 같은 거리만큼 떨어진 모든 지점에서의 전위가 같다는 걸 알려주지.

울리 아~ 그렇네요.

바리 그럼 전하를 중심으로 같은 거리만큼 떨어진 지점을 모두 연결하면 어떤 모양일까?

엘리 구형이겠죠.

바리 그렇지! 전하를 중심으로 하는 구형, 즉 구 표면이 바로 등전위면이야. 그럼 이 등전위면에서 움직이는 다른 전하 q가 있다고 생각해봐. 이 전하가 움직일 때 한 일은 얼마나 될까?

울리 갑자기 일을 물으시면 어떡해요…. 배운 지 한참 되었는데요.

바리 가물가물하니? 일의 정의는 물체가 받은 힘에, 힘과 나란한 방향으로 움직인 거리를 곱한 거야. (1권 18화 참조)

울리 음…. 자세한 정보를 주시지 않는다는 것은 분명 답이 간단하다는 의미일 텐데 말이죠….

바리 하하하- 차근차근 생각해봐. 일단 간단하게 모든 전하가 양(+)전하라고 가정하고, 전하 Q가 만든 전기장 $\vec{E}$에 의해 전하 q가 받는 힘의 방향부터 따져봐.

엘리 전기장 안의 양(+)전하 q는 전기장과 같은 방향으로 쿨롱의 힘을 받잖아요. 전하 Q가 만든 전기장은 전하 Q로부터 나가는 방향이고요.

바리 그럼 전하 q가 받는 힘의 방향과 구 표면인 등전위면은 서로 수직하겠지?

울리 아하, 수직!! 힘의 방향과 움직이는 방향이 수직이니까 물리적으

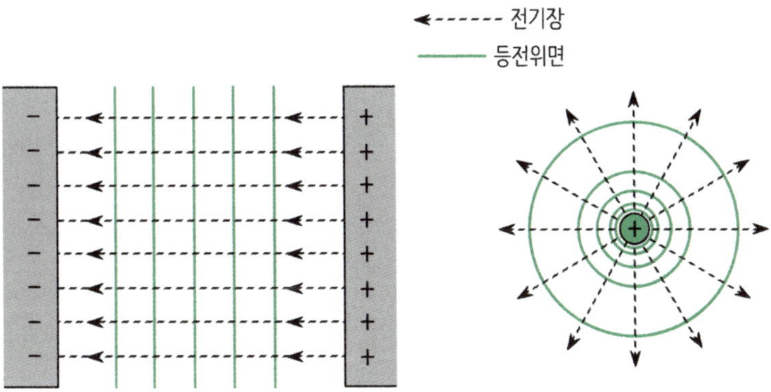

로 한 일이 없는 거네요. 힘과 나란한 방향으로 움직여야 일을 한 거니까요.

엘리 와~ 그럼 등전위면에서 아무리 많이 여기저기 돌아다녀도 일을 하지 않은 거로군요!

바리 그렇지. 등전위면상에 있는 전하는 어디에 있든 전기위치에너지도 같다는 것을 의미해서, 등전위면상에서만 움직인다면 전기위치에너지의 변화가 없다는 뜻이니까 말이야. 여기서 말하고 싶은 것은 사실, 전기장에 수직한 면이 등전위면이라는 거야.

울리 쿨롱의 힘은 전기장과 나란한데, 전하가 전기장과 수직으로 움직이면 일이 없는 것이 되니까, 결국 전위도 같다는 거죠?

바리 맞아. 따라서 아무리 전하 분포가 복잡해도 주변에 형성되는 알짜전기장만 알면 그 전기장 방향과 수직인 면이 바로 등전위면인 거야.

울리 전하가 여러 개 있으면 알짜전기장을 구하기가 어려울 것 같아요.

바리 전기장은 벡터니까, 전하가 여러 개 있으면 각 전하가 어느 한 점에 만드는 전기장을 구해서 벡터의 합을 구해야 하지. 이렇게 공간의 각 점에서 구한 알짜전기장 벡터를 연결하여 연속된 선으로 나타낸 것을 '전기력선line of electric force'이라고 불러.

엘리 결국 전기장을 나타내는 거네요?

바리 그런 셈이지. 전하가 여러 개 있으면 위치마다 알짜전기장의 방향이 다를 텐데, 이를 연결하여 곡선의 전기력선으로 나타내면 어떤 위치에서의 전기장은 전기력선의 접선 방향이라는 뜻이고 말이야.

엘리 다른 말로 하면, 특정한 위치에 어떤 전하가 있으면 전기력선의 접선 방향으로 힘을 받는다는 거네요.

바리 그렇지. 그리고 전기력선은 마치 등고선처럼 전기장이 센 곳은 조밀하게, 약한 곳은 성글게 그려지지. 이것은 하나의 전하가 만드는 전기장을 생각해봐도 바로 알 수 있어. 전기장을 나타내려고 전하를 중심으로 방사선을 그리면, 이것이 바로 전기력선이 되겠지. 그런데 이 선들이 전하 근처에서는 조밀하지만 멀어질수록 벌어지잖니?

울리 전기력선을 보고 전기장의 세기를 입체적으로 상상해야 하네요.

바리 입체 상상! 아주 좋네~ 실제로 전하 주변의 모든 공간이 전기장으로 꽉 차 있는데 우리는 눈으로 이해하려고 전기력선을 몇 개만 그리는 거니까 말이야. 거기에 전기력선에 수직한 방향들을 연결한 등전위면도 함께 입체적으로 상상하면 더욱 좋겠지.

울리 윽, 용량 초과예요. 예전에 배운 개념까지 모두 기억해야 하는데 입체 상상까지 해야 하다니요. 제 용량 좀 늘려주세요~

바리 하하- 오늘은 참새에서 시작해서 감전, 전류, 등전위면, 전기력선까지 공부했으니 다음에는 전기회로의 삼총사 중 남은 하나, 전기저항에 대해서 얘기해야겠다.

울리 으~~ 저항하고 싶어요~~~

바리 교수의 물리노트 8

- 전류electric current: 단위시간당 이동하는 전하량. 전류의 방향은 양(+)전하가 움직이는 방향으로 정하고, 전류의 단위는 A(암페어ampere) = C/s다.
- 감전electric shock: 몸의 두 지점 사이에 전위차(전압)가 생겨서 몸속의 전하가 이동하는 현상.
- 전기력선line of electric force: 공간의 각 점에서 구한 알짜전기장을 연속으로 이어 선으로 나타낸 것으로, 전기력선의 접선 방향이 전기장의 방향이다.
- 등전위면equipotential surface: 전위가 같은 면으로, 전기력선에 항상 수직이다.

09 뾰족할수록 전하가 더 조밀하게 많이 모여 있는 이유가 있다구요?

전기선속/가우스법칙

주말에 엘리 엄마가 딸기를 너무 많이 샀다며 울리와 바리 교수를 위해 한 박스씩 따로 포장해주었다. 엘리는 울리네 집에 들러 아줌마께 딸기를 전하고, 울리와 함께 바리 교수를 찾아갔다. 다 같이 마당 데크에 앉아 딸기를 먹는데 아린이가 배가 고픈지 침을 뚝뚝 흘리며 쳐다보자, 바리 교수가 딸기는 개한테 먹이면 안 된다며 아린이 간식을 꺼내주었다. 그런데 한참 맛있게 먹던 중 엘리가 갑자기 딸기를 들고 이리저리 살피기 시작했다.

엘리 아줌마, 딸기가 꼭 대전된 도체 같아요~ 씨는 전하고요. 심지어 뾰족한 곳에는 씨들이 더 다닥다닥 붙어 있는 것 같지 않나요?

바리 하하하- 기발한데?

울리 그래서 딸기를 이리저리 뜯어본 거구나?

바리 그럼 할 수 없이 도체의 뾰족한 부분에 왜 전하가 더 조밀하게 몰리는지를 얘기해야겠네. 전기저항 얘기는 잠시 미루자.

엘리 좋아요~

바리 엘리 말대로 딸기를 도체, 씨를 전자라고 보고, 음(−)으로 대전된 도체를 상상해보자. 그럼 평평한 쪽의 두 전자는 표면과 나란한 방향으로, 그리고 서로 밀치는 방향으로 작용하는 쿨롱의 힘을 받겠지?

울리 그럼 전자들은 서로 반대 방향으로 표면을 따라 움직이나요?

바리 평형 상태가 아니고 전자 2개만 있다면 그렇겠지. 그런데 지금은 평형 상태에서 왜 뾰족한 부분에 전하가 조밀하게 있는가를 이해해보려고 하는 거야. 계속하면, 이번에는 뾰족한 부분의 두 전자에 작용하는 쿨롱의 힘을 생각해봐.

엘리 역시 서로 밀치는 방향의 힘이 작용하겠죠. 모두 음(−)전하의 전자들이니까요.

바리 그렇지? 그래도 평평한 부분에 있는 2개의 전자와는 다른 점이 있어. 뭘까? 힌트는 뾰족한 부분에 있는 전자가 받는 쿨롱의 힘 방향과, 표면의 접선 방향을 비교해보는 거야.

울리 평평한 부분과 달리 뾰족한 부분에서는 쿨롱의 힘이 표면과 나란하지 않은 거요?

바리 바로 그거야. 다시 말하면, 뾰족한 부분에 있는 두 전자에 작용하는 쿨롱의 힘은 도체 표면에 나란한 성분과 수직한 성분을 갖고 있다는 거지. 그럼 두 전자 사이의 거리가 같을 때, 표면에 나란한 방향의 힘이 더 큰 건 어떤 경우일까? 평평한 부분? 뾰족한 부분?

울리 평평한 부분요. 평평한 쪽에 있는 전자들에 작용하는 힘은 모두 표면에 나란한 방향의 힘이고, 뾰족한 쪽에 있는 전자들에 작용하는 힘은 일부만 나란한 방향의 힘이니까요.

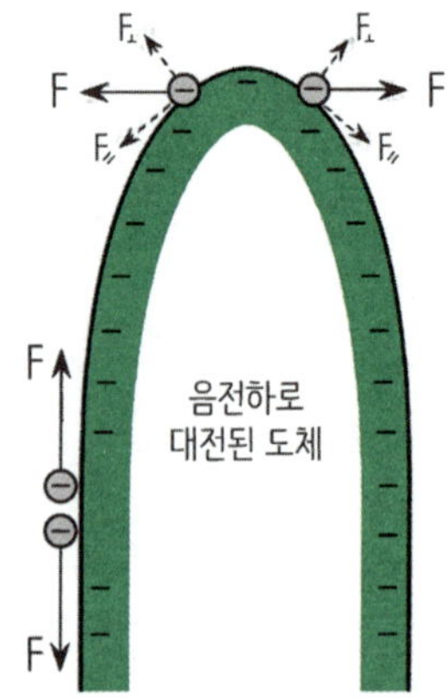

바리 맞아. 도체 표면과 나란한 힘은 전자들이 표면을 따라 움직이게 해서 평형 상태가 되게 하는 힘인데, 평평한 쪽에 있는 전자들은 뾰족한 쪽에 있는 전자들보다 더 세게 서로 밀치니까 둘 사이 거리가 더 멀어져야 평형을 이루는 거지.

엘리 뾰족한 쪽에 전자들이 더 빽빽하게 있어야 표면과 나란한 방향의 힘이 커지는 거군요.

바리 그렇게 볼 수도 있지. 지난번에 정전기적 평형 상태에서 대전된 도체의 전기장은 표면에 수직한 성분만 남는다고 한 것 기억나지? (3권 6화 참조)

울리 그럼요. 배운 지 얼마 안 된 내용이잖아요. 표면과 나란한 성분이 있으면 전하들의 이동이 생겨서 평형 상태가 아니게 되니까요.

바리 그래. 그건 도체 표면에 있는 전자 각각에 작용하는 쿨롱의 힘 중 표면과 나란한 성분의 총합이 0이라는 것과 같은 얘기야. 그래서 뾰족한 부분에 전자가 많이 있어야 표면과 나란한 성분의 힘이 커져서 평평한 부분의 큰 힘과 상쇄될 수 있다는 거고 말이야. 그럼 도체 밖의 전기장 세기는 어떻게 다를까?

엘리 뾰족한 부분에 전자가 더 많으니 전기장의 세기가 평평한 부분보다 훨씬 세겠죠?

울리 아, 도체 표면에는 수직인 전기장만 있지만, 뾰족한 부분일수록 빽빽한 전자의 수만큼 전기장도 세겠군요. 또 입체 상상이 막 되네요.

바리 하하- 도체의 특성에 대해 다시 정리하면, ① 도체는 자유전자를 갖고 있어서 어느 한 부분이 대전되면 바로 과잉전하가 도체 표면에 분포하게 되는데, 뾰족할수록 전하가 많이 모이고, ② 전기장은 도체 내부에서는 0인 반면, ③ 도체 밖에서는 표면에 수직하게 생기는데 뾰족한 부분일수록 그 세기가 강하다는 거야.

울리 도체에 대해 이야기할 때 꼭 알아야 하는 내용인 거죠?

바리 맞아. 그럼 전위를 생각해볼까? 등전위면부터 말이야.

엘리 등전위면은 전기장과 수직하잖아요?

울리 어? 그럼 도체 표면이 바로 등전위면이에요? 도체 표면에서 전기장은 수직이니까요.

바리 그래~ 대전된 도체 표면이 바로 등전위면이 되는 거야. 그럼 도체 내부에서의 전위는 어떨까?

울리 도체 내부에서는 전기장이 0이니까….

바리 전기장이 0인 곳에서는 전하가 이동해도 전기적 일은 없는 게 되니 전위차가 없는 것과 같지. 그래서 대전된 도체 내부에서의 전위는 도체 표면에서와 같아. 예를 들어 반경이 R인 도체 구가 전하 Q로 대전되어 있을 때, 전기장과 전위를 도체 중심으로부터의 거리에 대해 그려보면 이 그림처럼 된다는 뜻이야.

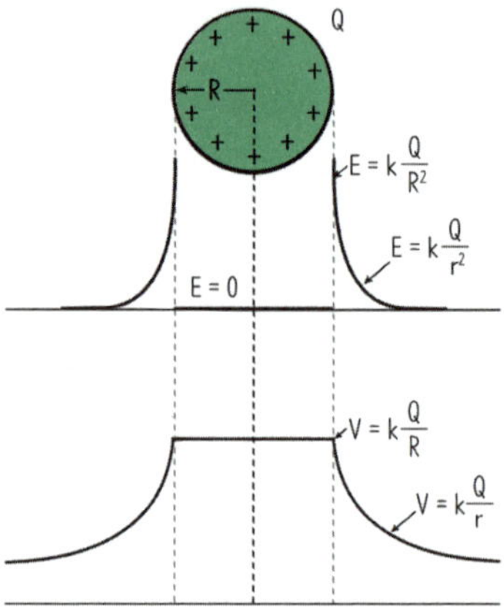

엘리 표면에서의 전기장이나 전위가, 중심에 전하 Q가 있는 것과 같네요? 전하 Q는 도체 표면에 골고루 퍼져 있는 것 아니었어요?

바리 예리하게 봤네. 두 경우가 같다는 것을 보이려면 '가우스법칙 Gauss' law'이라는 것을 이용해야 해서 결과만 그려준 거야. 가우스법칙을 수학적으로 증명하는 것은 어려운 단계니 증명 없이 설명만 해볼까?

울리 가우스도 물리학자 이름인가요?

바리 유명한 수학자이자 물리학자야. 전에 정전기차폐 현상을 얘기할 때 도체 내부에 있는 빈 공간에서도 전기장은 0이라고 했지? 이것도 가우스법칙으로 설명할 수 있단다. 전기장뿐만 아니라 중력장을 구할 때도 유용하고 말이야.

울리 안 돼~ 이제 수학 법칙까지 알아야 하는군요.

엘리 역시 수학 없이는 물리를 잘할 수 없는 거였어요.

바리 물리학을 공부하는 데 있어서 수학은 언어와 같은 거야. 수학을 알면 물리학을 좀 더 쉽게 이해할 수 있거든. 힘들면 가우스법칙은 설명하지 말까?

엘리 아, 아네요. 전 수학 좋아해요~

울리 전 듣기만 할게요. 수학이나 물리 통역기를 누가 개발해주면 좋겠어요. 히히-

바리 지금 통역하고 있잖아~ 먼저 '전기선속electric flux'이라는 것을 정의해야 하는데, 전기장이 어떤 면적을 수직으로 통과하는 세기와 그 면적을 곱한 거야. 예를 들어 양(+)전하 Q를 중심으로 하는 구면을 생각하면, 전기장은 이 구면을 수직으로 통과하겠지?

엘리 구면에서 전기장의 세기는 같고요~

바리 그 전기장의 세기와 구의 표면적을 곱하면 전기선속이 되는데, 이 경우 전기선속은 거리와 무관해. 전기장의 세기는 구의 반지름의 제곱에 반비례하는데, 구의 표면적은 반지름의 제곱에 비례하니까 말이야. 식으로 쓰면 $k\dfrac{Q}{r^2}\times 4\pi r^2 = 4\pi kQ$가 되지.

울리 전기장이 구면을 수직으로 통과하지 않으면요?

바리 그럴 경우에는 수직한 성분만 구해서 곱해야 해. 면적도 벡터로 정의하는데, 방향은 면적에 수직인 방향으로 정의하기 때문에 면적에 수직한 성분의 전기장을 곱한다는 것은 결국 면적벡터에 나란한 성분의 전기장을 곱하는 것과 같지.

울리 어라? 비슷한 것을 배운 적 있는 것 같은데요?

바리 일을 정의할 때 '스칼라곱' 또는 '내적'이라는 것을 정의했었지. (1권 18화 참조) 전기선속(Φ_E)은 전기장($\vec{E}$)과 면적벡터($\vec{A}$)의 내적이거든. 식으로 표현하면, 전기장과 면적벡터 사이의 각이 일정할 때 전기선속 $\Phi_E = \vec{E} \cdot \vec{A}$지.

울리 아, 맞아요. 벡터와 벡터를 곱해서 스칼라가 되는 거라 스칼라 곱이라고 한다고 하셨던 것 기억나요.

바리 오래되었는데도 기억하네~ 좀 더 일반적으로, 전기장과 면적벡터가 만드는 각이 일정하지 않을 때는 적분기호를 써서 $\Phi_E = \int \vec{E} \cdot d\vec{A}$로 정의한단다.

울리 으아, 벡터도 복잡한데 적분까지요?

바리 그냥 구경만 하라고. 개념은 같은 거야. 그럼 다시 아까 예로 든 양(+)전하를 생각해보자. 양(+)전하를 중심으로 하는 구면에서의 전기선속은 반지름과 관계없이 전하량 Q에 비례한다는 거 말이야. 이번에는 구면을 둘러싼, 구면이 아닌 울퉁불퉁한 면을 상상해봐.

〈 전기장과 면적벡터 사이의 각이 일정할 때 〉

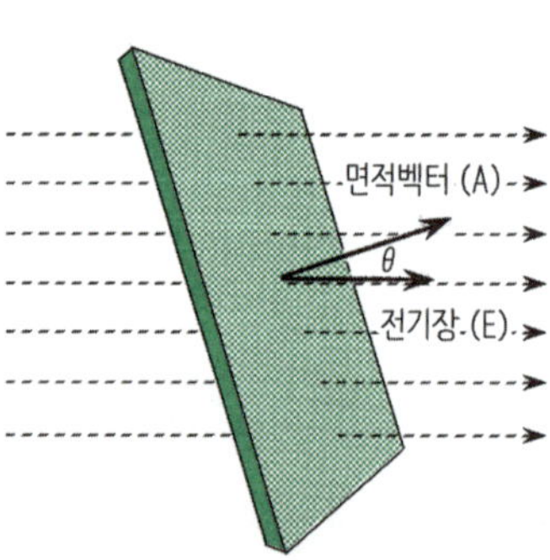

전기선속 $\Phi_E \equiv \vec{E} \cdot \vec{A}$

〈 전기장과 면적벡터 사이의 각이 일정하지 않을 때 〉

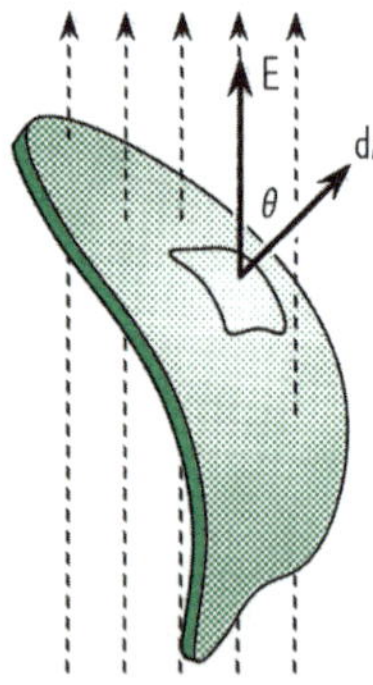

전기선속 $\Phi_E \equiv \int \vec{E} \cdot d\vec{A}$

엘리 아무렇게나 생긴 면을요?

바리 그래. 구면을 완전히 둘러싸기만 하면 돼. 그래도 이 면을 통과하는 전기선속은 구면에서와 같다는 것이 핵심이야. 구면을 통과한 전기장이 그대로 울퉁불퉁한 면을 통과할 테고, 전기선속은 거리와 무관하니까 말이야.

엘리 결국 전하를 완전히 둘러싼 면에 대한 전기선속은 면의 모양이나 위치와 관계없이 같다는 거네요?

바리 그렇지. 그게 바로 가우스법칙이고 말이야. 전하를 완전히 둘러싼 면을 '폐곡면', '닫힌 면', 또는 '가우스 면'이라고 하는데, 가우스법칙은 '닫힌 면에 대한 전기선속은 닫힌 면 안에 들어 있는 총 전하량과 비례한다'는 거야.

울리 뭔가 갑자기 간단해진 것 같아요. 거리도 관계없고 모양도 관계없고 전하량만 알면 된다고 하니까요.

바리 가우스법칙이 얼마나 유용한지 알아보기 위해 속에 빈 공간이 있는 대전된 도체를 생각해볼까? 이 도체는 바깥쪽 면도 있고 안쪽 면도 있어. 이제 안쪽 면을 간신히 둘러싼 가우스 면을 상상하고 그 전기선속을 구해봐. 힌트는 대전된 도체라도 평형 상태에서는 도체 내부의 전기장이 0이라는 것, 그리고 이 가우스 면은 도체 안에 있다는 거야.

엘리 전기장이 0이니 전기선속도 0이겠죠?

바리 그렇지? 근데 가우스법칙에 의해 전기선속은 가우스 면 안에 있는 총 전하량에 비례하는데, 전기선속이 0이니 이는 곧 가우스

면 안에는 전하가 없다는 걸 의미하지. 즉 대전된 도체 내에 빈 공간이 있어도 도체 안쪽 면에는 전하가 있을 수 없다는 거야.

울리 아하~ 그래서 도체의 바깥쪽 표면에만 전하가 있게 되는 거군요.

바리 맞아. 이번에는 도체 안 빈 공간에 있는 가우스 면을 상상해보면, 가우스 면 안에 전하가 없으니 전기선속도 없고, 따라서 전기장도 없다는 것을 알 수 있지.

울리 아하~ 근데 아줌마! 가우스법칙이 왜 수학 법칙이에요?

바리 가우스법칙은 '거리의 제곱'에 반비례하는 함수와 관련된 법칙으로, 전기장에만 적용되는 법칙은 아니거든. 이 경우 전기장이 '거리의 제곱'에 반비례하기 때문에 가우스법칙이 유용한 거야.

엘리 아~ 중력장도 '거리의 제곱'에 반비례하니까 가우스법칙을 쓸 수 있다는 거군요.

바리 맞아. 중력장에 적용하는 가우스법칙은, '가우스 면에 수직인 성분의 중력장과 면적을 곱한 것이 가우스 면 내부의 총 질량에 비례한다'는 거지. 가우스법칙은 중력장이나 전기장의 세기가 일정한 가우스 면을 찾을 수 있을 때 아주 유용하단다.

엘리 어떻게요?

바리 가우스 면에서의 전기장을 쉽게 구할 수 있거든. 예를 들어 전하 Q가 골고루 구 표면에 퍼져 있으면 구 표면은 전기장의 세기가 같은 면이 될 거고, 전기장의 세기는 전기선속($4\pi kQ$)을 구의 표면적으로 나누기만 하면 구할 수 있을 테니까 말이야.

엘리 아, 그래서 전하 Q로 대전된 반지름이 R인 도체 구 표면에서의 전기장의 세기가 전하 Q가 중심에 있을 때 거리 R만큼 떨어진 곳에 만드는 전기장의 세기와 같은 거군요.

울리 !@#$%^&*??

바리 교수의 물리노트 9

- 전기선속(Φ_E)은 전기장($\vec{E}$)과 면적벡터($\vec{A}$)의 내적으로 정의되고, 면적벡터의 방향은 면적에 수직인 방향이다.

$$\Phi_E = \vec{E} \cdot \vec{A} = EA\cos\theta \text{ 또는 } \Phi_E = \int_{\text{면적}} \vec{E} \cdot d\vec{A}$$

(θ: 두 벡터의 사잇각)

- 전기장에 대한 가우스법칙: 닫힌 면에 대한 전기선속(Φ_E)은 닫힌 면 내부의 총 전하량($Q_{\text{내부}}$)에 비례한다.

$$\Phi_E = \oint_{\text{닫힌 면}} \vec{E} \cdot d\vec{A} = 4\pi k Q_{\text{내부}}$$

- 중력장에 대한 가우스법칙: 닫힌 면에 대한 중력장($\vec{g}$)과 면적벡터($\vec{A}$)의 내적은 닫힌 면 내부의 총 질량($M_{\text{내부}}$)에 비례한다.

$$\oint_{\text{닫힌 면}} \vec{g} \cdot d\vec{A} = -4\pi G M_{\text{내부}}$$

10 어디에나 저항이 있다구요?

전기저항

울리는 공부 빼고는 하고 싶은 것이 많다. 게임도 실컷 하고 싶고, 운동도 이것저것 다 해보고 싶고, 여기저기 마음껏 돌아다니고도 싶다. 그런데 부모님은, 지금은 공부를 할 때니 하고 싶은 것은 대학에 간 뒤에 하라고 하신다. 공부와 관련된 것에만 지원을 아끼지 않는 부모님을 생각하면 부담스럽기도 하고 이따금 짜증이 나기도 한다. 대학 가서 놀 거면 대학을 왜 가야 하나 하는 생각도 들고, 공부는 나이와 상관없이 하고 싶을 때 하는 것이 좋지 않나 하는 생각도 들고. 요즘 들어 울리는 공부 생각만 하면 영 심란하다.

바리 울리야, 왜 그렇게 힘이 없어?

엘리 요즘 울리가 좀 이상해요.

바리 그래? 이유가 뭘까?

울리 그냥 가끔 제가 저를 모르겠어요. 공부를 해야겠다고 생각은 하는데 자꾸 다른 생각이 들기도 하고, 엄마, 아빠한테 미안한 마음이 들다가도 화가 나기도 하고 그래요.

바리 흠…. 울리가 어른이 되어가는가 보구나. 어른이 된다는 것은 생각이 많아지는 것이기도 하거든. 어느 순간 자기 몫의 삶을 스스로 혼자 책임지고 살아갈 생각을 하면 겁도 나고 말이야.

엘리 그랬구나. 울리야, 나도 어른이 된다는 것이 겁나긴 해. 뭘 해서 돈을 벌고, 죽을 때까지 먹고 살까? 엄마가 열심히 일을 하셔도 우린 부자가 아니니까.

바리 엘리도 그렇고, 벌써 그런 걱정을 하는구나. 하긴 먹고 산다는 것이 쉬운 일은 아니지.

울리 공부를 못하는 사람은 정말 미래가 어두울까요?

바리 그건 아니지. 미래를 어떻게 알아. 근데 공부도 습관이라서 어느 정도 훈련이 필요해. 아줌마는 울리가 호기심이 많아서 미래형 인재라고 생각하는데~

울리 아줌마만 그렇게 생각하시는 것 같아요.

엘리 나도 그렇게 생각해! 가끔 네가 질문하는 것 보면 '어떻게 저런 생각이 나지?' 하고 부러울 때가 있어.

울리 아이고 민망해라~ 기운 없다고 막 띄워주네요, 히히-

바리 이제 기운 좀 났어? 그럼 공부를 시작해볼까? 사실 아줌마는 어릴 때 힘들고 화나고 하면 그냥 공부를 해버렸어. 그럼 힘든 것도 화난 것도 잊어버리게 되거든.

울리 그게 가능해요?

바리 한번 해보렴~ 오늘의 주제는 지난번에 못 한 전기저항으로 하자.

엘리 반항이 아니고요? 하하-

울리 난 반항하진 않아. 내가 하고 싶은 것을 하려 할 때 엄마의 저항을 견뎌야 할 뿐이지.

바리 야~ 철학적이네? 자, 전기회로의 삼총사는 전류, 전압, 전기저항이 세 가지라 할 수 있어. 여기서 전압은 전위차를 말하고, 전류는 전위차에 의해 주어진 시간 동안 이동한 전하량을 의미한다고 했지?

울리 전류가 잘 통하는 도선은 전기저항이 없는 것 아닌가요?

바리 도선을 보통 구리로 만드는데, 전기저항이 전혀 없는 것은 아니고 아주 작아. 구리보다는 은이 더 전기저항이 작은데 비싸니까 구리로 도선을 만드는 거고 말이야.

엘리 전기저항은 당연히 물질마다 다르고요.

바리 그렇지. 도선의 전기저항을 결정하는 것은 도선의 길이, 단면적, 재질이야. 재질의 특성은 '비저항resistivity'이라는 물리량으로 나타내는데, 비저항은 전기전도도의 역수고 온도에 따라서도 변한단다.

울리 이제 새로운 용어가 나와도 덤덤하니 놀랍지도 않아요.

바리 그렇다고 관심도 덤덤한 건 아니지? 하하- 아무튼 도선의 저항은 재질마다 다른 값을 갖는 이 비저항에 비례한단다.

울리 도선의 길이에도 비례할 것 같아요. 도선이 길면 전하가 한참 이동해야 해서 저항이 커질 테니까요.

바리 훌륭한 추리력이야. 전압에 의해 도선의 자유전자들이 이동하더라도 도선이 길면 많은 원자들을 지나가야 하니까 일반적으

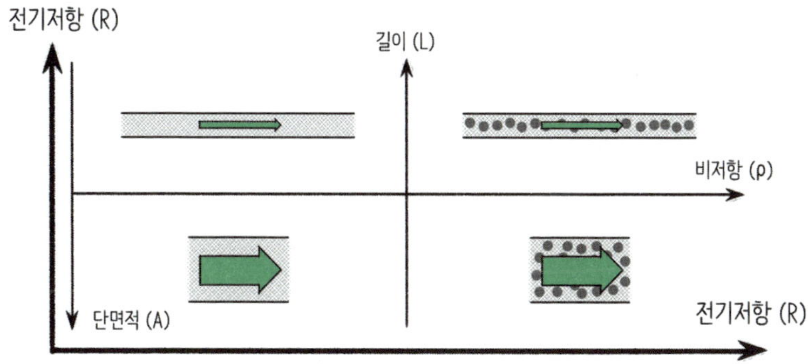

로 저항이 커지지. 그 대신 단면적이 넓을수록 저항은 작아지고 말이야.

엘리 그럼 굵고 짧은 도선일수록 저항이 작겠군요.

바리 세 가지 요소인 도선의 길이(L), 단면적(A), 비저항(ρ)을 모두 고려하면, 전기저항(R)은 도선의 길이와 비저항에 정비례하고 단면적에 반비례하지. 식으로 쓰면, $R = \rho\dfrac{L}{A}$이야.

울리 저항의 단위는 뭐예요? 또 물리학자 이름에서 따왔겠죠?

바리 하하- 맞아. 저항의 단위는 옴ohm인데, 기호로는 대문자 Ω(오메가omega)를 사용해. '옴'은 독일의 물리학자 게오르그 시몬 옴Georg Simon Ohm의 이름에서 따온 것이고 말이야.

엘리 그럼 비저항의 단위는 뭐예요?

바리 비저항은 '도선의 저항×단면적÷도선의 길이'와 같아서 단위로 Ω·m를 쓴단다. 도체는 전기전도도가 크다고 했는데(3권 4화 참조), 비저항의 역수가 전기전도도니 도체의 비저항은 아주 작지.

울리 실제 비저항 값은 얼마나 돼요?

바리 은이나 구리처럼 전류가 잘 흐르는 금속들은 비저항이 $\frac{1}{1억}$인 $10^{-8}\Omega\cdot m$ 정도로 작은데, 고무 같은 절연체는 10조에 해당하는 $10^{13}\Omega\cdot m$ 정도로 크지.

엘리 도체와 절연체의 비저항 차이가 어마어마하네요.

울리 전압만 크다고 전류가 잘 흐르는 것은 아니군요. 전기저항도 같이 생각해봐야 하는 거니까요.

바리 맞아. 지난번에 감전 얘기를 했잖아? 우리 몸의 두 지점 사이에 전위차가 생겨서 우리 몸 안의 전하들이 강제적으로 이동하게 되는 것이라고 말이야. 이 감전도 우리 몸의 저항이 얼마인지에 따라 위험할 수도 있고 덜 위험할 수도 있어. 참새는 저항이 아주 커서 고압 전선에서 두 발 사이에 전위차가 조금 있다고 해도 전류가 거의 흐르지 않는 거고 말이야.

울리 누군 위험하고 누군 위험하지 않을 수도 있다는 건가요? 사람에 따라 저항 차이가 그렇게 심한가요?

바리 그런 뜻이라기보다는, 몸이 건조한 상태인지 땀이 난 상태인지에 따라 전기저항이 크게 다를 수 있다는 거야. 건조할 때는 저항이 50만 Ω 정도로 크지만, 땀이 난 상태에서는 소금기 때문에 저항이 1,000Ω 정도밖에 되질 않거든.

엘리 와~ 그렇게 많이 차이가 나요?

울리 몸이 건조할 때는 같은 전위차를 느끼더라도 전류가 많이 흐르지 못한다는 것이네요.

바리 손에 물이 묻었거나 땀이 났을 때는 더욱 조심해야 한다는 뜻이기도 하지.

울리 그럼 물속에서 사는 전기뱀장어를 건드리면 엄청 위험하겠네요? 물 때문에 저항도 작을 테니까요.

엘리 이것 봐~ 넌 이 시점에 적절하게 전기뱀장어가 생각나잖아. 난 그런 생각이 나질 않는데 말이야.

바리 그러게. 울리의 연상력이 대단하지?

울리 오늘 자꾸 왜 그러세요~ 아, 근데 다시 생각해보니 고무 잠수복을 입고 들어가니까 안전할 것 같네요.

바리 그렇기도 하지만, 사람한테 치명적인 크기의 전기에너지는 아니기도 해.

엘리 무슨 뜻이죠?

바리 전기뱀장어가 전기를 만드는 이유는 먹이를 잡거나 자신을 보호하기 위해서인데, 아주 짧은 시간 동안만 전위차를 만들기 때문에 사람한테는 큰 피해를 주지 못한다는 뜻이야.

울리 여기서도 시간이 중요하군요.

바리 몇 번 나온 것 같지만, 물리적으로 위험하다고 하는 상황은 큰 에너지를 받았을 때거든. 즉 큰 전기에너지의 영향을 받아야 위험한 것인데, 이것은 시간과도 관계가 있지. 일률의 단위를 기억하고 있을까?

울리 흠…. 일률이요?

엘리 전력과 같은 개념이니까 일률의 단위도 와트(W)라고 하셨죠.

(1권 22화 참조)

바리 그래~ 시간당 에너지여서 J/s인데 이것을 W라고 한다고 했지. 전기 사용량은 전기에너지로 계산한다고 한 것도 기억나지? 그래서 kWh는 결국 에너지와 같은 단위라고 했는데….

울리 아~ 기억나요. 엄마한테도 알려드렸는데 하도 오래되어 제가 까먹었네요.

바리 어떤 전기뱀장어는 수백 W의 전력에 해당하는 전기쇼크를 만들 수 있지만 아주 짧은 시간 동안이라서 전기에너지는 작지. 그래서 큰 물고기나 사람한테는 치명적이지 않고 말이야.

엘리 전기뱀장어가 작은 먹이들을 먹는 것이 정말 다행이네요. 그래도 참 신기해요. 어떻게 먹이를 전기쇼크를 줘서 잡아먹게 진화했을까요?

바리 그렇지? 자연에는 신비로운 일들이 참 많다는 것이 매력적이지. 사람들은 그런 신비로운 현상들을 끊임없이 이해하며 똑같이 구현해내고 싶어 하고 말이야. '패러데이의 새장'(3권 6화 참조)의 패러데이도 전기뱀장어를 갖고 전기적 특성 실험을 많이 한 걸로 알려져 있단다.

울리 으~ 전 실험을 좋아하지만 뱀장어를 갖고 실험하고 싶진 않을 것 같아요.

엘리 난 할 수 있을 것 같은데~ 히히- 아줌마, 다음 주에는 우리 무슨 공부해요?

바리 전압, 전류, 전기저항을 모두 다루었으니 이제 '옴의 법칙'을 애기해야겠네.

울리 끝도 없이 나오는 법칙들…. 얼마나 많은 법칙을 알아야 자연을 이해할 수 있을까요?

바리 교수의 물리노트 10

- 비저항resistivity: 전기전도도의 역수로, 물질의 특성과 온도에 따라 다른 값을 가지며 비저항의 단위는 $\Omega \cdot \mathrm{m}$다.
- 도선의 전기저항(R)은 도선의 길이(L)와 비저항(ρ)에 정비례하고 단면적(A)에 반비례하며, 단위는 Ω(옴ohm)이다.

$$R = \rho \frac{L}{A}$$

11 옴의 법칙이 항상 맞는 것은 아니라구요?

옴의 법칙

엘리와 울리에게 MMS 메시지로 이미지 파일이 몇 개 도착했다. 바리 교수가 보낸 것으로, 팔찌, 목걸이, 귀걸이 등을 촬영한 사진이었다. 모두 알록달록하고 줄무늬가 있는 작은 원통들로 만들어진 것이 예쁘고 특이했는데, 확대해서 보아도 재료가 무엇인지 도통 알 수 없었다. '아줌마가 직접 만드신 건가?', '혹시 우리에게 선물로 주시려는 건가?' 하는 생각들로 엘리와 울리는 약간 들뜬 기분이 되어 집을 나섰다.

엘리 아줌마~ 보내주신 사진들은 뭐예요? 굉장히 예쁘던데 혹시 직접 만드신 거예요?

울리 아줌마는 솜씨가 좋아서 직접 만드셨을 것 같기도 해~ 근데 약간 여자들이 좋아할 스타일이던데요.

바리 요즘은 여성용·남성용 구분이 별로 없지 않니? 화장도 그렇고 옷도 그렇고 말이야. 그 이미지들은 내가 갖고 있던 것이 아니라 인터넷에서 찾은 건데, 주재료가 신기해서 너희한테 보내봤어.

울리 그러게요. 그 원통 같은 것들이 뭐예요?

엘리 저도 재료가 궁금해서 자세히 봤는데 모르겠던데요. 유리도 아니고….

바리 사실은 물리실험실에서 쓰는 저항체들로 만든 거야. 놀랍지?

울리 실험실에서 쓰는 저항체들이라고요? 무슨 저항들이 저렇게 알록달록 줄무늬가 있어요? 정신없게 말이죠.

엘리 난 예뻐서 좋은데~

바리 호호~ 그냥 예쁘라고 넣은 것은 아니고, 색마다 모두 숫자의 의미가 들어 있어. 검은색은 0, 갈색은 1, 빨간색은 2, 주황색은 3, 노란색은 4, 초록색은 5, 파란색은 6, 보라색은 7, 회색은 8, 흰색은 9를 의미하거든.

엘리 와~ 무슨 암호 같네요. 근데 그 숫자들은 무엇을 뜻하죠?

바리 숫자들은 저항의 크기, 오차 범위, 온도에 따른 저항 변화 등을 나타내지. 저항체에 따라 색 띠가 4개 있는 것도 있고, 5개 있는 것도 있고, 6개 있는 것도 있는데 띠가 많을수록 많은 정보를 담고 있는 거야.

울리 아~ 그런 정보를 모두 색으로 표현한다는 게 기발하네요. 그런데 그 색들을 어떻게 구분하는지는 모르겠어요. 예를 들어 노랑, 보라, 주황, 갈색 띠들을 차례로 갖고 있는 저항체는 저항이 얼마라는 뜻이에요?

바리 해당하는 숫자를 보면, 4, 7, 3, 1인데, 이건 47,000Ω±1%라는 뜻이야. 세 번째 숫자 3은 10^3이란 뜻이라 1,000이고, 네 번째 숫자 1은 오차 범위를 의미하거든.

엘리 멋지네요. 전 저항체로 액세서리 만들 생각을 한 것이 참 기발한 것 같아요.

바리 그렇지? 저항체가 워낙 예쁘니 가능한 거지.

엘리 근데 저항은 온도에 따라 변하는 거죠? 비저항이 변하니까요. 울리는 열받으면 반항도 심하게 하는 것 같던데요. 히히-

울리 난 반항은 안 한다니까! 저항이 좀 세지는 거지.

바리 울리는 도체 같구나. 하하- 비저항이 온도에 따라 변해서 저항도 변해. 구리 같은 도체는 온도가 올라가면 저항이 커지고, 실리콘 같은 반도체는 온도가 올라가면 오히려 저항이 줄어들지. 저항이 줄어 도체의 특성을 나타내는 것이 반도체니까 말이야.

울리 물질에 따라 당연히 다를 것 같지만, 당연한 것을 묻는 것이 과학의 시작이라는 것을 그동안 터득했으니 물을게요. 왜 물질에 따라 온도가 올라가면 저항이 커지거나 작아지는 건가요?

바리 하하- 그래. 먼저 도체를 생각해보면, 도체에 전기가 잘 통하는 이유가 뭐라고 했지?

엘리 도체 내 원자들 사이를 자유롭게 돌아다닐 수 있는 자유전자가 있어서죠.

바리 그렇지. 자유전자는 자유롭게 도체 속을 이동할 수 있어. 근데 자유전자가 빠진 원자들도 가만히 있는 것은 아니고, 제자리에서 계속 진동하듯 움직이고 있단다. 온도가 올라가면 더 크게 진동하고 말이야.

울리 딱딱한 고체인데 그 속에서 진동이 있어요?

바리 우주에 가만히 있는 것은 없어. 아무튼 이렇게 도체 내 원자들의 진동이 커지면 자유전자들의 이동이 쉬워질까, 어려워질까?

울리 원자들이 크게 진동하면 자유전자들이 자유롭게 돌아다니기 어려워질 것 같아요.

엘리 그리고 자유전자의 이동이 어려워지니 저항이 커지는 거고요.

바리 그런 셈이지. 같은 도체라도 물질에 따라 저항이 커지는 정도가 다르고 말이야.

울리 그럼 반도체는 온도가 올라가면 왜 저항이 줄어들죠? 반도체에서도 온도가 올라가면 원자들의 진동이 커질 텐데요.

바리 게르마늄이나 실리콘 같은 반도체는 상온에서 자유전자가 없는 절연체인데도 온도가 올라가면 자유전자가 생기는 특성을 갖고 있지. 그래서 자유전자가 생기니 저항이 줄어들어 도체가 되는데, 좀 더 정확하게 이해하려면 지난번에 얘기했듯이 양자역학을 공부해야 해. 불순물 반도체의 저항은 더 복잡하고 말이야.

울리 지금 몰라도 되는 것은 그냥 모를래요~ 헤헤-

엘리 저도요~ 히히-

바리 사실 설명하기도 어려워~ 하하- 지난번에 전위차(전압)가 있어야 전류가 흐르고 저항은 전류의 흐름을 방해한다고 했는데, 이것과 관련된 법칙 얘기나 하자. '옴의 법칙Ohm's law' 말이야.

엘리 아, 맞다! 오늘 옴의 법칙을 알려주신다고 하셨죠? 저항의 단위와 같은 옴 맞죠?

바리 맞아. 옴의 법칙은, 도체 내 두 지점을 흐르는 전류(I)는 그 두 지점의 전위차(V)에 비례하고 저항(R)에 반비례한다는 거야. 식으로는 $I=\frac{V}{R}$라고 쓸 수 있고 말이지.

울리 어? 당연해 보이는데요?

엘리 그러게요? 전위차가 크고 저항이 작으면 전류가 잘 흐르는 것은 당연하잖아요?

바리 그건 당연하지만 그것만으로는 전위차가 클 때 얼마나 많은 전류가 흐르고, 또 저항이 크면 얼마나 적은 전류가 흐르는지 알 수 없잖아. 옴의 법칙은 정확하게 전류와 전압, 그리고 전류와 저항의 관계를 보여준단다.

엘리 만유인력의 법칙이나 쿨롱의 법칙처럼 비례상수가 있는 것도 아니고 간단하네요.

바리 전류와 전압 사이에 비례상수로 전기저항의 역수가 있다고 볼 수 있어. 그리고 옴의 법칙은 만유인력의 법칙이나 쿨롱의 법칙처럼 자연의 기본 법칙은 아니야.

울리 그러면 옴의 법칙이 맞지 않는 경우도 있다는 거네요?

바리 맞아. 옴의 법칙을 따르는 물질도 있고, 따르지 않는 것도 있단다. 우리가 전기회로에서 주로 만나는 도선이나 저항체는 옴의 법칙을 잘 따르지. 회로의 저항값이 변하지 않기 때문에 옴의 법칙에서 이 저항값이 상수 역할을 하거든.

엘리 저항은 이미 정해져 있어서 회로에 연결하면 항상 상수인 거 아니에요?

바리 그럴 것 같지? 하지만 그렇지 않은 것도 있다는 거야. 대표적으로 다이오드가 연결된 회로는 옴의 법칙을 따르지 않지. '다이오드diode'는 전류가 한쪽 방향으로 흐르도록 제어하는 기능을 하는 반도체 소자야.

엘리 잘 이해가 안 돼요.

바리 예를 들어 회로에 100Ω짜리 저항체를 연결하고 전압을 변화시키면 이 회로에 흐르는 전류가 옴의 법칙을 따라 변해서 전류-전압이 직선을 나타내지. 저항체의 저항이 일정하기 때문에 전압이 증가하면 전류도 같은 비율로 증가한다는 뜻이고 말이야.

엘리 그럼 다이오드는요?

바리 다이오드를 회로에 연결하고 전압을 바꿔가며 전류를 측정하면 전류와 전압의 비가 일정하지 않게 나와. 옴의 법칙을 따르지 않는 거지.

울리 법칙인데 항상 맞는 것이 아니라니 기분이 좋은데요~ 헤헤.

바리 옴의 법칙을 따르지 않는 경우 전류-전압 그래프는 원점을 지나

〈 저항에 연결되었을 때 〉

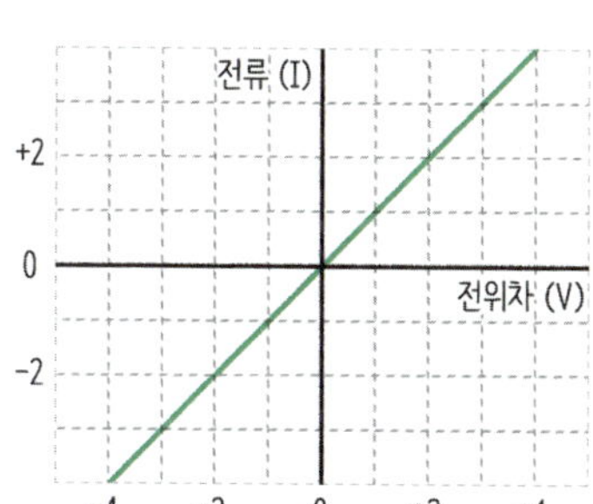

〈 다이오드에 연결되었을 때 〉

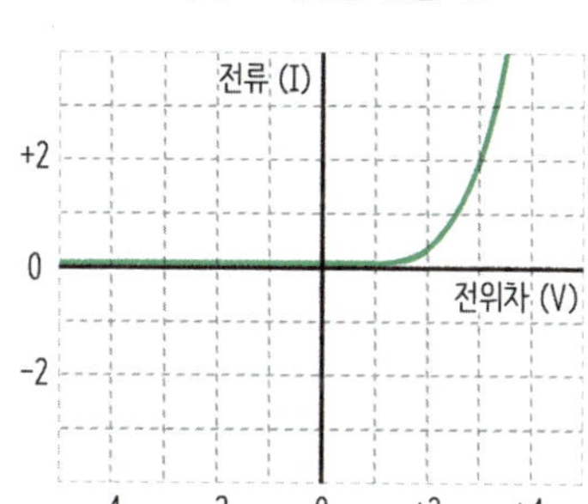

는 직선은 아니지만, 주어진 전압에서 전류와 전압의 비는 여전히 저항의 역수를 의미하지. 전압이 달라지면 이 값도 달라져서 저항이 일정하지 않지만 말이야.

울리 근데 다이오드라는 이름을 많이 들어봤는데, 주로 어디에 쓰여요?

바리 온갖 전자기기에~ 아직 발전기에 대해선 얘기를 못 해서 그런데, 발전소에서 만들어지는 전류는 수시로 방향이 바뀌는 '교류alternating current'거든. 독일 발전기 방식은 50Hz, 미국 발전기 방식은 60Hz인데 우리나라는 미국식 발전기가 들어와서 60Hz를 사용하고 있고 말이야. Hz(헤르츠hertz)가 진동수의 단위인 건 알고 있지? (2권 32화 참조)

엘리 네, 근데 왜 갑자기 진동수가….

바리 Hz는 전류의 방향이 1초에 몇 번 바뀌는가를 나타내는 거야. 60Hz는 1초에 60번 방향이 바뀐다는 뜻이지.

울리 와~ 그렇게 여러 번 방향이 변해요?

바리 응. 그래서 다이오드 같은 전자소자가 필요한 거야. 일반적인 가정집에 들어오는 전원은 교류인데, '직류direct current'를 사용하는 전자제품들의 경우에는 교류를 직류로 바꿔줘야 하거든.

울리 아하~ 그럼 노트북 어댑터에도 다이오드가 들어 있겠네요?

바리 직류로 사용하기 위해 단순히 방향만 바꾸면 되는 것이 아니라, 전류를 일정하게도 해야 해서 다이오드뿐만 아니라 축전기도 들어 있고, 변압기도 들어 있지.

엘리 직류, 교류, 발전기, 축전기, 변압기…. 배워야 할 것이 많다는 뜻이네요.

울리 우리 또 다시 끝없는 전자기학의 세계로 항해를 할 예정이죠?

바리 하하하- 잘 아네~ 전자기학은 뉴턴의 역학보다 훨씬 복잡해서 아주 기초적인 개념만 알려고 해도 많은 용어들이 나와. 뉴턴역학은 식 하나를 공부한 거라면, 전자기학은 식 4개를 공부해야 한다고 했잖아.

바리 교수의 물리노트 11

- 옴의 법칙Ohm's law: 전기저항(R)이 일정한 경우 도선 내 두 지점을 흐르는 전류(I)는 그 두 지점의 전위차(V)에 정비례한다. 비례상수는 전기저항의 역수다.

  $$I = \frac{V}{R}$$

- 모든 물질이 옴의 법칙을 따르는 것은 아니다.
- 직류direct current(DC)는 전류가 한 방향으로 흐르고, 교류alternating current(AC)는 전류의 방향이 주기적으로 바뀐다.

12 저항체 2개를 병렬연결하면 3단 밝기 조절 램프가 된다구요?

전력/저항연결

불빛에 예민한 엘리를 위해 엘리 엄마는 책상용 스탠드 램프를 새로 사다 주었다. 엘리가 상황에 따라 직접 조절할 수 있는 3단 밝기 조절 스탠드 램프였다. 신이 난 엘리는 책상 앞에 앉아 스탠드의 스위치를 계속 건드리며 밝기가 변하는 것을 관찰했다. 그러다가 문득, 스위치를 건드릴 때마다 밝기가 어떻게 변하는지 궁금해졌다. 엘리는 울리에게 연락해서 바리 교수를 찾아가자고 했다.

바리 요즘은 전기스탠드도 참 잘 나오지? 기술이 점점 좋아지니까 말이야. 우리 집에는 아주 오래된 가전제품이 여전히 많은데, 고장이 나질 않으니 새것으로 바꾸지도 못해서 좋은 제품들을 사용할 기회가 좀체 없단다.

울리 제가 좀 뜯어볼까요? 그럼 고장 날 텐데요. 히히-

바리 나쁘지 않은 생각인데? 언제 한번 해보지 뭐. 오늘은 엘리가 궁금해하는 3단 밝기 조절 램프의 작동 원리에 대해 이해하기 전에 먼저 전기회로에 여러 개의 저항을 연결하는 것부터 시작하자.

엘리 꼬마전구 여러 개를 건전지에 연결하는 실험은 초등학교 때도 해봤어요.

울리 맞아. 나도 많이 갖고 놀았는데….

바리 그럼 전구들을 직렬로도 연결해보고, 병렬로도 연결해봤겠네. 똑같은 전구 2개를 직렬로 연결하면 회로 전체의 저항은 전구 하나의 저항보다 커질까, 작아질까? 또 병렬로 연결하면 어떻게 될까?

엘리 직렬연결일 때는 회로의 전체 저항이 커지고, 병렬연결일 때는 작아져요.

울리 어떻게 알아? 넌 그런 것이 기억나니?

엘리 그냥 직렬일 때는 저항체가 일렬로 연결되었으니 전류가 흐를 때 계속 저항을 받을 거 아냐? 그러니 회로 전체의 저항은 전구 하나가 있을 때보다 커지겠지. 병렬은 직렬과 반대라고 기억하고 있어서 반대로 답한 거고 말이야. 헤헤-

바리 잘했어. 일단 도선의 저항은 전구의 저항보다 훨씬 작으니 무시하고, 역시 기호를 사용하면 편하니까, 전구 2개의 저항은 각각 R_1과 R_2, 회로에 흐르는 전류는 I라고 하자.

울리 이제 저도 기호로 쓰는 것이 더 편해지고 있어요.

바리 그래? 다행이구나. 직렬연결은 건전지와 전구들이 일렬로 연결된 것이니 도선에 흐르는 전류는 같은데, 전구를 지날 때마다 전위가 떨어진다고 생각하면 돼. 전위는 전하당 에너지니까, 전구를 지나면서 저항을 극복하느라 에너지를 소모한 셈이니 말이야.

울리 저항을 극복하고 흐르려면 에너지를 써야 하고, 그 에너지는 건전지가 주고 그러는 거네요?

바리 그렇지. 옴의 법칙을 쓰면, 저항 R_1을 지나면서 IR_1만큼 전위가 떨어지고, 저항 R_2를 지나면서 다시 IR_2만큼 전위가 떨어지는데, 이것을 전압 V의 건전지가 공급하는 거지. 그래서 $V = IR_1 + IR_2 = I(R_1 + R_2)$가 되는 거고 말이야.

엘리 그래서 회로의 전체 저항은 두 저항의 합이 되고요~

울리 아~ 네~ 엘리 조교님~~

바리 하하- 그렇지. 엘리 말처럼 전구 3개를 직렬로 연결하면 전체 저항 $R_{직렬} = R_1 + R_2 + R_3$가 되듯, 전구를 더 많이 직렬로 연결해도 전체 저항은 모든 저항의 합이 되고 말이야.

울리 그럼 병렬연결은 어떤 거예요?

바리 병렬연결은 전구가 같은 전압을 받게 연결하는 거야. 그렇게 연

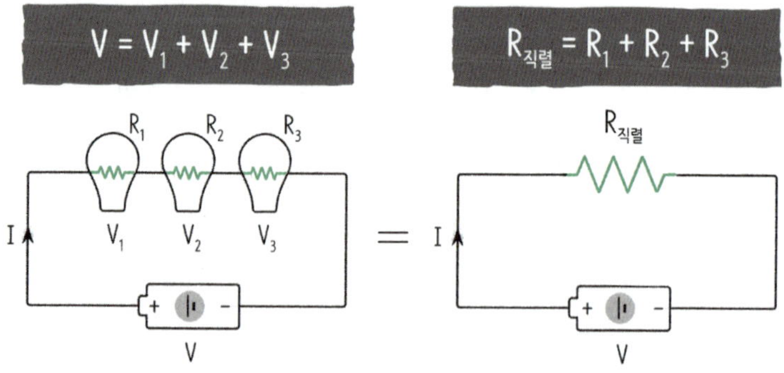

결하면 도선이 갈라지는 지점이 생겨서 전류도 나뉘겠지. 즉 모든 전구에 같은 전류가 흐르는 것이 아니라는 거야.

엘리 모든 전구가 같은 전압을 받으니 저항이 큰 전구에는 전류가 조금 흐르겠네요?

울리 옴의 법칙!

바리 그래~ 두 전구에 흐르는 전류를 각각 I_1, I_2라고 하면, $V = I_1R_1$, $V = I_2R_2$라고 쓸 수 있어서 저항이 큰 전구에는 전류가 조금밖에 흐르지 않고, 저항이 작은 전구에는 전류가 많이 흐르게 되는 거지.

엘리 회로의 전체 저항이 줄어드는 것은 어떻게 알 수 있을까요?

바리 병렬연결로 도선이 갈라지기 전의 전류를 I, 병렬회로의 전체 저항을 R이라고 하면, $V = IR$이 되겠지? 그럼 $V = IR$, $V = I_1R_1$, $V = I_2R_2$에서 전류들 I, I_1, I_2를 전압과 저항으로 표현한 뒤

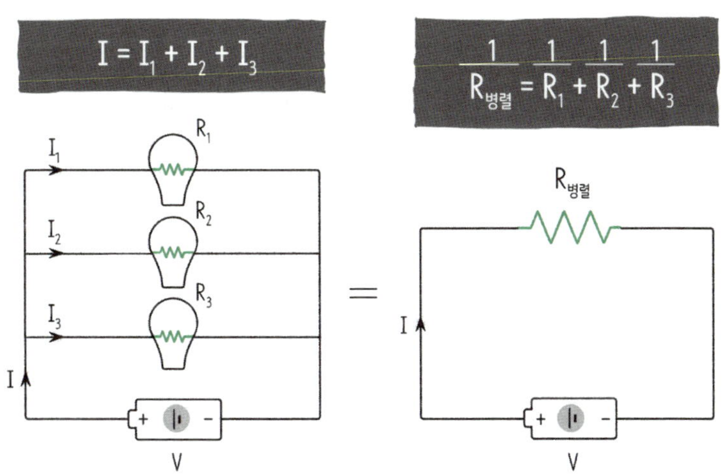

$I = I_1 + I_2$에 넣는 거지. 전하량은 보존되니까 말이야.

엘리 그럼 $\frac{V}{R} = \frac{V}{R_1} + \frac{V}{R_2}$가 되는군요.

울리 병렬회로에서는 저항의 역수의 합을 구해야 하네요.

바리 맞아. 그럼 실제 저항값을 넣어볼까? 저항이 100Ω으로 같은 전구 2개를 직렬연결하면 회로의 전체 저항은 저항의 합이니까 200Ω인데, 그럼 병렬연결일 때는 얼마인지 구해보렴.

울리 역수의 합을 구해야 하니 $\frac{1}{100} + \frac{1}{100} = \frac{2}{100}$. 근데 또 역수를 구해야 저항이니, $\frac{2}{100}$의 역수는 $\frac{100}{2}$이니까, 50Ω이네요!

엘리 암산 잘하는데?

울리 너보다 먼저 하려고 일부러 소리 내서 한 거야. 히히-

바리 하하- 잘했어. 병렬회로에서 저항이 줄어든 걸 확인했지? 전구 3개를 병렬로 연결하면 $R_{병렬} = \left(\frac{1}{R_1} + \frac{1}{R_2} + \frac{1}{R_3}\right)^{-1}$이 전체 저항이라는 것도 알 수 있고 말이야.

울리 계속 저항의 역수를 구해야 하네요.

바리 그렇지. 결론적으로 전구를 더 많이 연결해도 전체 저항은, 직렬일 때는 '모든 저항의 합', 병렬일 때는 '각 저항의 역수의 합의 역수'라는 것은 똑같단다. 그럼 이제 밝기에 대해서 얘기해볼까?

엘리 3단 밝기 조절의 원리요?

바리 그 전에, 밝기는 '주어진 시간 안에 얼마만큼의 전기에너지를 사용하는가'에 비례한다는 것부터 얘기하려고.

울리 어? 그건 전력이잖아요. '주어진 시간 안에 사용한 전기에너지'요. 중력위치에너지의 경우에는 그것이 일률이고, 영어로는 모

두 '파워power'라고 한다고 하셨죠. 몇 번 들었더니 이제 기억이 잘 나네요~

바리 아주 좋아~ 그 전력을 전류, 저항, 전압 등으로 표현할 수 있거든. 그러면 어떤 전구가 더 밝게 빛나는지도 알 수 있고 말이야. 먼저 전기위치에너지의 변화는 '전하량×전위차(전압)'와 같지? '이동한 전하량÷걸린 시간'은 전류고 말이야.

울리 전위가 전기위치에너지를 전하량으로 나눈 것이니까 당연히 '전하량×전위차'는 전기위치에너지의 변화겠죠.

바리 그럼 전기위치에너지를 시간으로 나눈 것이 '전류×전압'이라는 것도 이해되겠지? 결국 전력을 P로 나타내면,

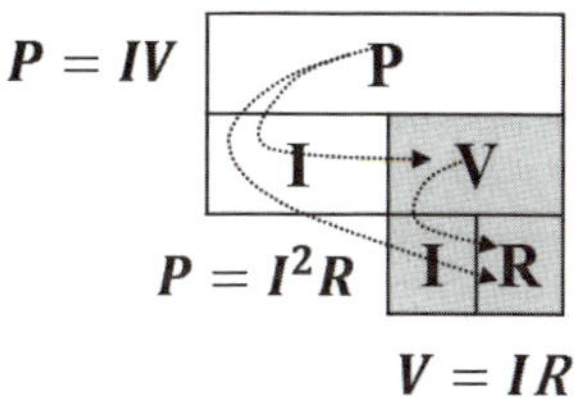

$P = IV$인데 옴의 법칙 $V = IR$에 의해 $P = I^2R$도 되고 말이야.

엘리 전구의 저항과 전구에 흐르는 전류를 알면 전력을 구할 수 있어서 밝기도 비교할 수 있는 거네요. 전력이 크면 에너지 소모도 크니 그만큼 밝은 거고요.

바리 그렇지. 그럼 다시 저항이 100Ω으로 같은 전구 2개를 직렬연결한 경우와 병렬연결한 경우의 전구 밝기를 비교해볼까? 간단하게 전압도 100V라고 하고 각 전구에 흐르는 전류를 구해보렴. 저항이 같으니 전류만 비교해도 되니까 말이야.

엘리 직렬연결일 때는 전체 저항이 200Ω이고, 전류는 '전압÷저항'이니까 0.5A네요.

울리 앗, 내가 직렬연결을 계산했어야 하는데…. 병렬연결한 경우의 계산은 복잡하잖아요.

바리 복잡할 것 없어. 각 전구에 흐르는 전류를 구하는 것이니, '각 전구에 걸리는 전압'과 '전구의 저항'에 대해서만 알면 바로 구할 수 있잖아.

울리 아, 그렇네요. 병렬연결된 전구들은 모두 같은 전압 100V에 저항도 100Ω으로 같으니 전류도 똑같이 1A가 흐르겠어요.

바리 아까 100Ω짜리 전구 2개가 병렬로 연결되었을 때 전체 저항이 50Ω이라고 확인했는데, 건전지 전압이 100V라고 했으니 전류는 2A가 되지. 이 전류가 병렬연결된 같은 전구 2개에 반씩 나뉘어서 1A씩 흐르는 거야.

엘리 같은 전구들이 직렬연결되었을 때는 한 전구에 0.5A, 병렬연결되었을 때는 한 전구에 1A의 전류가 흐르니 전력은 병렬연결된 전구가 더 큰 거고요. 그래서 더 밝겠죠?

바리 맞아. 병렬연결한 전구가 직렬연결한 전구보다 총 4배나 전력소모가 크니 훨씬 더 밝지. 전력은 저항이 같을 때 전류의 제곱에 비례하니까 말이야. 그럼 저항이 같은 전구들이 아닐 때는 어떻게 될까?

엘리 직렬연결일 때는 모든 전구에 같은 전류가 흐르니까 저항이 큰 전구가 더 많은 전력을 소모해서 더 밝겠죠.

울리 야~ 네가 또 직렬을 먼저 해버리니 나는 복잡한 병렬을 생각해야 하잖아! 그러나~~ 병렬연결일 때는 직렬연결일 때와 반대일

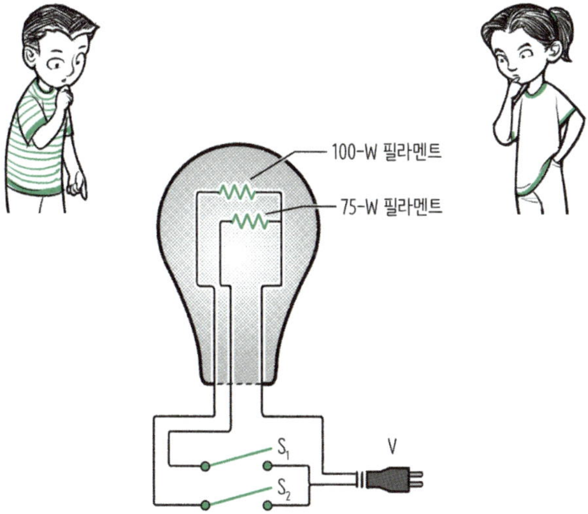

테니까 저항이 작은 전구가 더 밝을 거예요~ 히히-

바리 하하- 오늘도 울리의 눈치가 실력 발휘를 하는구나. 병렬연결일 때는 모든 전구에 걸리는 전압이 같은데, 전력은 '전류×전압'이니까 전류가 많이 흐를수록 전력 소모가 크지. 또 전압이 같으니 저항이 작을수록 전류가 많이 흐르고 말이야.

울리 그래서 병렬연결에서는 전구의 저항이 작을수록 밝고요.

바리 맞았어.

엘리 근데 3단 밝기 조절 램프의 원리는 언제 알려주실 거예요~

바리 참, 잊을 뻔했네. 생각보다 간단해. 전력 소모가 다른 필라멘트 2개를 병렬로 연결하되, 각 필라멘트가 연결된 회로마다 스위치를 각각 연결하는 거야. 그래서 스탠드 램프의 전원을 한 번만 터치하면 전력 소모가 작은 필라멘트가 연결된 스위치가 켜지게 하는 거지.

엘리 아~ 두 번 터치하면 전력 소모가 큰 필라멘트가 연결된 스위치를 켜는 거고요?

바리 그렇지. 세 번 터치하면 두 필라멘트가 연결된 스위치 모두 켜지게 하는 거고 말이야.

엘리 아하~ 내부 스위치를 이용해서 여러 가지 조합이 가능하게 한 것이군요.

바리 엘리가 3단 밝기 조절이 어떻게 가능한가를 질문하는 바람에 직렬연결, 병렬연결, 전력 등을 얘기할 수 있었네. 직렬회로에서는 모든 저항체에 같은 전류가 흐르고, 병렬회로에서는 모든 저항체에 같은 전압이 걸린다는 것을 기억하렴.

바리 교수의 물리노트 12

- 전력electric power: 시간당 전기위치에너지.

$$P = IV = I^2R = \frac{V^2}{R}$$

(P: 전력, I: 전류, V: 전압, R: 저항)

- 직렬연결 전기회로: 각 저항에 같은 전류가 흐르고, 회로의 총 저항은 각 저항의 합과 같으며, 저항이 클수록 전력 소모가 크다.

$$R_{\text{직렬}} = R_1 + R_2$$

$$I = \frac{V_1}{R_1} = \frac{V_2}{R_2}$$

$$P_1 = I^2R_1,\ P_2 = I^2R_2$$

- 병렬연결 전기회로: 각 저항에 같은 전압이 걸리고, 회로의 총 저항의 역수는 각 저항의 역수의 합과 같으며, 저항이 작을수록 전력 소모가 크다.

$$\frac{1}{R_{\text{병렬}}} = \frac{1}{R_1} + \frac{1}{R_2}$$

$$V = I_1R_1 = I_2R_2$$

$$P_1 = \frac{V^2}{R_1},\ P_2 = \frac{V^2}{R_2}$$

13 자동차 배터리 점프도 전기회로로 이해할 수 있다구요?

키르히호프의 규칙

학교에서 조금 늦게 나온 엘리와 울리는 함께 햄버거를 하나씩 사먹고 수다를 떨며 집으로 향했다. 그런데 날이 좀 어둑해서 명확하진 않지만, 저 멀리 바리 교수가 보이는 것 같아 달려가 보았다. 그러자 바리 교수 집 앞에서 바리 교수와 기술자처럼 보이는 남자가 서 있는 것이 보였다. 가까이 다가가 보니 바리 교수 자동차의 트렁크 문을 열어놓은 채 그 기술자가 손에 굵은 케이블과 커다란 배터리를 들고 뭔가를 하고 있었다.

울리 아줌마, 자동차 고장 났어요? 아직 새것처럼 보이는데요?

바리 어? 너희 오늘은 늦었구나. 차가 시동이 걸리지 않아서 배터리 점프 서비스를 받고 있는 거야.

엘리 아~ 지난 겨울에 우리 엄마 차도 시동이 걸리지 않아서 서비스 받은 적 있어요. 근데 결국 배터리를 새것으로 바꾸시더라고요.

바리 내 차 배터리도 수명이 다 된 것 같긴 해. 5년이나 썼으니…. 요즘 대중교통 이용한다고 많이 타질 않았더니 방전되었나봐.

울리 근데 새 배터리에 헌 배터리를 연결만 하면 되는 건가요?

바리 새 배터리랑 연결하고 내가 시동을 걸어야지. 그리고 한참을 시동을 켠 채 놔둬야 해. 충전이 되도록 말이야.

울리 시동을 계속 켜놔야 하면 아줌마는 집에 들어가시지도 못하겠네요? 저희가 놀아드릴까요? 헤헤-

엘리 저희 오는 길에 햄버거도 먹고 와서 집에 천천히 가도 돼요~

바리 그럼 함께 드라이브나 할까? 해가 지고 있지만. 하하-

울리 좋아요~ 이왕이면 쌩쌩 달려주세요~

바리 차가 없는 곳으로 나가야겠네. 우리 동네 외곽 도로로 가보자.

엘리 (한참을 차창 밖 풍경만 내다보다가) 근데 아줌마, 아까 기술자 아저씨가 새 배터리를 아줌마 차의 죽은 배터리에 연결했잖아요? 이때 연결은 무슨 연결이에요? 병렬인가요?

울리 너 창밖을 내다보며 그런 생각한 거야?

바리 사실 아줌마 차 배터리가 완전히 죽은 건 아니고, 시동이 걸릴 정도로 충분한 전력을 공급하지 못하는 거지. 시동은 걸리지 않았지만 계기판에 불은 들어왔거든. 그리고 병렬연결이 맞아.

울리 그럼 저도 궁금한 척 하며 질문을~ 전기회로는 어떻게 되나요? 간단히 그릴 수 있나요?

바리 핵심만 생각해볼 수 있지. 방전된 배터리, 새 배터리, 시동장치가 연결된 회로로 말이야. 참, 점화스위치도 회로에 넣어주면 더 그럴듯하겠네. 배터리를 연결한 뒤 시동을 거는 것은 바로 점화스위치를 눌러 시동장치를 작동시키는 것과 같으니까 말이야.

엘리 (가방에서 노트와 볼펜을 꺼내며) 아줌마, 좀 그려봐야겠어요.

울리 좋은 생각이야. 근데 차가 흔들려서 제대로 그릴 수 있겠어?

바리 이제 집으로 가는 중이니까 조금만 기다려~

엘리 시동 끄시려고요?

바리 아니~ 시동 켠 채로 좀 더 있지 뭐. 환경에는 안 좋지만 잠시 실례하고, 차 안의 불도 켜고, 엘리는 노트 좀 이리 줘봐.

엘리 아줌마가 그려주시게요?

바리 그래~ 전압은 보통 자동차 배터리처럼 12V로, 저항의 경우 새 배터리는 저항이 매우 작으니 0.01Ω, 방전된 배터리는 그보다 100배쯤 큰 1Ω, 그리고 시동장치는 0.05Ω이라고 가정하자. 이런 회로에서 각 저항체에 흐르는 전류를 어떻게 구할 수 있을까?

엘리 전압이 두 군데나 있네…. 흠….

울리 회로는 복잡하지 않은 것처럼 보이는데 이해가 안 돼요.

바리 그렇지? 지난번에 공부한 저항들의 직렬연결이나 병렬연결처

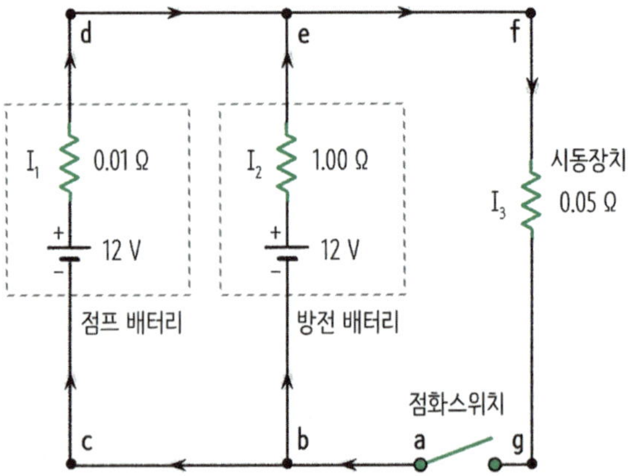

럼 단순하지 않지? 이런 경우 아주 유용한 '키르히호프의 규칙 Kirchhoff's rules'이라는 것이 있어. 흔히 키르히호프의 법칙이라고 부르지만 'law'가 아니고 'rule'이기 때문에 구분하기 위해서 아줌마는 규칙이라고 부르지.

엘리 키르히호프…. 발음도 어렵네요. 어느 나라 학자예요?

바리 구스타프 키르히호프Gustav Kirchhoff는 1800년대에 활동한 독일의 물리학자인데, 화학자 로버트 분젠Robert Bunsen과 함께 분광기도 발명하고 원소 세슘과 루비듐도 발견했지.

울리 '분젠 버너'의 그 분젠이요?

바리 그래~ 같은 분젠이야. 키르히호프의 규칙은 2개로 되어 있는데, 첫 번째 규칙은 전하량보존법칙의 결과고, 두 번째 법칙은 에너지보존법칙의 결과야. 우리가 요즘 다루고 있는 전류와 전압 중 전하량과 관련된 것은 뭐지? 또 에너지와 관련된 것은?

울리 전류가 주어진 시간 동안 이동한 전하량이니까 전류가 전하량과 관련된 거죠~

엘리 전하당 에너지가 전위니까 전압이 에너지와 관련된 거고요.

바리 잘했어. 키르히호프의 첫 번째 규칙은 '교차점 규칙junction rule'인데, 회로의 어떤 교차점에서든 전류의 합은 0이라는 거야. 즉 교차점을 향해 들어간 전류는 반드시 모두 나간다는 거지.

울리 병렬회로에서도 사용했던 거네요.

바리 그랬지. 그럼 이 회로에서 교차점 e의 경우를 생각해볼까? 전류 I_1, I_2는 교차점 e를 향해서 들어가는 방향으로, I_3는 나가는 방향으로 정하면, $I_1+I_2=I_3$ 또는 $I_1+I_2-I_3=0$이라는 뜻이지.

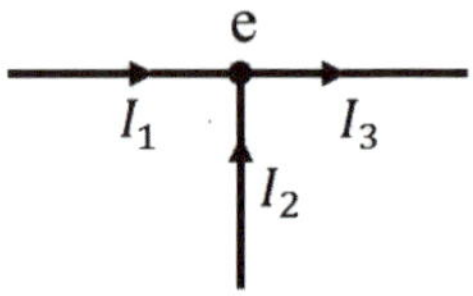

울리 당연해 보이는데요?

바리 전하량이 보존되려면 당연한 결과지.

그럼 이번엔 교차점 b를 생각해보렴. 점화스위치가 연결되었을 경우에 말이야.

엘리 전류 I_3가 들어가서 전류 I_1, I_2로 나가니 $I_3=I_1+I_2$네요. 교차점 e에서와 같은 식이군요.

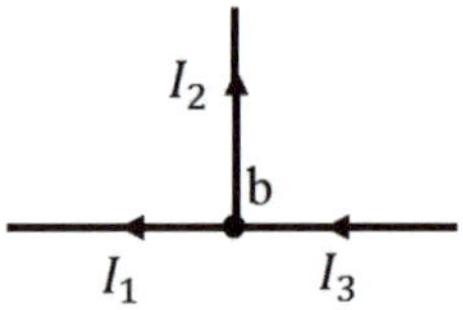

바리 그래~ 이 회로는 간단하니 쉽게 알 수 있지? 실제로 이 키르히호프의 규칙은 복잡한 회로에서도 전류들 간의 관계식을 알려주는 간단하지만 유용한 규칙이란다. 키르히호프의 두 번째 규칙은 '고리 규칙loop rule'인데, '회로 내의 어떤 닫힌 경로에 대해서든 총 전위차는 0'이라는 거야.

울리 '닫힌 경로'가 뭐예요?

바리 닫힌 경로란 '전기회로의 한 점에서 시작해 다시 그 점으로 돌아오는 경로'를 의미해.

울리 아하~ 같은 점이니 전위가 같아서 전위차가 없다는 거군요?

바리 그렇지. 다시 그림에서 점화스위치가 닫혔을 때 닫힌 경로는 3개가 있는데, 하나는 경로 a → b → c → d → e → f → g → a야. 그럼 다른 2개는 뭘까? 하나씩 말해볼래?

엘리 b → c → d → e → b요~

울리 그럼 남은 건…. b → e → f → g → a → b요~

바리 좋아. 이제 각 경로에 고리 규칙을 적용하는 거야. 먼저 경로 a → b → c → d → e → f → g → a를 따라가며 전위차를 생각해보자. 건전지의 양(+)단자는 음(−)단자보다 전위가 높다는 것과, 저항은 에너지를 소모하니까 저항을 지나면 전위가 그만큼 낮아진다는 것을 이용하며 말이야.

엘리 제일 먼저 음(−)단자에서 양(+)단자로 가는 건전지가 나오니 +12V라고 쓰라는 거죠?

바리 맞아. 그다음은 저항이 나오니 옴의 법칙에 따라 IR만큼 전위가 낮아져서 $-0.01I_1$이라고 써야 하고(c → d), 다시 시동장치의 저항을 지나는데 여기서의 전류를 I_3라고 했으니 $-0.05I_3$가 되어(f → g) 전체 경로의 전위차는 $12-0.01I_1-0.05I_3=0$이라고 쓸 수 있지.

울리 간단해 보이는데, 저도 해볼래요. b → e → f → g → a → b에 대해서요.

바리 좋아. 전류를 따라가며 전위차를 써보렴.

울리 음…. b → e → f → g → a → b에서도 제일 먼저 12V 건전지, 다음은 1Ω 저항(b → e), 그리고 시동장치 저항(f → g)이 나오니까 $12-1.00I_2-0.05I_3=0$이네요~

엘리 그럼 b → c → d → e → b는 제가 해볼게요~ 여긴 건전지, 0.01Ω 저항(c → d), 1Ω 저항, 건전지(e → b) 순으로 나오네요. 그래서 $12-0.01I_1-1.00I_2+12=0$이고요~

바리 엘리가 어려운 경로를 골랐구나. 조심할 것이 있는데, b→c→d→e→b 경로를 따라가다 보면 e→b에서는 전류 방향이 경로와 반대라는 거야. 복잡한 전기회로에서의 전류 방향은 처음에 임의로 그려놓고 푸는데, 고리 규칙을 잘 적용해야 해.

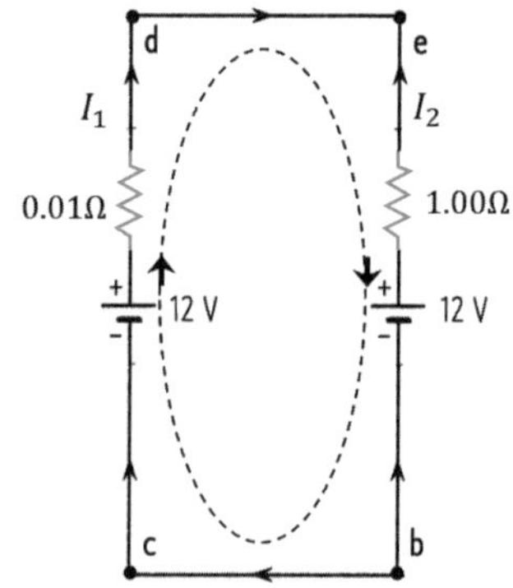

엘리 어떻게요?

바리 e→b로 갈 때 건전지를 생각해보면, 양(+)단자에서 음(−)단자로 가잖아? 이건 전위가 낮아진다는 의미고 말이야. 마찬가지로 저항의 경우 전류가 흐르는 방향으로 저항을 지나면 전위차가 낮아지지만, 반대 방향으로 저항을 지나면 전위가 높은 쪽으로 간다는 의미지.

엘리 아하, 그럼 전위는 e→b에서 1Ω 저항을 지나며 높아지고, 건전지를 지나며 낮아지겠네요. 그럼 결국 전체 전위차 식은 $12-0.01I_1+1.00I_2-12=0$이 되는 거군요. 경로 방향과 전류 방향을 잘 봐야겠어요. 결국 $I_2=0.01I_1$이네요.

바리 아주 잘했어. 이제 식이 충분하니 각 저항에 흐르는 전류를 구할 수 있겠지? 구해야 하는 전류는 3개인데 관계식은 4개나 있잖아. 실제로는 모든 닫힌 경로에 고리 규칙을 적용할 필요가 없다는 뜻이야. 서로 다른 식 3개만 있으면 충분하니까.

a → b 로 이동할 때 전위차

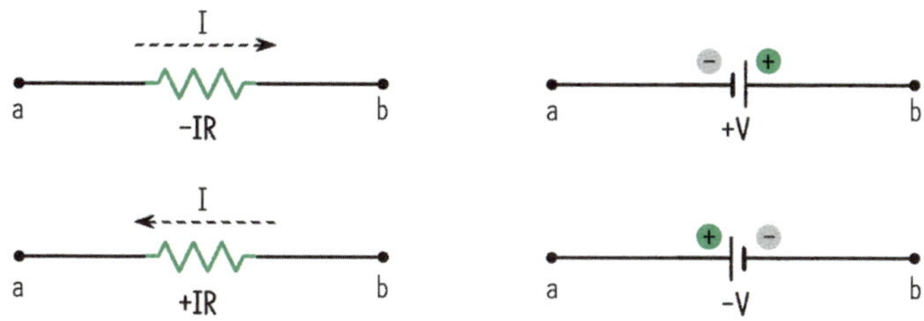

엘리 필요한 만큼만 골라서 고리 규칙을 쓰면 되는군요.

바리 자, 그럼 우리 회로의 각 저항에 걸리는 전류를 구해볼까?

울리 지금요? 집에 가서 구해볼게요~

바리 하하- 피곤하구나? 답은 반올림해서 $I_1 = 198\text{A}$, $I_2 = 1.98\text{A}$, $I_3 = 200\text{A}$ 정도 나올 테니 꼭 직접 확인해보렴.

바리 교수의 물리노트 13

- 키르히호프의 제1규칙(교차점 규칙Kirchhoff's junction rule):

  전기회로 내 어떤 교차점에서든 전류의 합은 0이다.

- 키르히호프의 제2규칙(고리 규칙Kirchhoff's loop rule):

  전기회로 내 어떤 닫힌 경로에 대해서든 총 전위차는 0이다.

14 심장충격기 안에 전기에너지의 저장고가 들어 있다구요?

축전기/전기용량

오늘 학교에서 선생님 한 분이 갑자기 쓰러지는 바람에 119구급대가 학교로 출동했다. 구급대원들이 선생님에게 심장충격기AED로 응급조치를 한 뒤 병원으로 이송했는데, 사고 순간 마침 주변에 학생들이 많았고 빨리 신고한 덕에 응급조치가 신속히 이루어져 다행히 생명에는 지장이 없다고 했다. 엘리와 울리도 응급조치하는 장면을 가까이에서 지켜보게 되었는데, 이 일로 오후 내내 마음이 편치 않았다. 하교 후 약속이나 한 듯 둘은 자연스럽게 바리 교수의 집으로 향했다.

바리 어서들 와~

엘리 아줌마, 오늘 저희 학교에 앰뷸런스가 왔었어요. 선생님 한 분이 쓰러지셨거든요.

울리 119 대원이 심장충격기로 심폐소생을 하는 것도 봤어요. TV 드라마에서만 봤던 걸 직접 보니까 아직도 가슴이 두근거리고 긴장되는 느낌이에요. 다행히 선생님께서는 병원에서 조금 쉬다가

퇴원하셨다고 하더라구요.

바리 그랬구나. 그래도 바로 응급조치가 되어서 다행이네.

울리 언젠가 심장충격기 사용법을 동영상으로 배운 적 있는데, 열심히 볼 걸 그랬어요. 비상시에 사용하려면요.

바리 기본 구급법을 익히면 비상시에 유용하지. 심장충격기는 '제세동기'라고도 한단다. 심장에 이상이 생기면 불규칙한 수축이 일어나서 심장박동이 비정상적이게 되는데, 이런 현상을 심장 세동이라고 부르지. 제세동기는 바로 이 심장 세동을 없애는 기기라는 뜻이고 말이야.

울리 그렇군요. 그 기기는 어떻게 작동하는 거예요? 전기충격을 주는 것 같던데요.

바리 제세동기는 아주 짧은 시간에 큰 전기에너지를 심장에 전달하여 박동이 정상으로 돌아올 수 있도록 유도하는 기능을 하지.

엘리 짧은 시간에 큰 에너지를 전달한다는 것은 매우 큰 전력이 필요하다는 의미겠네요.

바리 그래. 구조대원들이 들고 다니는 이동형 제세동기는 보통 60W 전구 3,000개에 해당하는 전력을 환자의 심장에 전달한다니 엄청나지. 이렇게 순식간에 에너지를 전달하기 위해서 '축전기 capacitor'가 중요한 역할을 하고 말이야.

울리 오늘은 왠지 축전기에 대해 설명해주실 것 같네요.

바리 하하- 그래야겠네. 축전기는 전기에너지 저장고 같은 건데, 부호는 다르지만 같은 크기의 전하량으로 대전된 두 도체로 구성되어 있어. 즉 한 도체는 $+Q$로, 다른 한 도체는 $-Q$로 대전되어 있는 구조지. 두 도체 사이에는 절연체가 있고 말이야.

울리 대전된 도체는 바깥쪽에 전기장을 만들겠네요. 표면에 수직한 방향으로요~ (3권 6화 참조)

바리 그렇지. 전기장이 있는 공간에는 전위차도 있으니 두 도체 사이에도 전위차 V가 생기는데, '도체에 대전된 전하량의 크기를 이 전위차로 나눈 것'을 '전기용량capacitance'이라고 정의한단다. 그리고 전기용량을 C라고 하면, $C=\frac{Q}{V}$가 되고 말이야.

엘리 근데 두 도체에 어떻게 하나는 $+Q$, 다른 하나는 $-Q$로 정확하게 대전시키죠?

울리 저는 축전기가 그 속에 에너지를 어떻게 저장하는 건지 전혀 감이 안 와요.

바리 간단하게 건전지의 양(+)단자와 음(–)단자에 대전되지 않은 도체판 2개를 각각 도선으로 연결한 경우를 생각해보자. 그럼 어떤 일이 일어날까? 힌트는, 도체에는 자유전자가 있고 건전지는 전위차를 만든다는 거야.

울리 자유전자들이 배터리의 전위차에 의해 이동하겠네요.

바리 맞아. 그럼 어느 쪽으로 이동할까? 전류의 방향은 전자가 이동하는 방향과 반대라는 것을 생각하면 말이야.

엘리 전류는 양(+)단자에서 나가는 방향으로 흐르니까 전자들은 양(+)단자로 들어가는 방향으로 이동할 것 같아요.

바리 그래~ 전류와 반대 방향으로 전자가 이동한다는 것은 곧 양(+)단자에 연결된 도체판에서 음(–)단자에 연결된 도체판으로 전자가 이동한다는 것이니, 음(–)단자에 연결된 도체판에 전자들이 쌓이게 되겠지.

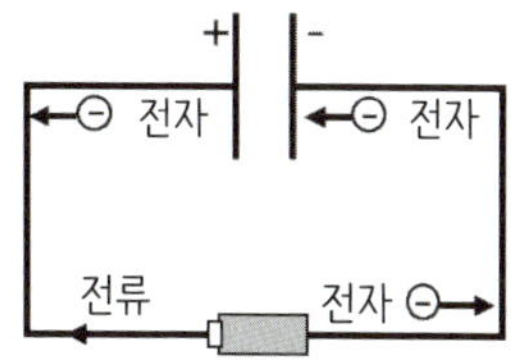

울리 그럼 양(+)단자에 연결된 도체판은 전자들을 잃은 만큼 양(+)전하를 띠겠네요?

바리 그렇지. 건전지의 전위차에 의해 대전되지 않았던 두 도체판이 대전되기 시작하는 거지. 양(+)단자에 연결된 도체판은 $+Q$로, 음(–)단자에 연결된 도체판은 $-Q$로, 전하량의 크기는 같고 부호만 반대로 말이야. 그럼 언제 전자들의 이동이 멈출까?

울리 건전지의 전위차가 있으면 계속 이동하는 거 아니에요?

바리 도체판이 대전되면 주변에 전기장이 생기고 전위도 생기는데? 그래도 전자가 계속 이동할까?

울리 참, 그렇네요. 근데 잘 모르겠어요.

바리 그럼 만일 건전지의 음(–)단자와, 음(–)단자에 연결된 도체판 사이의 전위차가 없어도 전자가 이동할 수 있을까? 즉 건전지 음(–)단자, 도선, 도체판의 전위가 모두 같다면 말이야.

울리 그럼 전위차가 없으니 전자의 이동도 없겠죠. 근데 그런 상황이 생길까요?

엘리 두 도체판이 대전되니까 그런 상황이 안 생길 이유도 없는 것 같긴 해~

바리 엘리 말이 맞아. 대전된 두 도체판 사이의 전위차가 건전지의 전위차와 같아지면 더 이상 전자가 이동할 수 없어서 대전은 멈추게 돼. 즉 건전지의 양(+)단자와 여기에 연결된 도체판이 같은 전위고, 음(–)단자와 여기에 연결된 도체판이 같은 전위인 상황이지.

엘리 아까 얘기하신 전기용량과 뭔가 관계있는 것 같아요.

바리 맞아. 전기용량이 '축전기에 대전된 전하량의 크기÷전위차'라고 했는데, 건전지의 전위차에 의해 얼마만큼의 전하량으로 대전되는가를 알 수도 있으니까 말이야.

울리 그럼 전기용량의 단위는 C/V일 텐데, 왠지 또 물리학자 이름을 딴 새로운 단위가 있을 것 같은 느낌이에요. 히히-

바리 하하하- 맞아. 전기용량의 단위는 지난번 전기장에 대해 설명할 때도 잠깐 이야기했던 패러데이의 이름을 따서 F(패럿farad)이라고 불러. (3권 5화 참조)

엘리 드디어 패러데이가 단위로 나오네요~

바리 패러데이는 이미 여러 번 나왔지만, 나중에 패러데이의 전자기 유도법칙도 배우게 될 거야. 자, 다시 2개의 도체판이 나란한 축전기를 생각해볼까? 이런 축전기를 '평행판 축전기'라고 하는데, 이 평행판 사이의 전기장을 구해서 전위차를 구하고 전기용량까지 구해보자.

울리 일단 전기장의 방향은 양(+)으로 대전된 판에서 음(–)으로 대전된 판을 향하겠네요.

바리 그렇지? 그럼 전기장의 세기는?

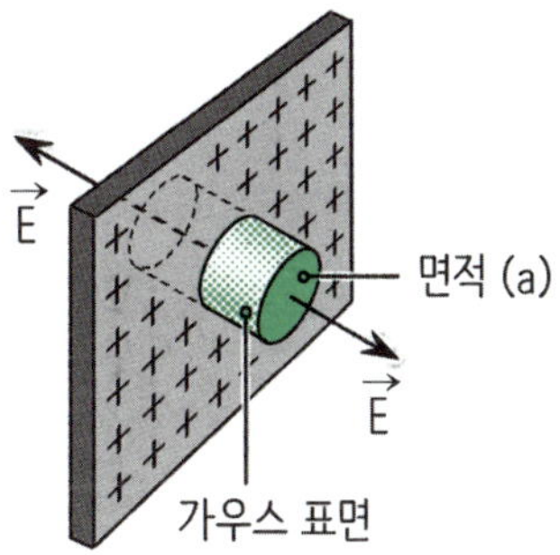

울리 전하에서 멀어질수록 세기는 줄어들어야 하는데, 양쪽 판에 모두 전하가 있어서 모르겠어요.

바리 사실 쉬운 문제는 아니야. 보통 도체판이 무한히 크다고 가정하고 가우스법칙(3권 9화 참조)을 이용해서 대전된 도체판에 의한 전기장을 구하거든. 어렵지만 설명해보면, 위 그림처럼 도체판을 관통하는 원통형의 가우스 면을 상상해봐.

엘리 원통의 표면이 가우스 면이라는 거죠?

바리 그래. 원통 표면을 관통하는 전기선속을 구해 전기장을 구하려는 건데, 원통의 옆면을 관통하는 전기장은 없고 원통의 위아래 면을 수직으로 관통하는 전기장만 있잖아. 더구나 위아래 면의 모든 점은 도체판으로부터 같은 거리만큼 떨어져 있으니 전기장의 세기는 같을 거고 말이야.

울리 윽~ 가우스법칙이 뭐였는지 기억이 안 나요. 전기선속도요….

바리 괜찮아. 전기선속은 '면적(a)과 이 면적을 수직으로 관통하는 전기장(E)을 곱한 것'이고, 가우스법칙은 '가우스 면을 관통하는 전기선속이 가우스 면 내부 전하량과 비례한다'는 거야. 비례 상수는 쿨롱상수 k(3권 1화 참조)에 4π를 곱한 것이고 말이야.

엘리 식으로 쓰면 어떻게 돼요?

바리 원통의 위아래 면의 면적을 a라고 하면 $(2a)E = 4\pi kQ_{내부}$가 되어 전기장 E를 구할 수 있지. 도체판 전체 면적(A)에 대해선 도체판 전체 전하량(Q)을 넣으면 되어 $2AE = 4\pi kQ$란다.

울리 근데 실제 도체판이 무한히 큰 건 아니잖아요?

바리 그렇긴 한데, 우린 두 도체판 사이의 간격에 비해서 도체판의 가로, 세로 길이가 아주 큰 경우에 이 식을 이용할 거라, 도체판 가까이에 일정한 전기장이 생긴다고 가정해도 돼.

엘리 그럼 양(+)전하로 대전된 도체판은 도체판에서 나가는 전기장을 만들고, 음(−)전하로 대전된 도체판은 도체판으로 들어가는 전기장을 만들겠네요?

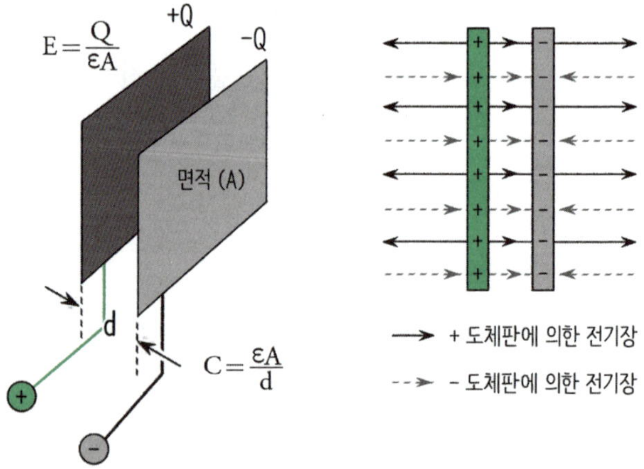

바리 그렇지. 따라서 반대 부호로 대전된 두 도체판이 가까이 놓이면, 평행판 바깥쪽 전기장은 방향이 서로 반대라서 모두 상쇄되고 평행판 사이의 전기장은 같은 방향이라 세기가 2배 커지겠지. 즉 평행판 사이의 전기장 $E=\frac{4\pi kQ}{A}$야.

엘리 아, 두 도체판 사이에만 전기장이 있게 되네요.

바리 맞아. 이제 전기장을 알았으니 두 도체판 사이의 전위차를 구할 수 있지. 전위차는 전하당 전기위치에너지의 차이이고, 전기위치에너지의 차이는 쿨롱의 힘이 한 일인데, 전하당 쿨롱의 힘이 바로 전기장이니까 두 도체판 사이의 전위차는 결국 '전기장× 두 도체판 사이 간격'이 된단다.

엘리 전 역시 식으로 보고 싶어요~

바리 그래? 도체판의 면적을 A, 두 도체판의 간격을 d라고 하고, 쿨롱상수 k와 유전율 ε(엡실론, 3권 5화 참조)의 관계식 $4\pi k\varepsilon=1$을 쓰면, 전기장 $E=\frac{Q}{\varepsilon A}$, 전위차 $V=Ed=\frac{Qd}{\varepsilon A}$, 전기용량 $C=\frac{Q}{V}=\frac{\varepsilon A}{d}$가 돼. 즉 평행판 축전기의 도체판이 넓을수록, 두 도체판이 가까울수록, 또 도체판 사이 절연체의 유전율이 클수록 전기용량이 크다는 거야.

울리 그럼 도체판 사이에 유전율이 큰 물질을 끼우면 전기용량이 커지겠네요?

바리 응. 실제로 그렇게 축전기를 만들어. 그럼 이제 에너지 저장고 역할을 확인해야지? 축전기를 건전지 없이 도선으로만 연결하면 어떻게 될까? 두 도체판 사이의 전위차가 있으니까….

엘리 전류가 흐르나요?

울리 잠깐만요. 전위차가 있으니 전류가 흐르는 것은 알겠는데, 그럼 배터리를 쓰면 되지 왜 배터리를 이용해서 축전기를 만들어요?

바리 아주 중요한 질문이야. 아까 제세동기가 아주 짧은 시간에 아주 큰 에너지를 전달하는 기능을 한다고 했잖아? 배터리는 방전하는데 시간이 많이 걸리지만, 축전기는 순식간에 방전하거든. 그래서 배터리로 축전기를 충전하고 순식간에 방전시키는 거야. 축전기가 방전되면 다시 배터리로 충전하고 말이야.

울리 아~ 이번에도 시간 문제군요. 그럼 카메라 플래시도 축전기를 이용하는 건가요? 플래시도 순식간에 밝은 빛을 내잖아요.

바리 오~ 대단한데? 카메라 플래시도 축전기를 이용하고, 컴퓨터 키보드, 마이크, 라디오 수신기 등 아주 다양한 곳에 축전기가 활용되고 있단다.

엘리 와~ 정말 일상에서 사용되는 많은 제품이 축전기를 필요로 하는군요.

울리 그러게요~

바리 자, 그럼 이제 머리도 식힐 겸 뭐 좀 먹을까?

엘리 네~ 그렇지 않아도 배고팠어요.

울리 먹는 건 언제나 즐겁죠~

바리 교수의 물리노트 14

- 축전기capacitor는 도체-절연체-도체 구조로, 여기서 두 도체는 반대 부호의 같은 전하량으로 대전된 상태다.
- 축전기의 전기용량capacitance(C)은 축전기의 한 도체에 대전된 전하량(Q)과 두 도체 사이의 전위차(V)와의 비 $C = \dfrac{Q}{V}$로 정의되고 단위는 F(패럿farad)이다.
- 평행판 축전기의 두 도체판 사이에는 일정한 전기장 $E = \dfrac{Q}{\varepsilon A}$가 있다. ($Q$: 한 도체판에 대전된 전하량, A: 도체판의 면적, ε: 도체판 사이 절연체의 유전율)
- 평행판 축전기는 도체판이 넓을수록, 두 도체판이 가까울수록, 그리고 두 도체판 사이 절연체의 유전율이 클수록 전기용량이 크다. 즉 전기용량 $C = \dfrac{\varepsilon A}{d}$다. ($d$: 두 도체판 사이의 간격)

15 자유낙하 물체와 축전기 사이에 공통점이 있다구요?

전기에너지/축전기 연결

바리 교수는 냉동실에서 뭔가를 꺼내 전자레인지에 넣어 해동한 뒤 팬에 토마토 페이스트와 해동된 음식을 넣고 약한 불에서 끓였다. 울리와 엘리는 해동된 음식이 뭔지 도통 알 수가 없었다. 여러 겹으로 쌓여 두툼한 직육면체를 이루고 있었는데, 토마토 페이스트를 넣고 끓이는 것을 보고는 내심 피자 같은 맛을 기대하며 완성되기를 기다렸다. 음식이 끓는 사이 바리 교수는 식탁에 피클과 포크를 갖다 놓았다.

바리 자~ 이제 먹자~

울리 이게 뭐예요? 아주 맛있어요~

엘리 켜켜이 고기와 치즈가 듬뿍 들어 있네요. 정말 맛있어요.

바리 라자냐라는 이태리 음식인데, 가끔 해 먹어. 먹고 남으면 이렇게 냉동해놓았다가 나중에 다시 덥혀 먹어도 맛이 괜찮거든.

울리 아줌마는 별별 요리를 다 하시네요.

바리 요즘은 전 세계의 모든 식재료를 쉽게 구할 수 있고 요리법도 쉽게 검색할 수 있으니 못할 음식이 없지. 공부도 마찬가지야. 어떤 분야든 궁금한 내용이 생겼을 때 검색만 하면 자세한 설명들이 나오잖니?

울리 검색하는 것보다 아줌마한테 쪼르르 오는 것이 더 좋아요. 이렇게 맛있는 것도 얻어먹을 수 있고요. 히히-

바리 하하- 앞으로 맛있는 것을 더 많이 해줘야겠다. 그럼 다시 축전기 얘기를 이어가볼까? 전하량, 전위차, 전기용량을 이용해 축전기에 저장된 에너지를 구해보자. 먼저 '전하량×전위차'의 단위가 에너지라는 것은 이제 바로 알겠지?

엘리 네. '전기위치에너지÷전하량'이 전위의 정의니까요.

울리 그럼 축전기에 저장된 에너지가 바로 '전하량×전위차'인 건가요?

바리 도체의 전하량은 처음에는 0이었다가 점차 늘어나 Q가 되잖아? 즉 도체가 대전되는 동안 전하량은 계속 변하는 거지.

울리 아, 평균 전하량을 구해야 하는 거군요. 근데 이와 비슷한 상황을 자유낙하 때도 한 것 같아요. 평균 속력을 구해서 떨어진 거리를 계산했던 거요. (1권 4화 참조)

바리 와~ 아주 창의적 연결인데? 자유낙하하는 물체는 중력가속도가 일정해서 속력이 시간에 대해 일정한 비율로 증가하는데, 축전기는 전기용량이 일정해서 전하량이 전위차에 대해 일정한 비율로 대전되니까 비슷한 상황이긴 하구나.

엘리 이래서 울리와 공부하는 것이 재미있어요~ 그럼 중력가속도 $g \leftrightarrow$ 전기용량 C, 속력 $v \leftrightarrow$ 전하량 Q, 시간 $t \leftrightarrow$ 전위차 V에

해당한다고 생각하면 되는 건가요?

바리 그렇지. 자유낙하하는 물체의 속력 $v=gt$, 축전기의 대전된 전하량 $Q=CV$니까 말이야. 자유낙하하는 물체가 떨어진 거리는 평균속력을 써서 $\frac{v}{2}t=\frac{1}{2}gt^2$으로 구했듯이, 축전기에 저장된 에너지는 평균 전하량을 써서 $\frac{Q}{2}V=\frac{1}{2}CV^2$이란다.

울리 아, 전기용량이 크면 에너지도 많이 저장할 수 있네요. 그러려면 축전기를 크게 만들어야 하고요.

바리 그래도 되고, 두 도체 사이에 유전율이 큰 물질을 삽입하거나 여러 개의 축전기를 병렬로 연결해도 전기용량이 커지지.

울리 참, 유전율이 클수록 전기용량도 크다고 하셨죠. 그새 잊었네요.

엘리 근데 축전기는 병렬연결해야 총 전기용량이 커져요? 저항의 경우와 반대네요?

바리 음~ 간단히 평행판 축전기로 확인해볼까? 전기용량이 C_1, C_2인 평행판 축전기를 전압 V의 건전지에 병렬연결하여 각 축전기에 전하량 Q_1, Q_2가 대전된 상황을 생각해봐. 병렬연결이니 각 축전기에 걸리는 전압은 건전지와 같겠지?

엘리 그럼 각 축전기는 전하량 $Q_1=C_1V$, $Q_2=C_2V$로 대전되겠네요.

바리 $Q=Q_1+Q_2$라고 하고 총 전기용량을 C라고 하면, $Q=CV$니까 $C=C_1+C_2$가 돼서 병렬연결된 축전기 회로의 전기용량은 커지는 거지. 그럼 이제 직렬연결도 생각해볼까?

울리 직렬연결일 때는 회로에 같은 전류가 흐를 텐데, 축전기에서는 어떻게 되는 건가요? 건전지의 전압이 두 축전기에 걸리는 전압으로 나뉜다는 것까진 알겠는데요.

바리 같은 전류가 흐른다는 것은 두 축전기에 대전되는 전하량의 크기가 같다는 것을 의미하지. 각 축전기에 걸리는 전압을 V_1, V_2라고 하면, $V=V_1+V_2$, $Q=CV$, $Q=C_1V_1$, $Q=C_2V_2$가 되는 거야. 첫 번째 식에 전압 대신 '전하량÷전기용량'을 넣으면….

울리 $\frac{Q}{C}=\frac{Q}{C_1}+\frac{Q}{C_2}$가 되죠~ 결국 $\frac{1}{C}=\frac{1}{C_1}+\frac{1}{C_2}$이네요.

바리 맞았어. 그래서 직렬연결된 축전기의 '총 전기용량의 역수'는 '각 전기용량의 역수의 합'과 같아서 총 전기용량은 오히려 줄어들지.

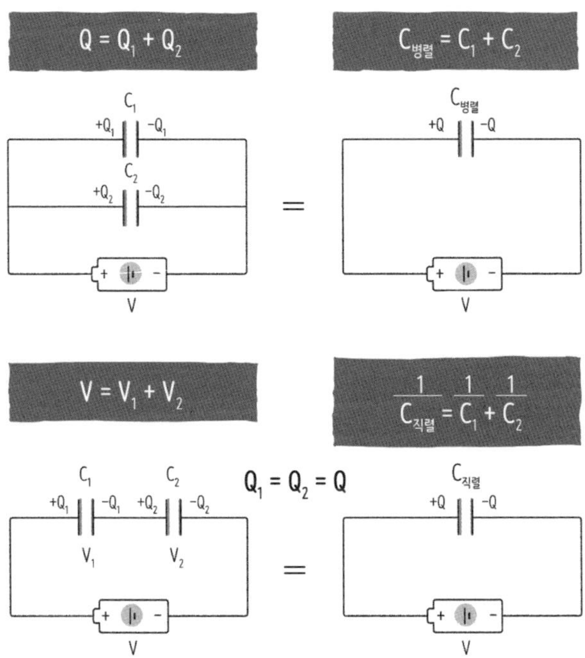

엘리 저항연결과 축전기연결은 서로 반대 결과를 보인다는 거군요. 저항들은 병렬연결을 할 때 총 저항이 줄어드는데, 축전기는 직렬연결을 할 때 총 전기용량이 줄어드니까요.

바리 그런 셈이지. 전기용량을 공부하는 김에 조금 복잡한 상황을 생각해볼까?

울리 아줌마가 조금 복잡하다고 하시면 아주 복잡한 건데요….

바리 그런가? 하하- 어려우면 패스해도 돼~ 가볍게 들어봐. 복잡한 상황이란, 평행판 축전기의 두 도체판 사이 정중앙에 다른 도체판이 놓여 있는 상황이야. 그럼 가운데 도체판의 전자들이 $+Q$로 대전된 축전기 평행판에 가까운 쪽으로 이동해서 마치 평행판 축전기 2개가 직렬연결된 것 같은 상황이 되지.

엘리 아~ 그렇게 볼 수 있어요? 평행판 사이의 간격은 변하겠네요?

바리 그렇지. 원래 평행판 축전기의 두 도체판 간격을 d, 정중앙에 넣은 도체판의 두께를 b라고 하면, 간격이 $(d-b)/2$인 평행판 축전기 2개가 직렬연결된 것과 같다고 볼 수 있지.

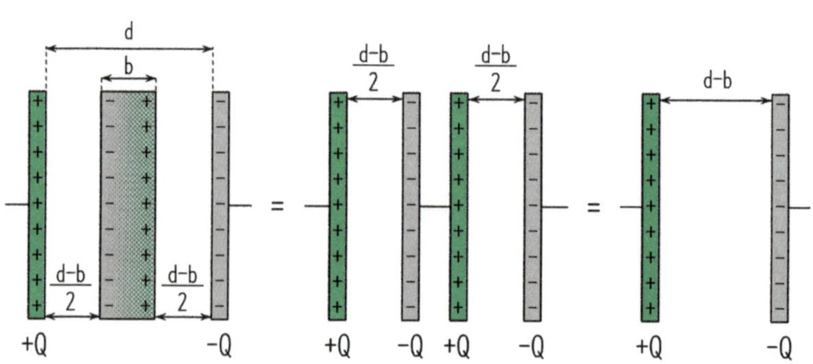

울리 간격이 줄어들었으니 전기용량은 처음보다 커지겠네요?

바리 가운데 도체판을 넣기 전보다 전기용량이 커진 똑같은 축전기 2개가 직렬연결된 것이니 총 전기용량을 구해봐야 알겠지? 평행판 축전기의 전기용량은 유전율과 도체판 면적에 비례하고 도체판 사이의 간격에 반비례해서 $C=\dfrac{\varepsilon A}{(d-b)/2}$인데, 총 전기용량은 $\dfrac{1}{C}+\dfrac{1}{C}$의 역수라서 $\dfrac{C}{2}$가 되어 $\dfrac{\varepsilon A}{d-b}$가 되지.

엘리 어? 총 전기용량이 마치 두 도체판 사이의 간격이 $d-b$인 축전기의 전기용량과 같네요?

바리 맞아. 신기하지? 정중앙에 넣은 도체판 두께만큼 압축해버린 것과 같잖아. 그럼 이제 정중앙에 넣은 도체판이 아주 얇은 거라고 생각해봐.

엘리 아주 얇으면 중앙에 도체판을 끼워넣기 전의 전기용량과 거의 같아지겠네요?

바리 바로 그거야. 평행판 축전기의 두 도체판 사이에 아주 얇은 도체판을 끼워 넣어도 전기용량은 변하지 않는다는 거지.

울리 전기용량이 변하는 것도 아닌데 왜 얇은 도체판을 끼워 넣어요?

바리 울리다운 질문이야. 그 이유는 조금 더 복잡한 축전기의 전기용량을 구할 때 유용하기 때문인데, 예를 들어 두 도체판 사이에 유전율이 다른 두 절연체가 들어 있는 경우, 이 두 절연체 사이에 얇은 도체판이 있다고 생각하는 거지. 그럼 유전율이 다른 축전기 2개의 직렬연결로도 생각할 수 있거든.

울리 아, 대전된 도체 사이에 절연체를 여러 가지 넣을 수도 있군요?

바리 그래. 간단한 예로, 평행판 축전기의 두 도체판 사이에 두께 s, 유전율 ε의 절연체가 들어 있고 나머지 부분은 진공인 경우를 볼까? 진공인 부분의 두께는 $d-s$, 유전율은 ε_0라고 하고, 절연체와 진공 사이에 아주 얇은 도체판이 있다고 생각하면, 전기용량 $\frac{\varepsilon A}{s}$와 $\frac{\varepsilon_0 A}{d-s}$의 직렬연결이 되니 총 전기용량을 구할 수 있지.

엘리 각 전기용량의 역수를 더하면 $\frac{s}{\varepsilon A}+\frac{d-s}{\varepsilon_0 A}$고, 이것의 역수를 구해야 총 전기용량이 나오는데요….

바리 보통 절연체의 유전율은 진공의 유전율을 기준으로 나타내서 $\varepsilon=\kappa\varepsilon_0$로 표현하는데, 여기서 κ(카파kapa)는 유전상수라고 부르고 항상 $\kappa>1$이지. 그래서 총 전기용량은 $\frac{\kappa\varepsilon_0 A}{s+\kappa(d-s)}$란다.

울리 으~ 복잡해요.

바리 총 전기용량을 잘 봐봐. 절연체의 두께 $s=0$이면, 평행판 사이가 모두 진공이란 뜻이니 예상대로 $\frac{\varepsilon_0 A}{d}$가 되지. 또 $s=d$라면, 평행판 사이를 유전율 $\varepsilon=\kappa\varepsilon_0$의 절연체로 채운 것이니 전기용량은 역시 예상대로 $\frac{\kappa\varepsilon_0 A}{d}$가 되고 말이야.

울리 그럼 절연체의 두께에 따라 전기용량이 변하는 거예요?

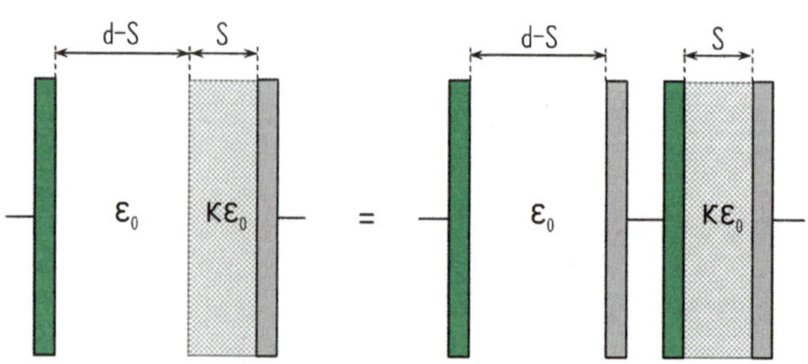

바리 그렇지. 도체판 사이에 절연체를 얼마만큼 채우느냐에 따라 전기용량이 진공일 때보다 1~κ배까지 커질 수 있는 거야.

엘리 전기용량을 필요에 따라 조정할 수 있는 방법이 되겠네요.

바리 교수의 물리노트 15

- 축전기에 저장된 에너지는 $\frac{1}{2}QV=\frac{1}{2}CV^2$이다. ($Q$: 전하, C: 전기용량, V: 전압)
- 총 전기용량은, 축전기를 병렬연결할 경우 각 전기용량의 합과 같고, 직렬연결할 경우 각 전기용량의 역수의 합의 역수와 같다.

$$C_{병렬}=C_1+C_2+C_3+\cdots$$
$$\frac{1}{C_{직렬}}=\frac{1}{C_1}+\frac{1}{C_2}+\frac{1}{C_3}+\cdots$$

- 평행판 축전기의 두 도체판 사이에 아주 얇은 도체판이 삽입되어도 전기용량에는 영향을 주지 않는다.
- 절연체의 유전율 ε을 진공의 유전율 ε_0를 기준으로 나타낼 때 비례상수 κ를 유전상수라고 하고, $\varepsilon=\kappa\varepsilon_0$다.
- 축전기의 두 도체판 사이가 유전상수 κ인 절연체로 채워지면 진공일 때보다 전기용량이 κ배 증가한다.

16 지구 자석이 가리키는 남극이 실제로는 북극지방 쪽이라구요?

자기장/자기력

울리는 학교 시험이 모두 끝난 주말에 집에서 신나게 게임을 했다. 비둘기 떼에 쫓기는 게임을 하다가 지쳐 TV를 켰더니 또 비둘기가 나와서 잠시 눈여겨보게 됐다. 내용은 비둘기가 어떻게 자기 둥지에서 멀리 떨어진 곳까지 갔다가도 다시 집을 찾아올 수 있는지에 대한 것이었다. 비둘기 부리에 있는 철 성분이 나침반 역할을 한다는 연구 결과가 가장 신빙성이 있는 것으로 믿어져 왔는데, 또 최근에는 그렇지 않다는 연구 결과도 많다고 한다. 한창 재미있게 보던 참에 마침 엘리가 찾아와 함께 집을 나섰다.

울리 바리 아줌마네 가자고 온 거지?

엘리 응. 시험 때문에 못 뵌 지도 오래되었잖아.

울리 그렇지 않아도 지금 우연히 TV에서 본 흥미로운 내용 때문에 여쭤보고 싶은 게 있긴 했어. 글쎄 전령 비둘기들이 다시 집을 찾아오는 이유를 아직도 정확히 모른다잖아.

엘리 어? 비둘기는 몸속에 나침반이 들어 있는 것 아니었어?

울리 꼭 그런 건 아닌가봐. 햇빛에 대한 반응의 결과라고 주장하는 학자도 있고, 냄새로 집을 찾아온다는 연구 결과를 낸 학자도 있다고 하네.

엘리 그렇구나~ 신기하다. 근데 비둘기 얘기하면 아줌마는 분명 자석에 대해서 설명을 해주실 거야. 그치?

울리 히히- 나도 그렇게 생각해~ 저기 아줌마 보인다.

엘리 아줌마~

바리 어서 와. 마침 잡초를 모두 뽑아서 들어가려던 참이야~ 너희는 뭔가 재미있는 얘기를 하던 참인가 보구나?

울리 아줌마, 저희 오면서 비둘기가 어떻게 멀리 나갔다가 다시 집을 찾아올 수 있는가에 대해 얘기했어요.

바리 아직 정확하게 모를 텐데? 예전에는 비둘기가 지구자기장을 느껴서 방향을 안다고 했는데, 지금은 반대되는 연구 결과들도 많은 것 같더라. 참, 그보다도 너희, 지구가 자석이라는 이야기는 들어봤지?

엘리 울리야, 맞지? 아줌마가 바로 자석 얘기하시잖아. 히히-

바리 무슨 소리야?

울리 헤헤- 그런 게 있어요~ 지구가 작은 자석이라는 것은 배웠어요. 그래서 나침반의 N극이 가리키는 방향이 북쪽인 거고요.

바리 그래? 그럼 지구 자석의 S극이 가리키는 방향이 지구의 북극지방 쪽인 것도 알겠네?

울리 네? 지구 자석의 N극이 향하는 곳이라는 뜻으로 북극지방이라고 부르는 것이 아니었어요?

바리 그럼 나침반의 N극이 북쪽을 가리키지 않겠지. N극과 N극은 서로 밀치니까 말이야.

울리 아~ 그렇겠네요. 전 아무 생각 없이 북극이 N극 방향이라고 믿고 있었어요.

엘리 사실 저도 그런 줄 알았어요. 히히-

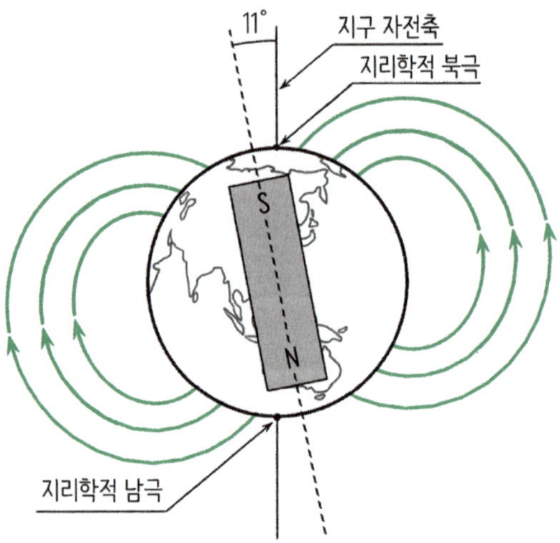

바리 이름 때문에 더더욱 혼동하기 쉽지. 말 나온 김에 오늘은 자기장 얘기를 해보자. 질량은 주변에 중력장을 만들고 전하는 주변에 전기장을 만드는데, 그럼 자기장을 만드는 건 뭘까?

울리 자석이요~

바리 자석이 자기장을 만들긴 하지. 그렇지만 질량이나 전하 같은 물리량은 아니잖아.

엘리 그렇네요. 흠…. 그럼 자기장을 만드는 물리량은 뭘까요?

바리 질량이나 전하와 유사하게 자기장을 만드는 것을 '자기홀극 magnetic monopole'이라 부르며, 이것이 실제 존재하는지 찾아보려고 했지만 아직까지는 찾지 못했어. N극과 S극이 항상 함께 존재하는 것만 알 뿐이지. 대신 전하가 움직이면 자기장이 생긴다는 것은 알게 되었어.

울리 엥? 전하가 가만히 있으면 전기장을 만들고, 움직이면 자기장을 만드나요?

바리 전하는 가만히 있을 때뿐 아니라 움직일 때도 전기장을 만드는데, 특히 움직일 때는 자기장도 만든다는 거야. 그리고 움직이는 전하가 만드는 자기장도 중력장이나 전기장과 비슷하게 거리의 제곱에 반비례해.

울리 중력장은 질량에 비례하고 전기장은 전하량에 비례하는데, 그럼 자기장은 뭐에 비례해요?

바리 우리 전에 움직이는 질량을 '질량×속도'로 표현한 적 있지? (1권 15화 참조) 그와 비슷하게 움직이는 전하를 '전하량×속도'로 표현하면, 움직이는 전하가 만드는 자기장은 '전하량×속도'에 비례한단다.

엘리 그럼 '질량×속도'는 운동량인데, '전하량×속도'는 뭐라고 불러요?

바리 특별히 물리량으로 정의하지는 않아. 그보다 질량이나 전하량은 방향이 없는 스칼라지만 전하량에 속도를 곱한 것은 벡터기 때문에 자기장의 방향을 이해하는 것이 조금 많이 복잡해지지.

울리 돌림힘처럼요? 이때도 복잡해서 오른손규칙을 이용하고 그랬는데요….

바리 맞아. 모두 벡터와 벡터를 곱해서 벡터가 나오는 '벡터곱vector product(외적outer product)'이기 때문에 그런 거야. 돌림힘은 회전축으로부터 힘이 작용하는 점까지의 거리벡터와 힘벡터를 곱해야 하고, 자기장은 움직이는 전하의 속도벡터와 전하로부터의 위치벡터를 곱해야 하거든.

엘리 저희가 스칼라곱도 배웠죠?

바리 '일'에 대해 공부할 때 나왔었지. 스칼라곱은 기호가 점(·)이어서 '닷dot'으로 읽고, 크기는 두 벡터의 나란한 성분을 곱한 거였지? 삼각함수로 표현하기도 했고 말이야. (1권 18화 참조)

울리 네~ 전기선속의 정의에서도 스칼라곱이 나왔었죠. (3권 9화 참조)

엘리 아, 맞아. 전기선속은 배운 지 오래되지도 않았는데 기억이 나지 않았어요.

바리 그럴 때가 있지. 대신 울리가 기억했네. 하하-

엘리 땡큐, 울리! 근데 벡터곱은 기호가 뭐예요?

바리 벡터곱은 기호가 곱하기(×)여서 '크로스cross'라고 읽고, $\vec{A}\times\vec{B}=\vec{C}$라면, 벡터 C의 크기는 벡터 A와 B가 만드는 평행사변형의 면적, 방향은 이 평행사변형에 수직인 방향인데 엄지를 뺀 오른손의 네 손가락을 벡터 A에서 벡터 B를 향하게 오므릴 때 엄지가 가리키는 방향으로 정의한단다.

울리 엄지, 검지, 중지에 이름을 붙이는 것이 아니네요?

바리 이름을 붙여도 돼. 검지에 A, 중지에 B를 놓으면, 엄지가 벡터 C의 방향이야. 둘 다 유용하지. 자, 그럼 오늘은 모든 식을 벡터로 써볼까? 중력장 $\vec{g}=-G\frac{M}{r^2}\hat{r}$, 전기장 $\vec{E}=k\frac{Q}{r^2}\hat{r}$, 자기장 $\vec{B}=k_m\frac{Q\vec{V}\times\hat{r}}{r^2}$.

울리 으악~~~ 이게 다 뭐예요?

엘리 저 모자 쓴 것 같은 기호(^)는 뭐예요? 처음 보는 것 같아요.

바리 충격이 너무 심했나? 우선 $\hat{r}$은 '단위벡터unit vector'라고 하는데, 크기는 1이고 $r-$ 방향을 갖는다는 의미야. 즉 $\hat{r}=\frac{\vec{r}}{r}$로 쓸 수 있지. 위치벡터를 그 위치까지의 거리로 나누니까 크기는 1이고 방향만 남는 거란다.

울리 자기장 식에 나오는 k_m은 새로운 상수겠네요?

바리 쿨롱상수 k가 $4\pi k\varepsilon=1$로 물질의 유전율 ε과 관계있듯, $4\pi k_m=\mu$로 물질의 '투자율permeability' μ(뮤mu)라는 특성과 관계된 상수야. 투자율과 관계된 것은 나중에 필요하면 얘기하고, 지금은 중력장, 전기장, 자기장의 공통개념만 이해해보자.

울리 공통점이 더 있어요?

바리 중력장 $\vec{g}$ 안에 들어온 질량 m은 $m\vec{g}$의 중력을 받고, 전기장 $\vec{E}$ 안에 들어온 전하 q는 $q\vec{E}$의 쿨롱의 힘을 받잖아? 그럼 자기장 $\vec{B}$ 안에 들어온 움직이는 전하 $q\vec{v}$는 어떤 힘을 받을까?

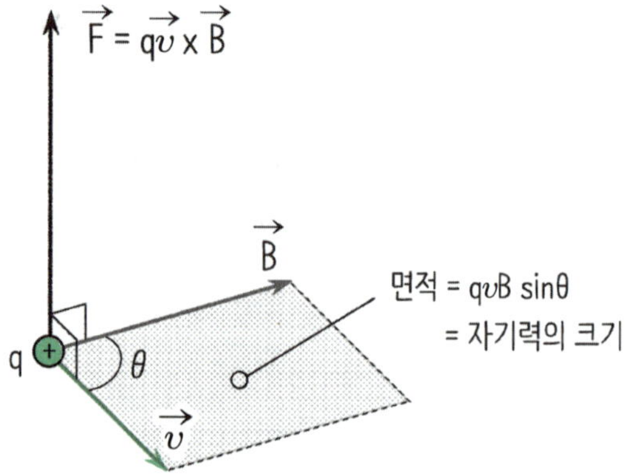

울리 혹시 $q\vec{v}\times\vec{B}$인가요? 중력장과 전기장 흉내를 내면 이렇게 돼야 할 것 같아요.

엘리 오~ 그럴 듯한데? 벡터 $q\vec{v}$와 벡터 $\vec{B}$를 곱해서 벡터 $\vec{F}$가 나오려면 벡터곱을 해야 할 테니까 말이야.

바리 맞아! 그게 자기력이야. 자기장 안에서 움직이는 전하는 자신의 속도벡터와 자기장이 만드는 평면에 수직인 방향으로 자기력을 받게 되는 거지. 크기는 두 벡터가 만드는 평행사변형의 면적이고 말이야.

엘리 두 벡터가 만드는 평행사변형의 면적도 식으로 알려주세요.

바리 그럴까? 두 벡터 A와 B의 사잇각을 θ라고 하면, 벡터곱의 크기는 $AB\sin\theta$와 같아. 스칼라곱은 $AB\cos\theta$인 것과 함께 기억하면 편하지. 중력장, 전기장, 자기장을 표로 비교해보면 다음과 같단다.

질량 M으로부터 $\vec{r}$만큼 떨어진 위치에서의 중력장	전하 Q로부터 $\vec{r}$만큼 떨어진 위치에서의 전기장	속도 $\vec{V}$로 움직이는 전하 Q로부터 $\vec{r}$만큼 떨어진 위치에서의 자기장
$\vec{g}=-G\frac{M}{r^2}\hat{r}$ G: 만유인력상수	$\vec{E}=k\frac{Q}{r^2}\hat{r}$ $k=\frac{1}{4\pi\varepsilon}$ ε: 매질의 유전율	$\vec{B}=k_m\frac{Q\vec{V}\times\hat{r}}{r^2}$ $k_m=\frac{\mu}{4\pi}$ μ: 매질의 투자율
중력장 안의 질량 m이 받는 힘	전기장 안의 전하 q가 받는 힘	자기장 안에서 속도 $\vec{v}$로 움직이는 전하 q가 받는 힘
중력 $m\vec{g}$	쿨롱의 힘 $q\vec{E}$	자기력 $q\vec{v}\times\vec{B}$

엘리 식은 복잡하지만 정리된 느낌이에요. 근데 자기장의 단위는 뭐예요?

바리 단위만 생각해보면, 전하량, 속도, 자기장을 모두 곱한 것이 힘이니까 자기장의 단위는 $\frac{\mathrm{N}}{\mathrm{C\cdot m/s}}$이 되는데, '전하량(C) ÷ 시간(s)'은 전류의 단위인 A와 같아서 $\frac{\mathrm{N}}{\mathrm{A\cdot m}}$이지.

울리 음~ 분명 다른 이름도 있을 것 같아요.

바리 하하- T(테슬라tesla)라는 단위를 사용해서, $1\mathrm{T}=1\frac{\mathrm{N}}{\mathrm{A\cdot m}}$이야. 오스트리아의 발명가이자 공학자인 니콜라 테슬라Nikola Tesla의 이름을 딴 단위란다.

울리 어? 테슬라요? 전기자동차를 만드는 회사잖아요?

바리 회사 창립자인 일론 머스크가 니콜라 테슬라를 좋아해서 회사명을 그렇게 지었대~

엘리 와~ 그렇군요. 근데 설마 우리가 강한 자기장 속에서 사는 건 아니겠죠? 지구자기장은 강한가요?

바리 지구자기장은 아주 약해서 약 $\frac{1}{2만}$T 정도라는구나. 약한 자기장을 나타내기 위해 T 말고도 G(가우스gauss)라는 단위를 사용하는데, 1T=10,000G라서, 지구자기장은 약 0.5G인 셈이지.

울리 가우스법칙의 그 가우스요?

바리 그래~ 카를 프리드리히 가우스Carl Friedrich Gauss! 자, 그럼 우리가 종종 갖고 놀기도 하는 막대자석은 자기장의 세기가 어느 정도 될 것 같아?

엘리 그것도 약하지 않을까요?

바리 약 0.01T=100G 정도니 지구자기장의 2,000배 정도인 셈이지. 한편 자기공명영상장치인 MRImagnetic resonance imaging는 약 1.5T의 강한 자기장을 이용하기 때문에 몸에 금속 보형물을 지닌 사람한테는 위험할 수 있고 말이야.

울리 새삼 어릴 때 자기장이 뭔지도 모르고 막대자석으로 이것저것 해보며 놀았던 기억이 나네요. 철가루를 뿌린 종이 밑에다가 2개의 막대자석을 N극과 S극이 마주보게 가까이 놔보기도 하고, N극과 N극을 가까이 놔보기도 하면서요.

바리 철가루들이 막대자석이 만드는 자기장을 따라 나열한 모습을 보았겠구나. 막대자석 2개를 놓고 했을 때는 분명 N극과 S극 사이의 철가루들은 연결된 패턴을, N극과 N극 사이의 철가루들은 서로 밀치는 패턴을 그렸을 거고 말이야. 기억나지?

울리 그럼요~ 기억나죠.

바리 그럼 이제 조금 쉬었다가 어떤 물질들이 자석이 되는지 알아보자~

바리 교수의 물리노트 16

- 지구는 지리학적 남극에서 나와 북극으로 들어가는 0.5G의 약한 자기장을 만든다. 즉 지구 자석의 남극 방향은 지리학적 북극지방 근처이고 북극 방향은 남극지방 근처다.
- 자기장의 단위는 T(테슬라tesla) 또는 G(가우스gauss)다.

$$1\mathrm{T}=1\frac{\mathrm{N}}{\mathrm{C}\cdot\mathrm{m/s}}=1\frac{\mathrm{N}}{\mathrm{A}\cdot\mathrm{m}}=10{,}000\mathrm{G}$$

- 벡터곱 또는 외적 $\vec{A}\times\vec{B}=\vec{C}$: 두 벡터 A와 B의 사잇각을 θ라고 하면, 크기는 두 벡터가 만드는 평행사변형의 면적 $C=AB\sin\theta$와 같고, 방향은 두 벡터 모두에 수직이며 오른손법칙을 따른다. (벡터 A: 검지, 벡터 B: 중지, 벡터 C: 엄지)
- [복습] 스칼라곱 또는 내적 $\vec{A}\cdot\vec{B}=C$: 두 벡터 A와 B의 사잇각을 θ라고 하면, $C=AB\cos\theta$다.

17 스핀이 자전과 관계가 없다구요?

강자성/자기구역/상자성/반자성

바리 교수의 집 냉장고에는 많은 자석이 붙어 있다. 모두 해외 출장을 다녀오며 하나둘씩 기념으로 머그와 함께 사온 자석들이라고 한다. 울리와 엘리는 세계 각국의 머그들보다 자석들을 구경하는 것이 더 즐겁다. 각 자석에는 도시명과 국가명이 적혀 있고, 대부분 그 도시의 상징적인 건축물들을 묘사하고 있어 꽤 흥미롭기 때문이다. 그런데 하나씩 떼어서 자세히 보고 다시 붙이다 보니 자석의 강도가 조금씩 다른 것처럼 느껴졌다.

바리 자기장 공부한다고 자석들 구경도 하니? 하하-

엘리 자석을 통해 세계 여러 도시를 보는 거죠~ 에헴~

울리 아줌마, 근데 자석은 어떻게 자석이 돼요? 그냥 그런 성질을 갖는 물질이 있는 건가요?

바리 고대 그리스의 '마그네시아Magnesia'라는 지역에서 철을 끌어당기는 자철광이 처음 발견되었다는 것은 들어봤지?

엘리 자석에 대해 배울 때 처음 나오는 내용이죠~

바리 그래. 그렇게 스스로 자석이 될 수 있는 물질을 '강자성ferromagnetism 물질'이라고 하는데, 철, 코발트, 니켈이나 네오디뮴 같은 희토류 자석이 여기에 속한단다.

울리 네오디뮴 자석이요? 그건 굉장히 강한 자석이잖아요?

바리 맞아. 울리도 아는구나. 굉장히 강한 자기장을 만드는 자석이라 MRI 장치에도 활용되고 있지.

엘리 근데 보통 철들은 자석이 아니잖아요?

바리 그걸 이해하려면 먼저 자석이 되는 물질들이 어떻게 자기장을 만들게 되는가를 알아야 하는데, 양자역학적 효과라서 설명이 쉽진 않단다. (4권 27화 참조)

엘리 또 양자역학이군요.

바리 지금부터 전자의 '스핀spin'에 대해서 얘기하려고 하는데, 이게 양자역학으로만 설명이 가능한 특성이거든. 그렇다고 지금 양자역학을 공부하겠다는 건 아니야.

엘리 감사해요~ 히히. 근데 스핀이 뭐예요?

바리 스핀은 자전한다는 뜻인데, 양자역학이 제대로 발전하지 못했던 시기에, 전자가 자전할 때의 각운동량과 비슷한 효과를 보인다고 생각해서 붙여진 이름이야. 나중에 스핀은 운동과 관계없이 기본 입자들이 갖고 있는 고유의 각운동량이라는 것이 양자역학적으로 밝혀졌지만 말이야. (4권 28화 참조)

울리 각운동량은 회전운동에서 정의한 개념이잖아요? (1권 34화 참조) 회전도 안 하는데 각운동량이 있다는 뜻인가요?

바리 그래~ 신기하지? 원자핵 주위를 도는 전자는 모두 회전운동에 의한 각운동량을 갖는데, 이것을 스핀과 구분하기 위해 '궤도각운동량orbital angular momentum'이라고 부른단다. 너희는 '움직이는 전하' 하면 뭐가 떠오르니?

울리 '움직이는 전하는 전기장뿐만 아니라 자기장을 만든다'~ 좀 전에 공부한 거잖아요.

바리 그래. 그럼 원자핵 주위를 도는 전자가 자기장을 만든다는 것도 당연하겠지?

엘리 전자가 움직이니까요. 근데 그럼 모든 물질이 자기장을 만들어요? 전자가 없는 물질은 없잖아요.

바리 물질 안에는 전자들이 엄청 많으니까 물질 전체의 자기장 얘기는 조금 있다가 하기로 하고, 지금은 각운동량이 있는 전자가 자기장을 만든다는 것부터 이해해보자. 먼저 각운동량의 정의 기억나니? '관성모멘트×각속도'라는 것 말이야.

울리 운동량은 질량과 속도를 곱한 건데, 질량 대신 회전관성, 속도 대신 각속도를 써서 '회전관성×각속도'가 각운동량이라고 하신 것이 막 떠올랐어요.

바리 그랬지. 그때는 벡터곱을 아직 설명하지 않아서 각운동량을 위치벡터와 운동량의 벡터곱으로 나타낼 수 있다는 것을 알려주지 않았지?

엘리 돌림힘이 위치벡터와 힘의 벡터곱인 것과 비슷하네요.

바리 맞아. 그럼 움직이는 전하가 만드는 자기장과 각운동량을 비교해볼까? 자기장은 전하의 속도와 위치벡터 간 벡터곱에 비례하고, 각운동량도 위치벡터와 전하의 속도 간 벡터곱에 비례한다는 것을 말이야.

울리 각운동량이 위치벡터와 운동량의 벡터곱인데, 곧 운동량이 속도에 비례하니까 그렇군요.

엘리 그럼 결국 자기장과 각운동량도 비례하는 거네요?

바리 그렇지. 각운동량이 있다는 것은 자기장이 있다는 것이어서, 전자의 스핀도 자기장을 만든다는 거야. 즉 전자는 궤도각운동량에 의해 자기장을 만들지만, 전자의 고유 특성인 '스핀각운동량 spin angular momentum'에 의해서도 자기장을 만들고, 이 스핀에 의한 자기장이 물질을 자석으로 만드는 주된 원인이지.

울리 그럼 더욱더 모든 물질이 자석이 돼야 하는 것 아니에요?

바리 일반적으로 물질을 구성하고 있는 원자 안에는 여러 개의 전자가 있는데, 이 전자들의 스핀각운동량이 모두 같은 방향을 갖는 것은 아니거든. 그래서 다양한 방향의 스핀각운동량을 합치면 거의 상쇄되어 자기장을 형성하지 못하기 때문에 자성을 띠지도 못하지.

엘리 근데 자석이 될 수 있다는 철도 보통은 자석이 아니잖아요? 그건 왜 그런 건가요?

바리 자석이 될 수 있는 철, 코발트, 니켈, 네오디뮴 같은 강자성 물질은 방금 얘기한 것처럼 원자 내 여러 전자의 스핀각운동량의 벡터합이 0이 아니지. 따라서 원자 하나하나가 실은 작은 자석인 셈이야.

울리 와~ 원자 하나하나가 자석이라고요? 물질 내에 자석이 꽉 차 있는 거네요?

바리 멋지지? 더구나 원자자석 하나가 만든 자기장은 옆에 있는 다른 원자자석에 영향을 줘서 원자의 스핀각운동량 방향이 바뀌게 만든단다.

울리 어떻게 바뀌게 만드는데요?

바리 주변 원자들의 스핀각운동량이 같은 방향이 되려는 경향을 보임에 따라 부분적으로 같은 방향으로 나열되지. 원자자석들의 N극이 모두 같은 방향을 가리킨다는 뜻이야. 근데 이때 가까운 원자들에만 영향을 줘서 일반적으로 부분마다 정렬 방향이 서로 다르게 되고 말이야.

엘리 아, 부분마다 다른 방향으로 정렬되는군요.

바리 그래. 원자자석들의 이런 부분적 정렬을 '자기구역magnetic domain'이라고 하는데, 철 안에 많은 자기구역이 생기고 자기구역마다 원자자석의 N극 방향은 다양해. 그래서 전체 자기장은 0이고 말이야.

엘리 그럼 자석은 모든 자기구역이 같은 방향의 자기장을 만드는 거예요?

바리 꼭 그런 건 아니고, 총 자기장이 0이 아니면 되는 거지. 같은 방향의 자기장을 만드는 자기구역이 많을수록 강한 자석이 되는 거고 말이야.

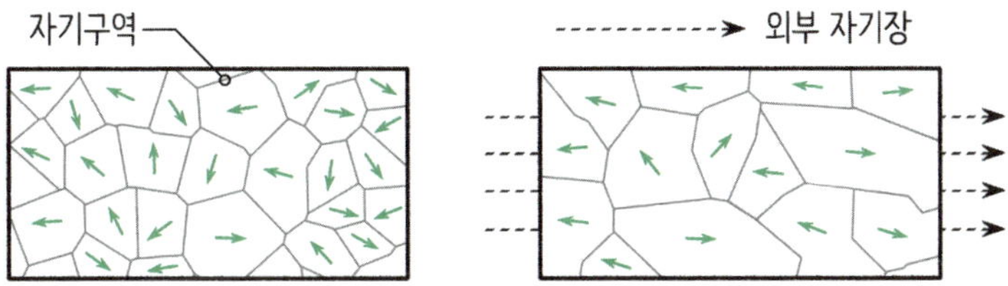

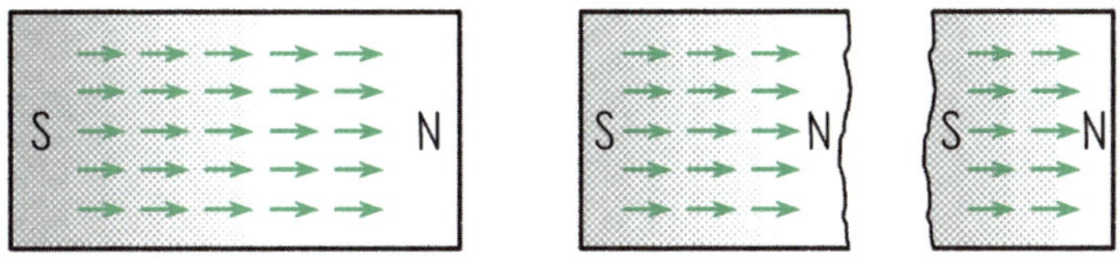

울리 혹시 자석을 떨어뜨리면 자기구역의 자기장들이 여러 방향으로 변하나요? 어릴 때 장난으로 자석을 여러 번 떨어뜨렸더니 자성이 약해졌던 기억이 나서요.

바리 맞아. 자석에 충격을 가하거나 열을 가하면 자성이 약해지는데, 이는 원자자석들의 방향이 흐트러진 결과야. 막대자석이 부러진 적은 없었니?

울리 왜 없었겠어요. 히히- 수도 없이 부러뜨렸죠. 근데 그래도 자성을 잃진 않고 두 조각 모두 자석이 되던데요.

바리 그랬지? 조심히 자르는 것을 가정한다면 당연히 두 조각 모두 자석으로 남겠지. 각 조각의 자기구역 자기장은 여전히 한 방향일 테니까 말이야.

엘리 근데 자석은 자석이 아닌 상태의 철로 만드는 것 아니에요? 어떻게 만들죠?

바리 가장 쉬운 방법은 강한 자기장 속에 철을 넣었다 빼는 거야. 그럼 이 외부자기장의 영향으로 철의 모든 원자자석들이 나란하게 나열되거든. 모든 자기구역의 자기장이 같은 방향이니 강한 자석이 되고, 외부자기장을 없애도 자성을 유지하지.

엘리 아하, 그렇군요.

바리 자석이 되는 강자성 물질에 대해 얘기했는데, '상자성paramagnetism 물질'이나 '반자성diamagnetism 물질'이라는 것도 있어. 이런 물질들은 강자성 물질과 달리 외부자기장을 없애면 자성을 잃어버린단다.

울리 또 새로운 용어들이 마구 나오네요. 상자성과 반자성의 차이는 뭐예요?

바리 외부자기장의 영향으로 외부자기장과 같은 방향으로 원자자석들이 나열하면 상자성, 반대 방향으로 나열하면 반자성이라고 해. 텅스텐, 알루미늄, 마그네슘 같은 것이 상자성 물질이고, 구리, 흑연, 플라스틱, 물 같은 것은 반자성 물질이야.

울리 아, 그러니까 강자성 물질은 외부에 자기장이 있든 없든 자성을 띠지만, 상자성 물질과 반자성 물질은 외부에 자기장이 있을 때만 자성을 띠며 자기구역의 자기장 방향은 같은 외부자기장에 대해 서로 반대라는 거군요.

바리 그렇지. 너희 '이그노벨상Ig Nobel Prize'이라고 들어봤니?

엘리 노벨상이 아니라 이그노벨상이요? 아니요~ 그게 무슨 상인데요?

바리 미국 하버드 대학교에서 노벨상을 패러디해 만든 건데, 기발하고 재미있는 과학 연구 결과를 낸 사람에게 주는 상이야. 근데 이 이그노벨상과 진짜 노벨상을 모두 받은 사람이 있는데, 바로 안드레 가임Andre Geim이라는 물리학자야.

울리 어떤 기발한 연구를 했는데요?

바리 전자석을 이용해 작은 개구리를 공중부양시키는 데 성공해서 2000년에 이그노벨상을 받았고, 2010년에는 '그래핀graphene'이라는 탄소구조물 연구로 노벨상을 받았어.

울리 개구리를 공중부양시켰다구요? 어떻게요? 그럼 사람도 공중부양이 가능해요?

바리 울리가 공중부양에 관심이 많네? 반자성 물질 얘기하다가 생각나서 꺼낸 얘기인데. 후후~ 반자성 물질은 외부자기장과 반대 방향으로 자기장이 생기기 때문에 서로 밀치는 힘이 작용하거든. 근데 생명체는 주로 물로 되어 있으니 반자성 물질이고, 단백질도 반자성이야.

울리 우리 몸도 대부분 물이잖아요?

바리 하하- 그렇지. 근데 대신 엄청 강한 외부자기장을 사용해야 공중부양이 가능하단다.

엘리 얼마나 강해야 하는데요?

바리 개구리를 공중부양시키기 위해 16T 정도의 자기장을 사용했다고 하는데, 이는 매우 강한 자기장이야. 강한 자기장을 사용하는 걸로 익히 알려진 MRI조차 1.5T 정도니 이보다 10배 이상 강한 자기장이지.

울리 그래도 사람을 띄우는 것이 불가능한 것은 아니네요?

바리 이론적으로는 가능하지. 사람을 띄우려면 훨씬 더 강한 자기장이 필요하고, 이런 강한 자기장을 만들기 위해서 엄청난 에너지를 소모해야 하니까 현실적으로는 불가능하지만 말이야.

울리 그래도 흥미진진해요. 개구리를 자석으로 띄웠다니요~

바리 이그노벨상을 받을 만한 연구지? 하하.

엘리 근데 전, 움직이는 전하가 자기장을 만든다고 하실 때부터 궁금한 게 있었어요. 전하가 도선을 따라 움직인다면 곧 전류가 흐른다는 거잖아요. 그럼 전류가 자기장을 만든다고 해도 되는 것 아닌가요?

바리 그렇지 않아도 다음 주제는 전류에 의한 자기장으로 할까 해. 다음에 오면 엘리의 궁금증을 자세히 해소해줄게~

바리 교수의 물리노트 17

- 움직이는 전하가 만드는 자기장과 각운동량은 모두 전하의 속도와 위치벡터의 벡터곱에 비례한다. 따라서 전하의 각운동량은 움직이는 전하가 만드는 자기장과 비례한다.
- 스핀spin: 기본 입자들의 고유 각운동량으로서 회전운동과는 무관하며, 물질의 자성은 주로 전자들의 스핀각운동량에 의해 결정된다.
- 자기구역magnetic domain: 원자자석들이 같은 방향으로 나열한 영역으로, 강자성 물질은 여러 개의 자기구역으로 이루어져 있다. 모든 자기구역의 자기장이 같은 방향이면 강한 자석이 된다.
- 외부자기장이 없어도 자석이 될 수 있는 물질을 '강자성ferro-magnetism 물질'이라 하고, 외부자기장 안에서 자석이 될 수 있는 물질 중 외부자기장과 같은 방향의 자기장을 만드는 것은 '상자성paramagnetism 물질', 반대 방향의 자기장을 만드는 것은 '반자성diamagnetism 물질'이라고 한다.

18 대형 크레인이 전자석으로 무거운 철근을 들어 올린다구요?

비오-사바르법칙/앙페르법칙

요즘 엘리와 울리네 학교는 체육관을 신축한다고 어수선하다. 수업 중에는 공사를 하지 않지만 철근 등 여러 건축자재가 운동장 한쪽에 쌓여 있고, 하교할 때는 대형 크레인이 철근들을 번쩍 들어 옮기는 모습들이 종종 눈에 띈다. 체육관이 완성되면 더울 때나 추울 때도 실내에서 편히 운동을 할 수 있어 좋다고 하나, 당장 운동장을 쓸 수 없는 것이 학생들은 영 불편하다. 이래저래 모두가 방학을 기다리고 있다.

바리 너희 이제 곧 방학이지? 방학 동안에도 우리 집에 올 거니?

엘리 전 오고 싶은데 아줌마는 어디 가지 않으세요?

바리 오래는 아니고 한 일주일 동안 해외 학회에 다녀올 건데, 그때 되면 알려줄게.

울리 네~ 방학에도 바쁘시군요. 저는 요즘 학교가 공사로 어수선해서 빨리 방학했으면 좋겠어요. 참, 근데 공사장에서 대형 크레인이 무거운 철근들을 쉽게 들어 올리던데, 그렇게 강한 자석은 어떻게 만들어요? 네오디뮴 자석을 여러 개 사용하나요?

바리 오~ 지난번에 엘리가 '움직이는 전하와 전류가 같은 의미니까 전류도 자기장을 만드는 것이 아닌지' 물었는데, 지금 울리 질문하고도 관련이 있으니 그 얘기부터 해볼게.

엘리 그래요? 어떻게 관련되는지 궁금해요.

바리 우선 엘리 말대로 움직이는 전하를 전류와 연결시켜볼까? 움직이는 전하를 '전하량$(Q)\times$속도$(\vec{V})$'로 표현하는데, 속도는 '변위÷시간'이고, '전하량÷시간'은 전류니까 곧 움직이는 전하는 '전류$(I)\times$변위$(\vec{L})$'와 같아지겠지? 변위는 전류가 흐르면서 변한 위치 벡터이고 말이야.

엘리 그럼 $Q\vec{V}$ 대신 $I\vec{L}$을 쓰면 되는 거네요?

바리 그렇지. 움직이는 전하가 만드는 자기장 대신 전류 I가 $\vec{L}$만큼 흐르면서 주변에 만드는 자기장이라고 해도 되는 거고 말이야.

울리 근데 도선이 직선이 아니고 휘어져 있을 수 있잖아요? 그럼 전류 방향이 변하게 되고 자기장도 변할 것 같고…. 아, 복잡해요.

바리 그런 생각을 하는 것만도 아주 좋아. 휘어진 도선의 경우, 도선 전체가 만드는 자기장을 바로 구하는 것이 아니라, 방향이 바뀌지 않는 아주 짧은 구간$(d\vec{s})$들에 흐르는 각각의 전류가 만들어내는 자기장을 조각조각 구해서 모두 더해주면 되는데, 이것이 미분과 적분의 개념이란다.

울리 미분과 적분을 할 줄 알아야 하는 건가요?

바리 제대로 계산을 해보려면 알아야 하지만, 지금은 개념만 얘기하는 거야. 도선을 잘게 나누어 생각하는 것은 미분이고, 작게 나뉜 결과들을 더하는 것은 적분이지. 미분기호로는 d를 사용하고, 적분기호로는 $\int$(인테그랄integral)을 사용하는데, $\vec{B}=k_m\int_{\text{도선}}\frac{Id\vec{s}\times\hat{r}}{r^2}$ 처럼 쓴단다.

엘리 으~~ 이해할 듯하다가 어려워졌어요. 벡터곱에 적분에….

바리 기호 때문에 그럴 거야. '전류가 흐르는 도선이 만드는 자기장은, 도선으로부터의 거리의 제곱에 반비례하고 전류에 비례하며, 방향은 오른손규칙을 이용해서 찾는다'만 알고 있어도 돼.

엘리 전 $Q\vec{V}$가 $I\vec{L}$로 바뀌면 된다는 것만 기억할래요.

바리 그래도 충분히 좋아. 저 적분식을 '비오-사바르법칙Biot-Savart's law'이라고 부르는데, 장-바티스트 비오Jean-Baptiste Biot와 펠릭스 사바르Félix Savart라는 학자가 전류가 흐르는 도선이 주변에 만들어내는 자기장이 이 식과 같다고 밝혀서 붙은 이름이지.

울리 식도 어렵고 이름도 어렵네요.

바리 그렇지? 참, 전류가 흐르는 도선이 자기장을 만든다는 것을 처음 발견한 사람은 덴마크의 물리학자이면서 화학자인 한스 크리스티안 외르스테드Hans Christian Öersted야. 1819년에 전류가 흐르는 도선 주위에서 나침반의 바늘이 흔들리는 것을 보고 자기장이 만들어지는 걸 발견했다는구나.

울리 아하, 나침반을 이용하면 자기장이 있는지 바로 알 수 있네요.

바리 그래. 그럼 간단하게 전류가 흐르는 직선도선으로부터 a만큼 떨어진 곳에서의 자기장의 방향을 생각해볼래? 전류의 방향과

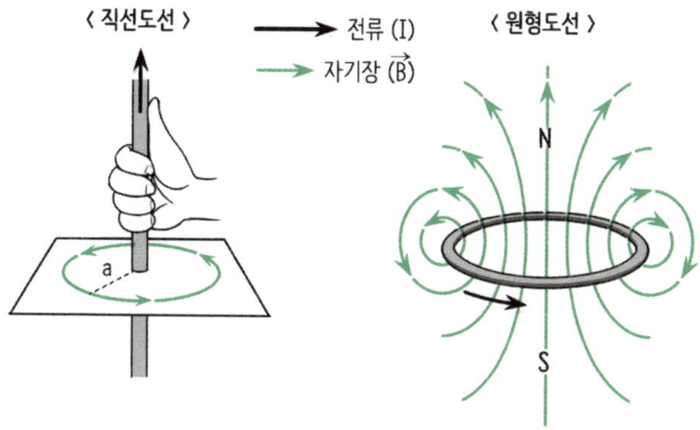

위치벡터의 벡터곱으로 결정된다는 걸 기억하고.

엘리 전류 방향에도 수직이어야 하고 위치벡터에도 수직이어야 하는 거잖아요? 그럼 어떻게 되는 거죠?

바리 직선도선이 중심에 있고 반경이 a인 원의 접선 방향이 되지. 즉 원형의 자기장이 생기는 거야. 오른손규칙을 이용하면, 검지는 전류 방향, 중지는 위치벡터 방향, 엄지는 그 위치에서의 자기장 방향이지. 이 자기장의 방향을 연결해보면, 전류가 흐르는 방향이 오른손 엄지고 나머지 네 손가락이 자기장 방향이 되는 것과 같단다.

울리 그건 편하네요. 전류가 엄지, 나머지는 자기장. 직선도선일 때만 쓰나요?

바리 직선이 아닌 도선도 여러 개의 짧은 직선도선으로 쪼개서 어느 한 지점에서의 자기장 방향을 오른손규칙을 써서 확인할 수 있지.

엘리 그럼 원형도선인 경우에도 도선을 중심으로 원형의 자기장이 생긴다는 거네요?

바리 그렇지. 그럼 1개의 원형도선이 아니고 코일로 된 도선이면 어떤 방향의 자기장이 생길까? 그림으로 그려보는 것이 쉬워.

울리 어? 막대자석과 비슷한 자기장을 만드는데요?

바리 그렇지? 코일 모양의 도선을 '솔레노이드solenoid'라고 하는데, 전류가 흐르면 막대자석과 유사한 자기장을 만들고, 특히 코일 가운데에서는 일정한 자기장이 형성되지.

엘리 와~ 코일 모양의 도선에 전류가 흐르면 자석이 되는군요~

바리 재미있지? 솔레노이드가 만드는 자기장은 전류의 세기에도 비례하지만 감긴 코일의 수에도 비례해서 자기장 세기를 조정하기가 편하단다.

울리 그럼 전류를 많이 보내고 코일도 많이 감으면 엄청 강한 자기장을 얻을 수 있겠네요?

바리 하지만 강한 전류를 보낼수록 도선에 열이 많이 나서 자칫 도선이 녹을 수도 있으니 주의해야 해. 전력 기억나지? 전력은 전류의 제곱에 비례하고 저항에도 비례하는데, 전력이 클수록 열도 많이 나거든.

울리 도선은 늘 저항이 없는 것으로 생각하잖아요.

바리 언젠가도 얘기했듯이 아주 작지만 실제 0은 아니니까 전류의 세기로 자기장을 세게 하는 데는 한계가 있단다. 그래서 코일을 많이 감기도 하고 철심을 넣기도 해.

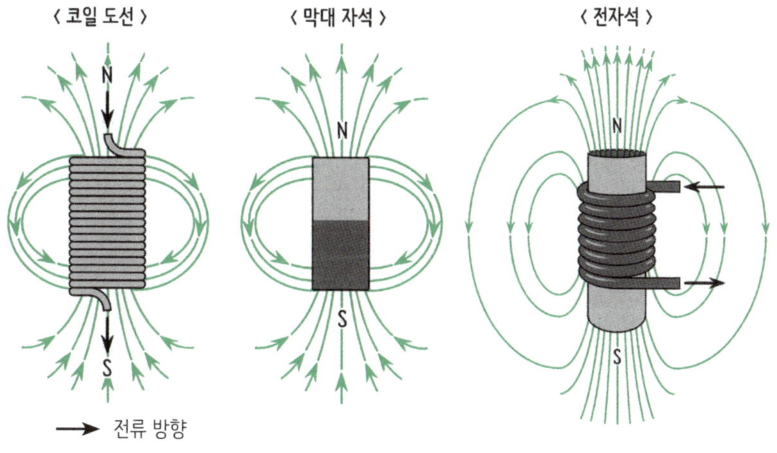

엘리 코일 안에 철심을 넣으면 자기장이 세져요?

울리 혹시 철심도 자석이 되는 것 아닌가요? 원자자석들이 모두 나란해져서요.

바리 바로 그거야. 코일이 만든 자기장의 영향으로 철심이 자석이 되어 전체 자기장이 더욱 세지지. 이게 바로 '전자석electromagnet'이라는 거야. 모터, 발전기, 스피커, 헤드폰, MRI 장치 등 많은 기기에 이용되고 있고 말이야.

울리 무거운 철근을 들어 올릴 수 있는 것도 전자석을 이용한 거군요. 근데 자기장의 세기는 어떻게 구해요?

바리 자기장의 세기를 구하려면 아까 말한 비오-사바르법칙을 써야 하는데, 계산이 목적이 아니니 결과만 알려줄게. 전류 I가 흐르는 무한히 긴 도선의 경우, 도선으로부터 a만큼 떨어진 지점에서의 자기장 세기는 전류에 비례하고 원주 길이에 반비례한단다.

엘리 자기장 세기가 원주 길이 $2\pi a$에 반비례한다는 거죠?

바리 그래. 도선이 진공에 놓여 있다고 가정하고 자기장 세기를 식으로 쓰면 $\frac{\mu_0 I}{2\pi a}$인데, μ_0는 진공에서의 투자율이야. 또 코일도선인 솔레노이드 속에서의 자기장 세기는 $\mu_0 nI$란다. n은 단위길이당 감긴 코일 수를 의미하고 말이야.

엘리 비오-사바르법칙은 복잡해 보이는데 계산 결과는 간단하네요.

바리 그렇지? 사실 자기장을 구하는 아주 유용한 법칙으로 '앙페르법칙Ampère's law'이 있는데, 역시 미적분학을 이해해야 하지만 적분을 하지 않고도 자기장을 구할 수 있는 법칙이지.

울리 아악~~ 그건 또 뭐예요? 전기장, 자기장은 수식도 너무 복잡하고 어려운 것 같아요.

바리 아직도 식이 많이 남았단다. 일단 말로만 앙페르법칙을 설명해 볼게. 이 법칙을 발견했고, 전류의 단위 A(암페어)에도 들어간 앙페르의 이름을 딴 법칙인데, '전류가 흐르는 도선 주변에 생기는 자기장을 닫힌 경로를 따라 모아보면, 그것이 닫힌 경로 내부에 흐르는 총 전류에 비례한다'는 거야.

엘리 닫힌 경로는 고리 같은 경로인가요?

바리 시작점과 끝점이 같은 경로지. 만일 이 경로에서 자기장의 세기가 모두 같다면 아주 쉽게 자기장을 구할 수 있어서 유용해.

울리 전기장을 쉽게 구할 수 있는 법칙이 가우스법칙이었죠? 자기장은 가우스법칙으로 구하지 못하나요? (3권 9화 참조)

바리 가우스법칙은 거리의 제곱에 반비례하는 함수에 적용되는 거라 중력장이나 전기장을 구할 때 유용하다고 했지. 특히 '어떤 닫힌 면을 수직으로 관통하는 전기장×면적'을 전기선속이라고 정의했고, 이 전기선속이 닫힌 면적 안의 전하량에 비례하는 것이 가우스법칙이잖아.

울리 맞아요. 좀 더 전문적으로 전기선속을 정의하면 전기장과 면적 벡터의 스칼라곱이죠, 에헴-. 근데 자기장도 거리의 제곱에 반비례하니까 가우스법칙을 쓸 수 있는 것 아니에요?

바리 어떤 면을 수직으로 관통하는 자기장과 면적의 곱, 또는 자기장과 면적벡터의 스칼라곱을 '자기선속magnetic flux'이라고 하는데, N극과 S극은 항상 함께 있어서 닫힌 면(가우스 면)에 들어간 자기장은 모두 나가게 되어 있지. 그래서 총 자기선속이 0이라 가우스법칙은 자기장을 구하는 데 유용하진 않아.

울리 전기선속과 자기선속…. 전기장과 자기장의 차이만 있고 정의는 같네요.

바리 비슷한 개념이니까. 식으로 정리하자면, 전기장, 자기장, 면적벡터의 방향이 일정할 때 전기선속 $\Phi_E = \vec{E} \cdot \vec{A}$, 자기선속 $\Phi_B = \vec{B} \cdot \vec{A}$로 정의된다는 거야.

엘리 기호로는 간단해 보여요.

바리 그렇지? 자, 자기장 얘기는 많이 했으니 끝내기 전에 전류가 흐르는 도선이 자기장 안에 있을 때 작용하는 힘을 구해볼까? 자기장 안에서 움직이는 전하($q\vec{v}$)가 받는 힘이 $q\vec{v} \times \vec{B}$라는 것을 이용해서 말이야.

엘리 $q\vec{v}$를 $I\vec{L}$로 바꾸면 되니까 $I\vec{L}\times\vec{B}$겠네요. 헤헤-

바리 맞았어. 전류 I가 흐르는 길이 L의 직선도선이 자기장 $\vec{B}$ 안에 있으면 자기력 $I\vec{L}\times\vec{B}$를 받는 거야. 다음에는 전류가 흐르는 도선 사이에 작용하는 자기력을 얘기해도 되겠다.

울리 $q\vec{v}$를 $I\vec{L}$로! 유용하네요~

- Biot-Savart's law $\vec{B}=k_m\int\frac{Id\vec{s}\times\hat{r}}{r^2}$, $4\pi k_m=\mu_0$
- Ampere's law $\oint\vec{B}\cdot d\vec{s}=\mu_0 I_{in}$
- Gauss's law for $\vec{B}$ $\oint\vec{B}\cdot d\vec{A}=0$
- Magnetic flux $\Phi_B=\int\vec{B}\cdot d\vec{A}\xrightarrow{\text{일정한 }\vec{B}}\Phi_B=\vec{B}\cdot\vec{A}$
- Electric flux $\Phi_E=\int\vec{E}\cdot d\vec{A}\xrightarrow{\text{일정한 }\vec{E}}\Phi_E=\vec{E}\cdot\vec{A}$

바리 교수의 물리노트 18

- 솔레노이드solenoid: 코일 모양의 도선으로, 단위길이당 코일의 감긴 횟수가 n, 흐르는 전류가 I일 때 솔레노이드 중심에서의 자기장 세기는 $\mu_0 n I$다.
- 비오-사바르법칙Biot-Savart's law: 도선이 주변에 만드는 자기장 세기는 도선에 흐르는 전류에 비례하고, 도선으로부터의 거리의 제곱에 반비례하며, 자기장 방향은 전류방향벡터와 위치벡터의 외적(벡터곱)으로 결정된다.
- 앙페르법칙Ampère's law: 닫힌 경로에 대한 자기장과 경로벡터의 내적(스칼라곱)은 닫힌 경로 내부의 총 전류에 비례한다.
- 자기선속magnetic flux: 어떤 면에 수직한 자기장($\vec{B}$)과 그 면적의 곱으로, 자기장과 면적벡터($\vec{A}$)의 내적(스칼라곱) $\Phi_B = \vec{B} \cdot \vec{A}$로 정의된다.
- 자기장에 대한 가우스법칙: 닫힌 면(가우스 면)에 대한 자기선속은 항상 0이다.

19 스피커에서 흐르는 음악이 코일의 진동으로 만들어진다구요?

평행전선 간의 자기력

엘리 엄마는 주말 아침에 음악을 크게 틀어놓고 커피를 한 잔 하는 걸로 한 주간의 피로를 풀곤 한다. 온 집 안에 음악이 흐르면 엘리도 괜히 기분이 좋아져 한없이 늘어지게 된다. 음악을 좋아하는 엘리 엄마가 여러 크기의 스피커를 거실 여기저기에 설치해놓아서 풍부한 음질은 웬만한 카페 못지않다. 오늘도 침대에 누워 음악을 듣던 엘리는 문득 스피커에서 소리가 나오는 것이 신기하다는 생각이 들었다. 궁금증이 날아가기 전에 얼른 스마트폰의 메모장을 열어 바리 교수에게 질문할 목록에 질문 하나를 추가했다.

엘리 울리야. 넌 스피커에서 음악이 흘러나오는 게 신기하지 않니?

울리 뭐가 신기해? 스피커니까 그렇지. 히히-

바리 무슨 얘기를 그리 재미있게 하며 오니?

엘리 아줌마~ 나와계시네요. 스피커 얘기를 하고 있었어요. 주말 아침마다 저희 엄마가 스피커로 음악을 크게 틀어놓으시거든요.

바리 그래? 안 그래도 마침 오늘은 전선들 사이에 작용하는 자기력이야기를 해볼까 했는데 마침 스피커 얘기도 나오니 잘되었네.

울리 스피커의 원리가 자기력하고 관계가 있는 건가요? 방금 엘리도 느닷없이 스피커에서 소리가 나오는 것이 신기하다고 했거든요.

바리 스피커 안에는 영구자석이나 전자석이 들어 있거든. 일단 복습부터 하자. 전류 I가 흐르는 길이 L의 도선이 자기장 $\vec{B}$ 속에 있으면, 두 벡터의 벡터곱인 $I\vec{L}\times\vec{B}$의 자기력이 도선에 작용한다는 것을 지난번에 배웠지?

엘리 네~ 벡터곱의 크기는 두 벡터가 만드는 평행사변형의 면적이라고 알려주셨죠.

울리 자기력의 방향은 전류 방향에도 수직이고 자기장 방향에도 수직이고요. 오른손을 잘 써야 한다고도 하셨어요.

바리 복습을 하고 왔나 보네~ 오늘은 오른손뿐만 아니라 왼손을 이용해도 유용한 규칙을 하나 알려줄게. 오른손을 쓸 경우, 검지가 전류 방향(I), 중지는 자기장 방향(B), 엄지는 자기력 방향(F)이라고 생각하면 되고….

엘리 어? 영어 기호가 '*FBI*'네요?

바리 그렇지? 왼손을 쓸 경우에는 검지가 자기장 방향(B), 중지가 전류 방향(I), 엄지가 자기력 방향(F)이라고 생각하면 돼. 엄지부터 차례로 영어 기호를 이어보면 '*FBI*'니까 기억하기 더 쉽지?

엘리 그렇네요~ 전 왼손이 더 기억하기 좋아요~

바리 이렇게 왼손을 이용하는 경우를 '플레밍의 왼손법칙Fleming's left-hand law'이라고 부르기도 하는데, 굳이 기억할 필요는 없어.

오른손도 이용 가능하니까~

울리 *FBI*! 빠방- 히히- 근데 스피커 안에 자석이 있다고 하셨는데 왜 있는 거예요?

바리 스피커 작동 방식도 많이 발전해서 여러 가지 종류가 있지만, 지금은 SNS 형태의 자석이 들어 있는 아주 간단한 방식을 통해 전기신호가 어떻게 음파로 바뀌는지 설명할게.

엘리 SNS? 소셜 네트워크 서비스요? 히히-

바리 하하- 쓰고 보니 그렇네. 자석 얘기니까 S극, N극을 의미한다는 것은 알고 하는 소리지? 아무튼, SNS 자석은 N극 부분에 코일 모양으로 도선이 감겨 있고, 끝에 떨림판이 연결되어 있어. 이 코일도선에 음악에 해당하는 전기신호가 들어오고 말이야.

엘리 그 전기신호에 따라 코일에 전류가 흐르나요?

바리 그렇지. 자기장은 N극에서 S극을 향하는 방향이니 코일도선에 전류가 흐르면 코일은 자기력을 받게 되는데, 이때 전류의 방향이 바뀌면 자기력의 방향도 바뀌어서 전기신호에 따라 코일은 좌우로 진동하게 돼.

울리 S-N-S극을 갖는 자석을 쓰는 이유가 있나요?

바리 그래야 코일이 같은 방향으로 자기력을 받을 수 있거든. N극 윗부분과 아랫부분의 코일에 흐르는 전류의 방향은 반대인데, 자기장의 방향도 반대여야 같은 방향으로 자기력이 작용할 수 있잖아. 그리고 이렇게 코일이 진동하면 코일에 연결된 떨림판도 같은 패턴으로 진동하며 공기를 진동시키지.

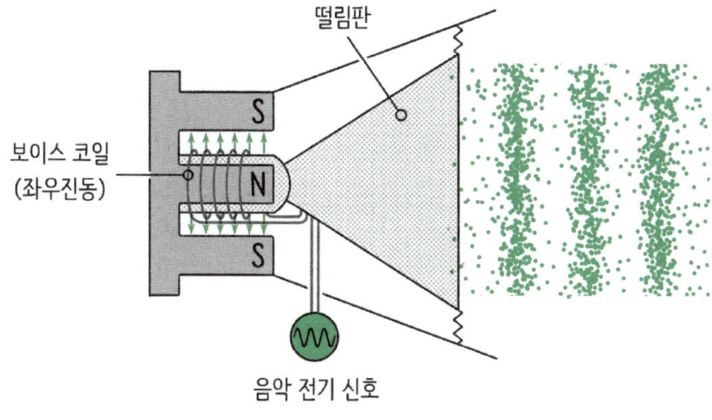

엘리 와~ 전기신호에 따라 공기가 진동하다니 재미있는 원리 같아요~

바리 그렇지? 그럼 이번에는 도선의 공중부양을 시도해볼까?

울리 공중부양이요? 지난번에 개구리 공중부양을 말씀하셨는데(3권 17화 참조), 이번엔 도선을 띄운다고요? 비슷한 원리인가요?

바리 아니~ 그때는 물질의 '반자성'이라는 특성을 이용한 거고, 이번엔 전류가 흐르는 도선 간의 '자기력'을 이용하려는 거야. 전류가 흐르는 도선은 주변에 자기장을 만들고, 자기장 안의 다른 도선에 전류가 흐르면 그 도선은 자기력을 받을 테니 말이야.

울리 아, 전류가 흐르는 두 도선이 가까이 있으면 서로에게 자기력을 작용시키는 거군요.

바리 그렇지. 먼저 같은 방향의 전류 I_1, I_2가 각각 흐르는 도선 2개를 생각해보자. 두 도선은 거리 R만큼 떨어져 있고, 도선의 길이는 R보다 훨씬 길다고 가정하고 말이야. 도선이 아주 길면 도선 근처에서의 자기장의 세기는 전류에 비례하고, 도선을 중심으로 하는 원주의 길이에는 반비례한다는 것을 이용할 수 있거든.

엘리 이때 자기장 방향은 도선을 중심으로 원을 그리는 방향이죠?

바리 맞아. 전류의 방향에 엄지를 놓고 나머지 네 손가락이 돌아가는 방향이 바로 자기장의 방향이지. 그럼 전류 I_1이 흐르는 도선이 R만큼 떨어진 곳에 만드는 자기장의 세기 B_1과 방향을 구해볼까? 그곳에 전류 I_2가 흐르는 도선이 있으니까 말이야.

울리 자기장의 세기는 '전류÷원주의 길이'니까 $B_1 = \frac{I_1}{2\pi R}$이겠죠?

바리 비슷해. 단 간단히 도선들이 진공 중에 있다고 가정하면 비례상수로 진공의 투자율(μ_0)이 들어가야 해. 따라서 $B_1 = \frac{\mu_0 I_1}{2\pi R}$이란다. 이렇게 전류 I_1이 왼쪽에서 오른쪽으로 흐른다면 전류 I_2가 흐르는 도선에서의 자기장의 방향은 어떻게 될까?

엘리 전류 I_2가 흐르는 도선이 아래쪽에 있는 거죠?

바리 그래~ 두 직선도선이 나란하게 위아래로 있는 상황이지.

엘리 그럼 전류 I_1에 오른손을 놓으면 나머지 네 손가락이 만드는 방향은 반시계 방향이 되고, 아래 도선에는 앞에서 뒤로 가는 방향의 자기장이 생기는데요? 맞나요?

바리 잘했어. 그럼 이 자기장 B_1에 의해 전류 I_2가 흐르는 도선이 받는 자기력은 어느 방향일까? FBI를 생각해봐.

울리 전류 I_2의 방향도 오른쪽인 경우니까, 왼손의 중지를 대고, 검지는 앞에서 뒤로 가게 하면 엄지는 위를 향하는데요?

바리 맞아. 전류 I_1이 흐르는 도선 쪽으로 향하는 자기력인 셈이지. 비슷하게 전류 I_2가 흐르는 도선이 I_1이 흐르는 도선에 만드는 자

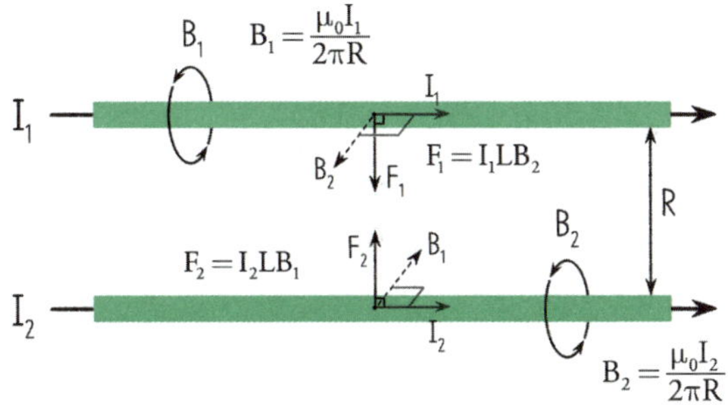

$$F_1 = F_2 = \frac{\mu_0 I_1 I_2 L}{2\pi R}$$

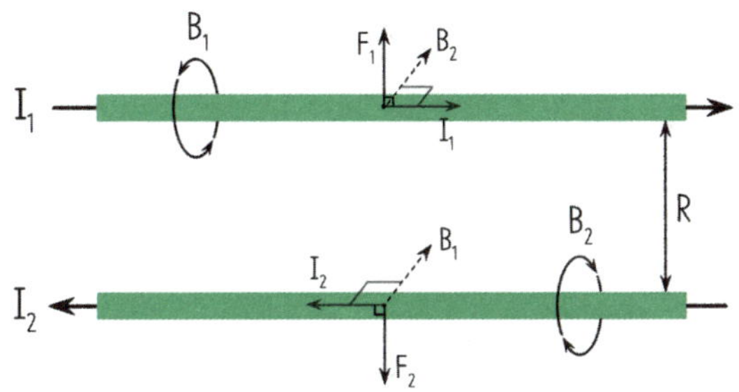

기장의 세기 $B_2 = \dfrac{\mu_0 I_2}{2\pi R}$고, 방향은 도선 뒤에서 앞으로 뚫고 나오는 방향이겠지. I_1이 흐르는 도선이 위에 있으니까 말이야.

울리 자기장 B_2에 의해 전류 I_1이 흐르는 도선이 받는 자기력의 방향을 구해보려 했더니 손가락에 쥐가 나려고 해요~

바리 하하- 이럴 땐 자기장 B_1에 의해 전류 I_2가 받는 자기력과 비교하면 쉬워. 전류의 방향은 같은데 자기장의 방향은 반대니 자기력의 방향도 반대가 될 테니까 말이야.

엘리 아~ 그렇게 이해하면 쉽네요. 그럼 결국 같은 방향의 전류가 흐르는 두 도선은 서로 당기는 자기력을 받는 거예요?

울리 어? 전류 방향이 같은 도선들은 서로 밀치지 않고 잡아당겨요?

바리 전하와 반대지? 반면에 전류가 반대 방향으로 흐를 때는 두 도선 사이에 서로 밀치는 자기력이 작용한단다. 도선의 길이가 똑같이 L일 때 자기력의 크기는 ILB인데, 정확한 식으로 한번 표현해 볼래? I_1 도선이 자기장 B_2에 의해 받는 자기력의 세기 F_1과, I_2 도선이 자기장 B_1에 의해 받는 자기력의 세기 F_2를 말이야.

엘리 $F_1 = I_1LB_2$, $F_2 = I_2LB_1$이요~

바리 자기장을 넣어보면, $F_1 = \dfrac{\mu_0 I_2 I_1 L}{2\pi R}$과 $F_2 = \dfrac{\mu_0 I_1 I_2 L}{2\pi R}$이 되지.

울리 어? F_1과 F_2가 같네요? 크기는 같고 방향은 반대인 자기력이 작용하는 거예요?

바리 맞아. 같은 방향의 전류가 흐르는 두 도선은 같은 크기의 힘으로 서로 끌어당긴다는 뜻이지. 반대 방향의 전류가 흐르는 두 도선도 같은 크기의 힘으로 서로 밀친다는 뜻이고 말이야. 이제 도선의 공중부양에 대해 감이 오니?

엘리 아~ 서로 밀치는 힘을 이용해서 띄운다는 거군요. 도선을 위아래로 놓고 각각에 반대 방향의 전류를 보내서요.

울리 자기력이 도선의 무게만큼 돼야 하는 거죠? 중력이 더 크면 떨어지잖아요.

바리 그렇지. 근데 계산해보면 일반 도선의 무게를 받쳐주는 자기력으로 1cm 정도만 떠 있게 하려 해도 수백 A의 전류를 반대 방향으로 보내야 한다는 결과를 얻지. 그렇게 강한 전류를 만드는 것은 쉽지 않아서 실험실에서 간단히 실험해볼 순 없단다.

울리 아쉽네요. 그래도 공중부양 방법을 2개나 배웠어요~

엘리 아무튼 자기력도 참 신비로운 것 같아요.

바리 더욱 신비로운 것은 자기력의 근원이 사실 전기력과 같다는 것을 아인슈타인이 특수상대성이론을 통해서 보였다는 건데, 너희가 지치지 않고 계속 나를 찾아온다면 상대성이론을 공부할 때가 오겠지? (4권 6화 참조)

울리 와~ 그 말로만 듣던 아인슈타인의 상대성이론을 공부해요?

엘리 지치지 않고 계속 찾아올게요~ 히히.

바리 교수의 물리노트 19

- 전류 I가 흐르는 무한히 긴 도선으로부터 a만큼 떨어진 지점에서의 자기장 세기는 $\frac{\mu_0 I}{2\pi a}$ (μ_0: 진공의 투자율)고, 이때 자기장 방향은 오른손규칙(엄지: 전류 방향)을 따른다.
- 자기장 $\vec{B}$의 영향 아래에서 전류 I가 흐르는 길이 L의 직선도선은 자기력 $I\vec{L}\times\vec{B}$를 받는다.
- 같은(반대) 방향의 전류가 흐르는 두 개의 긴 도선이 가까이 있을 때 이 둘은 같은 크기의 자기력으로 서로 끌어당긴다(밀친다).

20 자기장 속 고리 도선에 전류가 흐르면 고리 도선이 회전한다구요?

모터의 원리

직장 일로 늘 바쁜 엘리 엄마는 웬만한 생필품은 모두 온라인마켓에서 구입하고, 주말에는 홈쇼핑 프로그램도 종종 시청한다. 지난 주말에는 홈쇼핑에서 전동 에어브러시 광고를 보고선 바로 구매했는데, 마침 오늘 도착했다. 한 번 써보니 너무 편하다는 엄마의 말씀에 엘리도 사용해보았는데, 과연 롤브러시가 자동으로 돌아가서 원하는 헤어스타일을 쉽게 만들 수 있었다. 이런 발명품이 왜 이제 나왔을까 감탄하며 엘리는 바리 교수의 집으로 갔다.

바리 오늘 엘리 머리가 찰랑찰랑하니 예쁘네~

엘리 그래요? 엄마가 새로 산 전동 에어브러시로 힘 좀 줘봤죠. 히히- 롤브러시가 버튼만 누르면 자동으로 돌아가며 머리를 말아줘서 아주 편하더라고요.

바리 아줌마도 얼마 전에 구입해서 쓰고 있는데, 진짜 편하지?

울리 아, 저만 모르는 얘기잖아요. 지금부터 머리를 길러볼까요?

바리 (에어브러시를 가져오며) 이렇게 생긴 거야. 드라이기처럼 바람도 나오고, 이 버튼을 누르면 둥근 빗도 돌아가는 거지. 예전엔 손으로 빗을 돌려야 했는데, 이젠 버튼만 누르고 있으면 되니 얼마나 편한지 몰라.

울리 아~ 돌아가는 걸 보니 안에 모터가 들어 있겠네요.

바리 좋아. 오늘 공부 주제는 모터로 하자.

엘리 그럴 줄 알았어요~ 히히-

바리 '모터motor'는 우리말로는 '전동기'라고 하는데, 전기에너지를 역학적 에너지로 바꿔주는 대표적인 장치지. 선풍기, 청소기, 냉장고 등에도 들어 있고, 심지어 핸드폰 속에도 작은 모터가 들어 있어서 진동 모드로 설정할 수 있단다.

울리 움직이는 장난감에도 모두 모터가 들어 있고요.

엘리 새삼 모터가 안 쓰이는 곳이 없다는 생각이 드네요~ 근데 작동 원리는 생각해본 적이 없어요. 아니, 솔직히 궁금해하지도 않았던 것 같아요.

바리 지금 모터 얘기를 하려고 하는 것은 너희가 작동 원리를 이해할 수 있는 기본 내용들을 이미 다 배웠기 때문이야. 전류가 흐르는 도선이 자기장 안에 있을 때 받는 힘과 돌림힘만 알면 되거든.

울리 앗, 이럴 줄 알았으면 돌림힘 복습 좀 하고 오는 건데 그랬어요.

바리 괜찮아. 또 이렇게 나오니 함께 복습하면 되는 거지. 돌림힘은 '회전축으로부터 힘이 작용하는 지점까지의 수직거리×힘'이야. 즉 수직거리는 힘과 직각을 만들지. 또는 돌림힘은 '회전 중심으로부터 힘이 작용하는 지점까지의 위치벡터와 힘의 외적(벡터곱)'이기도 하고 말이야.

엘리 자기장 속에서 도선이 받는 자기력은 지난번에 배워서 알겠는데, 회전축은 어디에 있어요? 그냥 자기력 때문에 도선이 약간 휘는 거 아니에요?

바리 지난번에 자기장 때문에 전류가 흐르는 도선이 자기력을 받는다는 얘기를 할 때는 직선도선을 가정해서 전류의 방향이 일정했지? 전류가 흐르는 도선은 자기장 속에서 전류 방향과 자기장 방향 모두에 수직한 방향의 자기력을 받는다고 했고.

울리 그럼 직선도선이 아닌 다른 모양의 도선을 넣어요? 복잡해지겠네요?

바리 먼저 쉽게 이해하기 위해서, 직선도선을 구부려 ㄩ-형을 만들었다고 생각해봐. 그리고 자기장은 모든 곳에서 ㄩ-형 도선의 구부러진 아랫부분과 나란한 방향이라고 가정하고 말이야.

울리 어? 전류 방향과 자기장 방향이 나란하면 자기력이 없잖아요?

바리 그렇지. 그래서 일부러 그런 경우를 생각해보라고 한 거야. 구부러진 아랫부분에는 힘이 작용하지 않고 나란한 양옆의 도선 부분에만 힘이 작용하도록 말이야. 이제 도선의 나란한 부분에 작용하는 힘의 방향을 한번 비교해봐.

울리 전류 방향은 어떻게 되는데요?

바리 자기력의 방향만 비교하는 것이니 상관없어. 그럼 먼저 도선의 나란한 부분에서의 전류 방향을 비교해볼래?

울리 ㄩ-형이니 들어갔던 전류가 돌아서 나오는 거라 나란한 부분의 전류 방향은 서로 반대군요.

엘리 그럼 자기력의 방향도 서로 반대겠네요. 자기장은 모든 곳에서 같은 방향이니까요.

울리 어? 그럼 도선에 작용하는 알짜힘이 0이네요?

바리 그렇지. 자기력의 크기는 같고 방향은 반대니까 알짜힘은 0이지. 근데 돌림힘은 0이 아니고 말이야. 이렇게 핸드폰의 정면을 바라보며 양손으로 잡고 있다가, 오른손은 뒤쪽으로 밀고 동시에 왼손은 앞쪽으로 당기면 핸드폰이 돌아가는 것과 같은 거지.

울리 돌림힘! 근데 방금 그 핸드폰의 경우에는 돌림힘의 방향이 어떻게 되는 거죠?

바리 핸드폰이 반시계 방향으로 돌아가는 상황이니까 돌림힘은 위쪽을 향하지. 오른손의 엄지가 돌림힘의 방향이고 나머지 네 손가락은 회전하는 방향이니까 말이야.

엘리 그럼 ㄩ-형 도선에서 회전축은 어디예요?

바리 도선 중앙을 지나며 자기력을 받는 도선과 나란한 선이 회전축이 되어서, 자기력의 방향에 따라 시계 방향이나 반시계 방향으로 회전하게 된단다.

엘리 근데 돌림힘 때문에 돌게 되면 도선의 위치가 달라질 텐데 계속 같은 방향으로 도는 돌림힘이 작용하나요?

바리 훌륭한 질문이야. 이제 복잡해져서 좀 더 정확하게 볼 필요가 있으니 그림을 그려가며 살펴보자. 왼쪽에 N극, 오른쪽에 S극

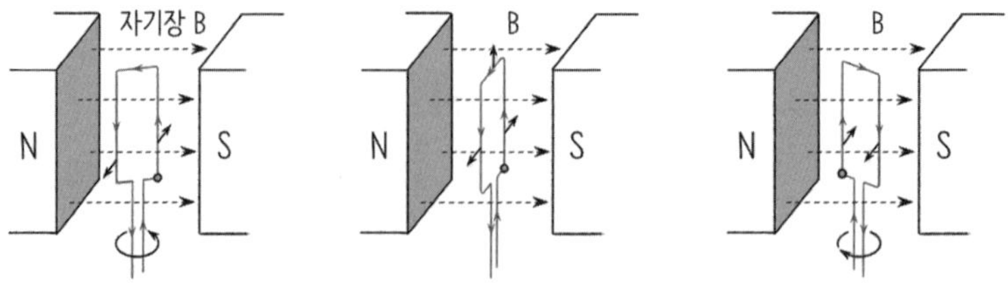

〈 반시계 방향 회전 〉 〈 돌림힘 = 0 〉 〈 시계 방향 회전 〉

이 있어서 왼쪽에서 오른쪽을 향하는 일정한 자기장을 그린 후, 그 사이에 네모 도선을 넣어봐.

울리 전류 방향도 정해주세요. *FBI* 좀 써보게요.

바리 전류는 도선을 따라 반시계 방향으로 흐른다고 생각하고 해봐.

울리 그럼 왼손 *FBI*를 써서, 검지를 자기장 방향, 중지를 전류 방향으로 하면 자기력이 엄지니까 N극 쪽 도선에서는 자기력이 앞을 향하고 S극 쪽 도선에서는 뒤를 향하네요.

엘리 그래서 도선은 반시계 방향으로 돌기 시작하고요.

바리 그럼 90° 회전한 위치를 생각해보렴. 자기장, 전류, 자기력의 방향은 여전히 모두 서로 수직인 방향이지만 도선의 위치가 바뀌어서 이제 자기력이 돌림힘을 만들지 않게 되는데…. 자기력의 방향은 여전히 앞뒤를 가리키지만, 도선이 돌았기 때문에 돌림힘이 생기지 않지.

울리 아까처럼 핸드폰을 갖고 해본다고 치면 어떻게 된다는 거예요?

바리 핸드폰의 정면을 보다가 반시계 방향으로 90° 돌리고 왼손은 앞쪽으로, 동시에 오른손은 뒤쪽으로 당기는 상황이야. 이 상황에서는 양손 다 아무리 세게 당겨도 핸드폰은 돌지 않지.

울리 어? 그럼 돌다가 멈추나요?

바리 관성 때문에 한순간에 정지하지는 못하고 약간 더 돌 수 있는데, 그러면 문제가 더욱 복잡해져. 뒤쪽으로 작용하는 자기력을 받는 도선이 회전하여 S극에서 N극 쪽으로 이동했기 때문에 처음과 달리 시계 방향으로 도는 돌림힘을 만들거든.

엘리 아, 그럼 어떡해요? 한 방향으로 계속 도는 것이 아니잖아요?

울리 주기를 잘 맞춰 전류 방향을 바꿔주면 어때요? 그럼 계속 한 방향으로 돌 수 있을 것 같아요. 전류 방향을 바꿔주면 돌림힘의 방향도 바뀌잖아요.

엘리 오? 기발한데?

바리 맞아. 바로 그렇게 모터를 만든단다. 직류전동기의 경우는 물리적으로 연결 부분에서 전류의 방향을 바꿔줘야 하지만, 교류전동기는 발전소에서 만드는 전류가 교류니까 전원에 바로 연결해서 사용할 수 있는 장점이 있지.

울리 아하, 교류는 전류의 방향이 계속 바뀌니까 그대로 이용할 수 있으니, 교류전동기가 훨씬 유용하겠어요.

바리 음~ 꼭 그렇진 않아. 전철이나 승강기 등에는 12V 정도의 전압에서 작동하는 소형 직류전동기를 많이 쓰는데, 그 이유는 바로 속도나 돌림힘 제어가 용이하기 때문이지. 전동기도 종류가 아주 많지만 기본적인 원리는 '전류가 흐르는 고리 모양의 도선이 자기장 속에서 회전할 수 있다'는 거야.

엘리 기본 원리나 잘 이해하라는 말씀이죠?

바리 그렇지. 하하- 복습 하나 할까?

울리 예전에 배운 것을 자꾸 물어보시면 불안해요.

바리 물리학의 기본 개념들은 배울 때만 알면 되는 것이 아니라서 그래. 계속 반복해서 나오거든. 물리학을 더 깊이 공부한다고 해도 지금 우리가 하고 있는 기본적인 내용을 토대로 해야 하는 거야. 앗, 잔소리를 하고 말았네. 하하-

엘리 네~ 새겨 듣겠습니다! 복습 내용이 뭔데요?

바리 자기장 안에서 회전하는 고리 도선에 바늘 침을 달면 전류를 측정하는 전류계도 될 수 있고, 전압을 측정하는 전압계도 될 수 있어. 그럼 만약 특정한 전기회로의 전류를 측정하려고 한다면 전류계를 그 회로에 직렬로 연결해야 할까, 병렬로 연결해야 할까?

울리 직렬로 연결해야 회로의 전류를 측정할 수 있을 것 같아요. 병렬이면 전류가 나뉘어서 위치마다 다르게 되잖아요.

바리 잘했어. 병렬연결에서는 회로의 전압이 같으니까 전압계는 병렬로 연결해야 하고 말이야. 그럼 전류계나 전압계의 저항은 큰 것이 좋을까, 작은 것이 좋을까?

울리 저항은 무슨 관계예요?

바리 전류계나 전압계의 저항 때문에 회로 전체의 저항이 영향을 받으면 원래 회로에 대한 정확한 측정을 할 수 없거든. 직렬연결과 병렬연결에서의 전체 저항을 복습하는 거야. 고리 도선이 나와서 전류계와 전압계 얘기를 하다 보니 말이야.

엘리 아~ 직렬연결에서 전체 저항은 모든 저항의 합이고, 병렬연결에서 전체 저항은 모든 저항의 역수의 합의 역수죠~

울리 헉. 너무 자연스럽게 나온다~

바리 하하- 그럼 전류계의 내부 저항은 작을수록 전체 저항에 영향을 주지 않겠지? 직렬연결해서 사용하니까 말이야.

울리 네~ 그럼 전압계의 저항은 클수록 좋겠네요? 무조건 반대일 테니까요~ 헤헤.

바리 맞아. 반면에 병렬연결에서는 저항의 역수를 더해야 하는데, 저항이 클수록 역수는 작아지니까 전체 저항에 영향을 덜 주지. 그래서 정확한 측정을 위해 전류계는 내부 저항이 거의 없어야 하고, 전압계는 내부 저항이 아주 커야 해.

엘리 우리가 배운 것들이 이렇게 실생활에 이용되는 것이 신기해요~

바리 교수의 물리노트 20

- 모터motor(전동기): 전기에너지를 역학적 에너지로 바꾸는 장치.
- 전류가 흐르는 고리 모양 도선이 자기장 속에서 받는 자기력은 돌림힘을 만들고, 이 힘으로 도선이 회전할 수 있다. 모터, 전류계, 전압계 등이 이러한 원리를 이용한 것이다.

21 입자가속기로 암을 진단하고 치료도 할 수 있다구요?

사이클로트론

최근 울리네는 한동안 집 안에 우울한 분위기가 감돌았다. 울리를 아주 예뻐하시던 하나뿐인 외삼촌, 즉 울리의 엄마의 오빠가 대장암 확진을 받았기 때문이다. 상태가 심각하다는 의사 소견을 듣고 울리 엄마는 외삼촌이 입원해 있는 병원을 오가며 늘 침울한 상태였는데, 얼마 전 수술이 성공적으로 끝났고 조직검사 결과 항암치료를 하지 않아도 된다는 이야기를 듣고 울리네 가족과 친척들은 모두 기적이 일어났다며 기뻐했다. 울리도 오랜만에 가벼운 마음으로 바리 교수를 찾아갔다.

바리 외삼촌의 대장암 수술 경과가 좋다니 정말 다행이구나.

울리 네~ 수술 전에는 상태가 심각하다고 했었는데 금방 건강을 되찾으셔서 정말 신기하고 다행이에요.

엘리 우리 아빠는 췌장암으로 돌아가셨는데….

바리 엘리가 어렸을 때 힘든 일을 겪었구나.

울리 나도 기억나. 한동안 학교도 못 오고 그랬었지.

엘리 에이, 괜히 저 때문에 분위기만 이상해졌네요. 췌장암은 일반 검사로는 발견이 잘 안 되고 '페트'라는 굉장히 비싼 검사를 해야 한다고 하더라고요.

바리 췌장이 척추뼈 쪽에 있어서 일반 검사로는 잘 안 보인다고 하더구나. '양전자 방출 단층촬영'이란 뜻의 PETPositron Emission Tomography는 양전자를 방출하는 방사성 원소를 이용해 3차원 영상을 만드는 장치인데, 여기서의 방사성 원소는 바로 사이클로트론Cyclotron이라는 입자가속기를 이용해 만들지.

울리 '입자가속기'가 뭔데요?

바리 전하가 있는 입자를 가속시켜서 큰 운동에너지를 갖게 하는 기계야. 원자핵을 연구하는 데 크게 기여를 해왔는데, 요즘은 암 진단이나 치료에도 많이 활용하고 있지. 원리는 우리가 배웠던 내용으로도 이해할 수 있고 말이야.

엘리 와~ 어떤 원리요?

바리 자기장($\vec{B}$) 안에서 움직이는 전하($q\vec{v}$)가 받는 힘, 기억나지? 자기장 얘기를 처음 했을 때 했던 것, $\vec{F}=q\vec{v}\times\vec{B}$ 말이야.

울리 움직이는 전하가 받는 힘은 $q\vec{v}$와 자기장의 외적으로, 전선이 받는 힘은 $I\vec{L}$과 자기장의 외적으로죠~

엘리 전류가 흐르는 도선이 받는 자기력에서, 다시 움직이는 전하가 받는 자기력으로 가는 거네요?

바리 그런 셈이지. 일정한 자기장 속에 수직으로 입사한 전하는 어떤 방향의 힘을 받고 어떤 운동을 할지부터 생각해보자. 방향이 중요하니까 자기장은 이 책을 수직으로 뚫고 앞에서 뒤로 들어가는 방향이고, 양(+)전하는 왼쪽에서 오른쪽으로 움직인다고 가정해.

울리 여기서도 왼손이나 오른손 *FBI*를 쓸 수 있나요?.

바리 항상 쓸 수 있지. 양(+)전하가 움직이는 방향이 전류의 방향이니까, 양(+)전하의 속도 방향은 전류의 방향과 같지만, 음(–)전하의 속도 방향은 전류의 방향과 반대라는 것만 조심하면 말이야.

울리 그럼 또 왼손 *FBI*를 써볼게요. 저는 엄지부터 차례로 *FBI*를 쓸 수 있어서 왼손이 더 편한 것 같아요. 검지가 자기장이니 탁자에 놓인 책을 뚫고 지나가는 방향으로 놓고, 중지는 양(+)전하의 속도 방향이니까…. 엄지는 위쪽을 가리키네요.

바리 잘했어. 그럼 양(+)전하는 어느 방향으로 움직일까?

울리 위쪽으로요. 위쪽으로 힘을 받으니 위쪽으로 가속운동을 해야 하잖아요.

엘리 근데 처음에 오른쪽으로 움직이고 있었으니까….

울리 아~, 위쪽으로 휘겠구나! 오른쪽으로 가는데 위에서 잡아당기는 거니까요.

바리 그렇지? 그럼 그 새 위치에서 작용하는 자기력은 양(+)전하의 운동을 어떻게 바꿀까? 새 위치에서의 속도 방향은 처음과 다르니까 자기력의 방향도 바뀌겠지? 새 속도에 수직인 방향으로 말이야.

울리 음~ 또 휘네요.

엘리 계속 그렇게 휘는 것은 원운동 아니에요?

바리 맞아. 일정한 자기장에 수직으로 들어온 전하가 자기장과 속도에 수직인 자기력으로 인해 속력은 변하지 않고 방향만 변하는 운동을 하게 되는데, 결국 원을 그리며 돌게 된다는 뜻이지.

엘리 그럼 반시계 방향으로 돌겠네요?

바리 우리가 가정한 자기장과 속도의 방향에서 양(+)전하는 반시계 방향으로, 음(–)전하는 시계 방향으로 돌게 되지.

엘리 그럼 이 경우 자기력이 구심력이라고 얘기해도 되겠군요.

울리 윽, 구심력이 다시 나와요?

바리 하하하- 배운 것은 계속 나온다고 했잖아. 원운동하는 물체에는 구심력이 작용하고 있는 거니까 이 경우 자기력이 바로 구심력이지. 그럼 전하가 자기장 안에서 만드는 원의 반지름을 구해볼까? '원운동의 구심가속도의 크기는 속력의 제곱에 비례하고 반지름에 반비례한다'는 것을 이용해서 말이야. (1권 24화 참조)

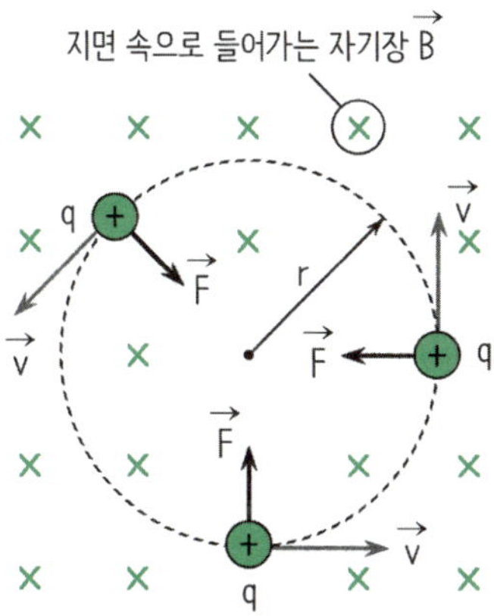

울리 역시 식으로 표현해야 쉽게 반지름을 구할 수 있을 것 같아요.

바리 드디어 울리도 식이 편해진 건가? 반지름 r, 속력 v, 질량 m, 전하량 q, 자기장 B의 기호를 사용하면 $qvB=\frac{mv^2}{r}$이 되니까 $r=\frac{mv}{qB}$가 된단다.

엘리 반지름이 자기장과 반비례하네요?

바리 무겁고 빠를수록, 또 전하량과 자기장의 세기가 작을수록 큰 원을 그린다는 거지. 그럼 각속력 ω는 어떨까? 원운동에서 $v=r\omega$니까(1권 25화 참조), $\omega=\frac{qB}{m}$가 되겠지? 식에서 보듯이 각속력은 전하의 속력이나 원의 반지름과는 관계없단다.

울리 엥? 아무리 빨리 자기장에 들어와도 회전 속력이 같다고요?

바리 맞아. 신기하지? 전하가 자기장 안에서 한 바퀴 도는 데 걸리는 시간을 주기 T라고 하면, 이 주기 역시 전하의 속력과 관계가 없다는 것을 알 수 있어. 원주 $2\pi r$을 속력 v로 나누면 주기 $T=\frac{2\pi m}{qB}$이 되니까 말이야.

엘리 자기장이 세면 빨리 돌아서 주기가 짧아진다는 거네요.

바리 그렇지. 같은 세기의 일정한 자기장에 수직으로 들어온 전하의 속력이 클 때는 큰 원을 그리지만 빨리 움직이고, 속력이 작을 때는 작은 원을 그리지만 천천히 움직이기 때문에 한 바퀴를 도는 데 걸리는 시간은 같다는 것이고 말이야.

울리 아~ 그렇게 이해할 수 있겠네요.

바리 이렇게 자기장 안에서 전하의 원운동 주기가 속력 및 반지름과 관계가 없다는 것을 이용한 것이 입자가속기 사이클로트론이야.

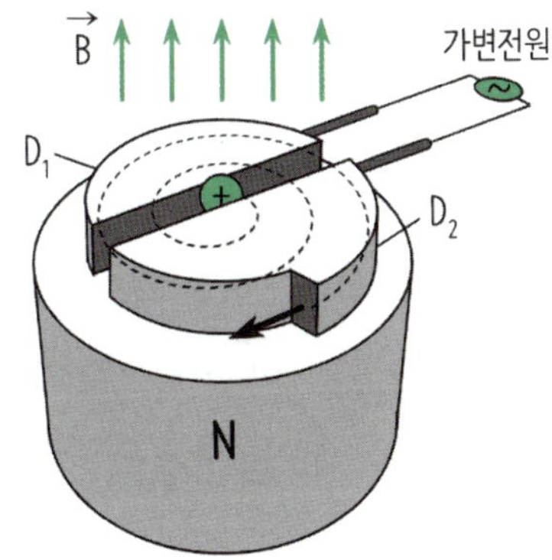

그래서 $\omega = \dfrac{qB}{m}$를 사이클로트론 진동수라고도 부른단다.

엘리 어떻게 이용되는 건지 모르겠어요….

바리 사이클로트론의 구조는 D자형 통 2개를 약간 떨어뜨려 자석의 N극 위에 올려놓은 것과 유사한데, 이 반쪽 원통이 D자를 닮았다고 정말 '디dee'라고 부른단다. 그리고 2개의 디는 가변전원에 연결되어 전하가 한쪽 디에서 다른쪽 디로 넘어갈 때마다 전기위치에너지를 얻어 속력이 커지게 하는 구조야.

울리 가변전원이 뭐예요?

바리 전위차의 방향을 바꿔주는 거지. 한쪽 전위가 다른 쪽보다 높았다가 낮았다가 할 수 있게 말이야.

울리 흠…. 뭔가 그게 핵심 같아요~

바리 하하- 디 사이의 전위차로 전하를 가속시킨다고 했잖니? 이때 전위가 높은 디에서 전위가 낮은 디로 가며 가속되는 것은 쉬운데, 반 바퀴를 돌고 나면 전위가 낮은 디에서 전위가 높은 디로 점프해야 하는 상황을 만나잖아?

엘리 어? 그렇네요?

바리 그 순간에 가변전원의 방향을 바꿔서 낮은 전위의 디에서 돌던 전하가 반 바퀴 움직였을 때는 다른쪽 디의 전위보다 높은 전위에 있게 만드는 거지. 전하의 속력에 관계없이 주기가 같으니까 1/2-주기마다 전원의 방향을 바꿔줘서 계속 더 큰 원을 그리며 돌게 만드는 거야.

울리 와~ 기발하네요. 전하는 계속 원운동을 하지만 갭을 지날 때마다 속력이 빨라져서 결국 더 큰 원을 그리고, 그러다가 큰 에너지로 빠져나온다니요.

바리 그렇지? 그럼 가속되어 나오는 전하의 운동에너지를 구해볼까? 디의 반지름을 R이라고 가정하고 말이야.

울리 엘리 조교~ 계산! 히히-

엘리 이그! 운동에너지는 $\frac{1}{2}mv^2$이고 $R=\frac{mv}{qB}$니까, 결국 운동에너지는 $\frac{(qBR)^2}{2m}$이네요.

바리 잘했어. 디의 반지름이 클수록 양쪽 디로 점프하는 횟수가 많아지니까 운동에너지가 커지고, 물론 자기장을 세게 해도 운동에너지는 커지지. 전하의 속력이 너무 커지면 상대론적 효과를 고려해야 하는 복잡함이 있긴 하지만 입자가속기의 기본 원리는 이해했지?

엘리 네~ 근데 전하가 자기장에 수직으로 들어가지 않으면 어떻게 돼요?

바리 수직이 아닌 경우는 전하의 속도를 자기장에 수직한 부분과 수평한 부분으로 분해해서 생각하면 돼. 수직 성분은 전하를 원운동시키는 자기력을 만들지만, 수평 성분은 자기력을 만들지 못하니까 전하는 자기장과 수평한 방향의 속력은 유지하지.

울리 그게 무슨 운동이에요?

바리 돌면서 진행하는 거라 자기장을 중심으로 나선형을 그리며 움직이게 된단다. 그럼 이제 조금 쉬었다가 지구자기장이 어떻게 우주선cosmic ray으로부터 지구를 지켜주는지 얘기해줄게.

바리 교수의 물리노트 21

- 일정한 자기장(B)에 수직으로 입사한 전하(qv)는 반경 $r = \frac{mv}{qB}$, 각속력 $\omega = \frac{qB}{m}$, 주기 $T = \frac{2\pi m}{qB}$의 원운동을 한다. ω는 '사이클로트론 진동수'라고 부른다.
- 사이클로트론Cyclotron: 입자가속기의 일종으로, 자기장 속에서 원운동하는 전하의 주기가 전하의 속력 및 원궤도 반지름에 무관하다는 성질을 이용하여 전하의 운동에너지 $\frac{1}{2}mv^2 = \frac{(qBR)^2}{2m}$을 조정한다.

22 전하가 마그네틱 보틀 안에 갇혀 있다구요?

밴 앨런 복사대/오로라

바리 교수는 엘리와 울리를 데리고 마당으로 나가서 애플민트 잎을 같이 따자고 했다. 아파트에 사는 엘리와 울리는 바리 교수 집 마당에 늘 여러 꽃과 풀들이 있는 것이 신기했는데, 사방에 널려 있는 이 풀들이 허브의 일종인 애플민트인지는 몰랐다. 애플민트는 번식력도 좋고 추위에도 강해서 겨울에도 죽지 않는단다. 바리 교수가 각자 딴 애플민트로 시원한 주스를 만들어줄 테니 원하는 만큼 따라고 하며 연한 잎들로 골라 따는 시범을 보여주었다.

바리 애플민트를 잠시 식초 물에 담가 소독하는 동안 라임을 잘라 넣고, 설탕도 조금 넣고…. 너희는 좀 달달한 걸 좋아하지?

엘리 네에~~

울리 저도 달달하게 해주세요~~

바리 오케이~ 그럼 너희 것은 설탕을 듬뿍 넣고, 이제 애플민트도 듬뿍 넣고 마구 찧는 거야.

엘리 즙이 잔뜩 생겼네요.

울리 이 즙만 마시는 것은 아니겠죠?

바리 여기에 탄산수를 넣고 이렇게 얼음까지 넣어야지. 자, 마셔봐. 라임민트 주스~ 마시면서 우리 오로라 동영상이나 좀 볼까?

울리 갑자기 오로라를요? 오늘 공부와 관련이 있는 거군요?

바리 당연하지. 하하-

엘리 전 오로라가 정말 신기한 것 같아요. 광활한 하늘에서 저런 신비로운 현상이 절로 일어나다니요. 아줌마는 남극이나 북극에 가보셨어요?

바리 아니, 못 가봤어. 가본 사람들이 꼭 가보라고는 하더구나. 하지만 오로라를 직접 보지는 못했더라도 왜 그런 현상이 일어나는지 설명해줄 수는 있지. 그 전에 '마그네틱 보틀magnetic bottle'이라는 효과에 대한 이야기부터 시작하려고 해.

엘리 마그네틱 보틀? 자석으로 된 병인가요?

바리 그건 아니고, 자기장이 병 모양이라서 붙은 이름이야. 간단하게 같은 방향의 전류가 흐르는 두 고리 도선을 나란히 떨어뜨려 놓고 도선 사이의 자기장을 그려보면, 도선에 가까운 양 끝에서는 자기장이 강하고 중간에서는 약하겠지? 이때 자기장의 세기를 등고선처럼 그리면 어떻게 될까?

울리 자기장이 센 곳은 촘촘히, 약한 곳은 듬성듬성 그려야겠죠.

바리 그럼 양 끝의 고리 도선 쪽보다 가운데가 더 볼록하게 그려질 거라는 것도 상상되지? 위아래는 가늘고 가운데는 볼록한 병 모양으로 말이야.

울리 아, 그렇네요. 근데 그런 자기장을 만들어 뭐에 써요?

바리 신기하게도 잘 조정된 속도의 전하를 이런 자기장 안에 넣어주면 전하가 자기장을 따라 왕복 나선 운동을 계속하게 된단다. 즉 전하가 마그네틱 보틀 안에 갇혀 있게 되는데, 핵융합 발전에 이용되는 장치야.

울리 전하를 자기장 안에 가둬둔다고요? 갑자기 어릴 때 파리나 모기를 잡아 병에 가둬놓고 놀던 생각이 나네요. 히히-

바리 그래? 아무튼 이렇게 자기장에 전하가 갇힐 수 있는 원리 때문에 우리 지구가 태양풍solar wind이나 우주선cosmic ray(우주로부터 지구로 날아오는 고에너지 입자들)에 의한 고에너지 전하들로부터 더욱 안전할 수 있는 거란다.

엘리 지구자기장이 마그네틱 보틀이에요?

바리 지구자기장은, 극지방에서는 강하고 적도 부근에서는 약해서 마그네틱 보틀과 유사해. 그래서 태양이나 우리 태양계 밖에서 온 대전된 입자들이 지구자기장에 의해 갇히는 영역이 생기는데, 이를 '밴 앨런 복사대Van Allen radiation belts'라고 부르지.

울리 밴 앨런Van Allen도 과학자 이름이겠죠?

바리 맞아. 미국의 물리학자고, 1958년에 지구 주위에 대전입자들로 구성된 2개의 띠가 있다는 것을 발견해서 이 띠에 그의 이름을 붙인 거야.

엘리 큰 에너지를 갖는 대전입자들이 지구 위에 갇혀 있어서 지구로 떨어지지 못해 우리가 안전한 거라는 거군요.

〈 마그네틱 보틀 〉

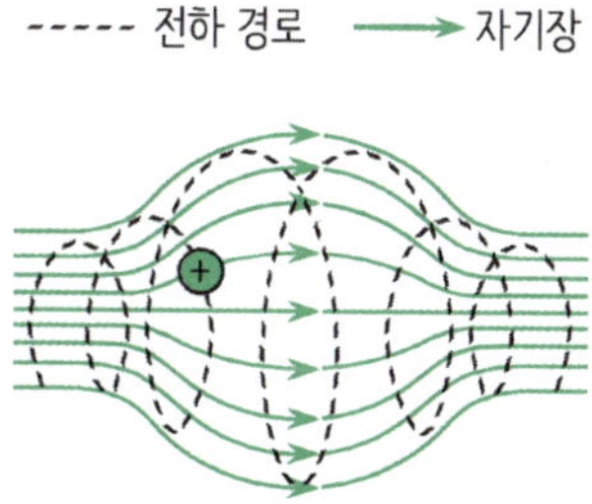

〈 밴 앨런 복사대 〉

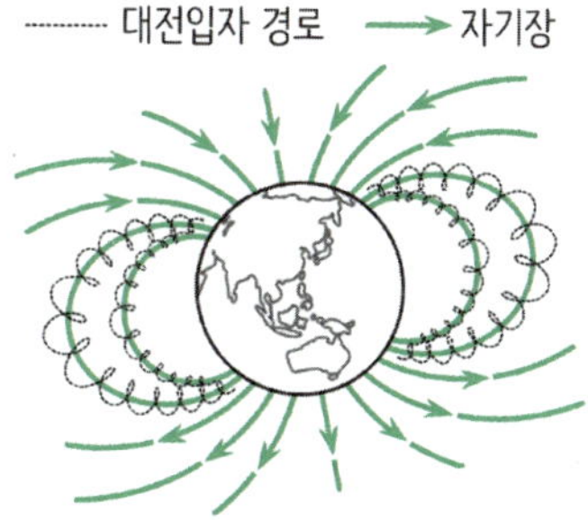

울리 지구로부터 얼마나 높이 있는데요?

바리 지구에 가까운 복사대인 내층inner belt은 지구 표면에서 약 1,000~6,000km까지 차지하고, 먼 복사대인 외층outer belt은 지구 표면에서 약 13,000~60,000km까지 차지하고 있지.

울리 와~ 지구 주변이 전하들로 둘러싸여 있다니 신기해요.

바리 또, 내층에는 주로 수백 keV(킬로전자볼트)의 에너지를 갖는 전자들과, 이보다 1,000배는 큰 100MeV(메가전자볼트)의 에너지를 갖는 양성자들이 갇혀 있고, 외층에는 주로 0.1~10MeV의 에너지를 갖는 전자들이 갇혀 있단다.

엘리 keV, MeV도 에너지 단위인가요? 처음 보는 것 같아요.

바리 아, 설명한 적이 없구나. 에너지 단위가 맞아. eV는 '일렉트론 볼트electron volt(전자볼트)'라고 읽는데, 전자가 1V의 전위차를 거슬러갈 때 한 일에 해당하는 에너지가 1eV야. 우리가 보통 사용하는 에너지 단위 J로 쓰면, $1\text{eV} = 1.6 \times 10^{-19}\,\text{J}$이란다.

엘리 k는 '킬로'를 나타내는 거였군요.

바리 그래. k는 1,000을 나타내는 '킬로', M은 100만을 나타내는 '메가'를 의미해.

울리 에너지 단위도 여러 가지를 쓰네요.

바리 전기에너지를 의미할 때는 eV를 자주 사용한단다.

엘리 근데 그렇게 큰 에너지를 가진 전하들이 지구를 둘러싸고 있는 것을 상상하면 무섭기도 해요.

바리 사실 대부분의 대전입자들은 지구자기장에 의한 자기력으로 휘어서 지구 대기권까지 들어오지 못하고 일부가 들어오는 건데, 이 일부 대전입자는 지구자기장에 갇혀서 밴 앨런 복사대에 있으니 지구는 상당히 안전한 상태지.

울리 우주비행을 할 때나 인공위성들은 밴 앨런 복사대를 지나가야 하지 않나요?

바리 맞아. 그게 우주비행이나 인공위성 프로젝트에서 해결해야 하는 중요한 문제 중 하나야. 1969년에 인류의 달 착륙을 성공시킨 '아폴로 11호 프로젝트'로 인류가 처음 밴 앨런 복사대를 통과했는데, 이때 내층은 피해 갔고, 외층은 가장 얇은 부분으로 지나갔다고 해.

엘리 예전에 달에서 망치와 깃털을 떨어뜨리는 실험 동영상 보여주셨던 게 생각나네요. 그게 바로 아폴로였죠? (1권 3화 참조)

바리 맞아. 그건 '아폴로 15호'였지.

엘리 그럼 아까 보여주신 그 아름다운 오로라는 뭐예요?

바리 음~ 극지방으로 떨어지는 전하들이 있다면 이 전하들의 운동이 어떻게 될까 생각해볼래? 오로라가 극지방에서 일어나는 것과 연관이 있으니까 말이야.

울리 극지방으로 떨어지는 전하들은 지구자기장과 거의 나란하게 움직이는 것 아닌가요?

엘리 아, 그럼 자기장과 나란한 방향으로 움직이는 전하에는 자기력이 작용하지 않을 테니 휘지도 않고 그냥 떨어지겠네요?

바리 그렇지. 주로 태양풍에 의해 지구자기장이 교란되어 밴 앨런 복사대에 갇혀 있던 대전입자들이 빠져나와 대기권으로 진입하게 되는데, 특히 극지방 부근에서는 밴 앨런 복사대가 지구와 가장 가깝고 자기력을 거의 받지 않아 더욱 쉽게 대기권으로 들어오게 되거든.

엘리 그렇게 대기권에 들어온 대전입자들이 빛을 내나요?

바리 맞아. 대전입자들은 고에너지 전자와 양성자들이니까 공기 분자들과 충돌해서 빛을 내는데, 이때 나오는 다양한 가시광선이 신비롭게 보이는 오로라를 만드는 거지.

울리 태양풍은 또 뭐예요?

바리 태양풍은 코로나라고 불리는 태양의 대기층에서 방출되는 전자, 양성자, 알파입자(헬륨 원자핵) 등의 흐름을 뜻하는 거야. 이런 대전입자들 중 에너지가 큰 것들은 태양 중력을 이기고 빠져나와 지구까지 와서 지구자기장에 영향을 주지. 태양풍이 대전입자들의 흐름인데, 대전입자들은 전기장과 자기장을 만들어서 지구자기장은 항상 태양풍의 영향을 받고 있는 거란다.

엘리 와~ 지구자기장도 복잡해지네요.

바리 앗, 너무 깊이 들어갔나? 밴 앨런 복사대나 오로라 현상 등도 아직까지는 과학적으로 밝혀지지 않은 것이 많다고 해. 밴 앨런 복사대의 내층은 그런대로 안정적인데, 외층은 태양의 활동과 더욱 밀접한 관계가 있어서 변동이 많다는 것이 관련 학자들의 예측이란다.

울리 그럼 태양풍이 지구자기장을 엄청 망가뜨려서 극지방이 아닌 곳에서 오로라가 생기는 현상도 일어날 수 있나요?

바리 불가능한 것은 아니야. 아주 드물게 극지방보다 낮은 위도에서 오로라가 관측되기도 한다고 알려져 있지. 태양풍으로 지구자기장이 심하게 변동되는 것을 '지자기폭풍geomagnetic storm'이라고 하는데 장거리통신 장애를 일으키는 원인이기도 하고 말이야.

울리 역시 알수록 머릿속에 폭풍이 일어나요.

바리 하하하- 어쩌나. 다시 오로라 동영상이나 보며 머릿속 폭풍을 잠재워볼까? 북극의 오로라는 '오로라 보리얼리스aurora borealis', 남극의 오로라는 '오로라 오스트랄리스aurora australis'라고 부르는데, 이름이 멋지지?

엘리 @#$%^&*?*&$#

바리 교수의 물리노트 22

- 마그네틱 보틀magnetic bottle: 대전된 입자가, 일정하지 않은 병 모양의 자기장 안에서 나선형 운동을 왕복하며 갇혀 있도록 할 수 있는 효과.
- 태양이나 우주에서 온 대전입자들은 대부분 지구자기장에 의해 경로가 휘어서 지구 대기권에 진입하지 못하지만, 일부는 지구자기장에 의해 갇히는 2개의 띠 영역, 즉 '밴 앨런 복사대Van Allen radiation belts'를 형성한다.
- 밴 앨런 복사대 내층inner belt은 주로 고에너지 양성자들로 지구 표면에서 1,000~6,000 km 높이에 형성되어 있고, 외층outer belt은 고에너지 전자들로 약 13,000~60,000 km 높이에 형성되어 있으며 태양 활동의 영향에 의한 변동이 많다.
- 오로라는 대전입자들의 대기권 진입이 쉬운 극지방에서 대전입자와 공기분자들의 충돌에 의해 방출되는 다양한 가시광선의 결과로, 북극오로라는 '오로라 보리얼리스aurora borealis', 남극오로라는 '오로라 오스트랄리스aurora australis'라고 한다.

23 전기장과 자기장을 걸어 전자의 질량을 구할 수 있다구요?

로런츠힘/질량분석기/홀효과

토요일 오후, 엘리가 바리 교수의 집에 가기 위해 집을 나서려는데 엄마가 불러 세웠다. 얼마 전 주문한 사과가 아주 맛있다며 울리네에 한 봉, 바리 교수 댁에도 한 봉을 드리라고 싸주셨다. 엘리는 울리네 집에 들러 사과를 전달하고 울리와 함께 바리 교수의 집으로 향했다. 길을 걸으며 엘리는 언젠가 TV에서 본 과일 선별기가 생각나 울리에게 열심히 설명했다. 과일을 컨베이어벨트에 올리면 벨트가 움직이며 과일을 무게별로 자동 분류하는 기계인데, 엘리는 그 기계가 참 신기하고 똑똑해 보였다.

울리 아줌마~ 저희 왔어요~

엘리 아줌마 드리려고 사과 좀 가져왔어요~

바리 웬 사과야? 하나같이 아주 크고 맛있게 생겼구나.

엘리 엄마가 갖다 드리래요. 제가 언젠가 아줌마가 사과를 좋아하신다고 말씀드렸거든요.

바리 그래? 잘 먹겠다고 전해드리렴~ 자, 그럼 사과부터 먹을까?

울리 좋아요! 헤헤-

엘리 (사과를 먹으며) 오늘은 무슨 공부를 할 건가요?

바리 오늘은 질량분석기에 대해서 얘기하려고 했어.

엘리 질량분석기요? 전하를 질량에 따라 분류하는 건가요? 과일 선별기처럼요?

울리 엘리가 오면서 내내 과일 선별기 얘기를 하더라구요. TV에서 과일이 무게별로 자동 분류되는 기계를 봤는데, 그 기계가 무지 똑똑하다고 칭찬했어요. 히히-

바리 오~ 그랬어? 과일 선별기는 용수철을 이용해서 용수철이 얼마나 눌렸는지에 따라 과일을 분류하는 기계야. 요즘은 용수철 대신 전자장치로 무게를 더 정밀하게 측정해서 분류하지만 말이야. 오늘 우리는 대전된 입자들의 질량을 분석하는 방법을 알아볼까 해.

엘리 전자의 질량 같은 거요?

바리 그래. 전자는 너무 작아서 우리가 사용하는 저울로는 질량을 잴 수 없으니 다른 방법이 필요한데, 그동안 우리가 배운 전기장과 자기장을 이용하면 질량 분석이 가능하거든.

울리 벌써부터 쉽지 않을 것 같은 불길한 예감이 들지만 잘 들어보긴 할게요.

바리 하하하- 전자기학 부분은 많이 복잡하지? 그래도 이미 배운 것들을 복습하는 것이고 새로운 것은 아니야. 그동안 전하가 자기장 속에서 움직일 때 받는 힘에 대해 많이 얘기했는데, 이번에는 전기장과 자기장이 모두 있는 경우 전하가 받는 힘부터 생각해보려 해.

엘리 울리의 불길한 예감이 맞나 봐요. 자기장만 있어도 어려웠는데 전기장까지 있다니요.

바리 움직이는 전하가 전기장과 자기장이 모두 있는 공간에 있으면, 쿨롱의 힘인 전기력도 받고 자기력도 동시에 받을 테니 알짜힘은 전기력과 자기력의 벡터합이 될 뿐이야. 이 힘을 '로런츠힘 Lorentz force' 또는 '전자기력'이라고 부르지.

울리 로런츠는 또 물리학자의 이름일 거고요?

바리 맞아. 헨드리크 안톤 로런츠Hendrik Antoon Lorentz는 1902년에 노벨물리학상을 받은 네덜란드의 물리학자야. 전기장 $\vec{E}$ 안에서 전하 q는 $q\vec{E}$의 전기력을 받고, 자기장 $\vec{B}$ 안에서 움직이는 전하는 벡터곱 $q\vec{v}\times\vec{B}$의 자기력을 받으니까, 로런츠힘 $\vec{F}=q\vec{E}+q\vec{v}\times\vec{B}$가 되겠지?

엘리 벡터곱에 벡터합에…. 역시 물리를 이해하려면 벡터 계산을 잘 할 줄 알아야 하네요.

바리 그렇긴 하지만, 벡터합이나 벡터곱은 우리가 이미 지금까지 한 것으로 충분해. 그리고 전기력이나 자기력이 벡터기 때문에 전기장과 자기장의 방향을 잘 조정하면 로런츠힘이 0이 될 수도 있고 말이야.

울리 전기력과 자기력을 받아도 알짜힘이 없어서 운동의 변화가 없는 거네요? 그럼 전기장과 자기장이 있는 곳에 왜 보내나요? 아무

〈로런츠힘〉

$$\vec{F} = q\vec{E} + q\vec{v} \times \vec{B}$$

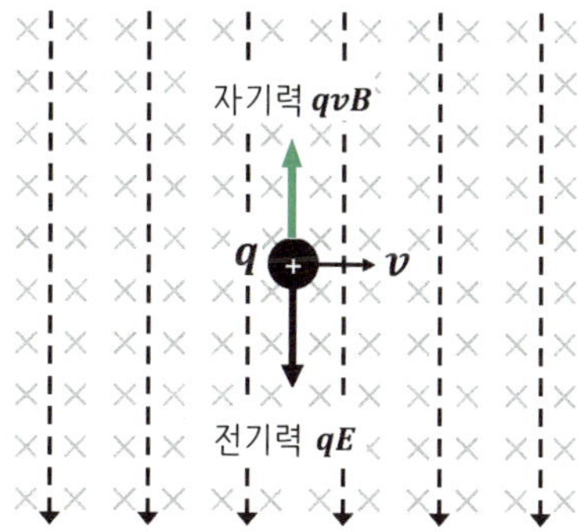

× 지면 속으로 수직하게 들어가는 자기장 $\vec{B}$

- - → 전기장 $\vec{E}$

변화도 없는데요?

바리 전기장과 자기장 속에서 처음 속도로 직진하는 전하를 찾을 수 있거든. 먼저, 전기장과 자기장의 방향이 서로 수직해야 전기력과 자기력이 나란하게 된다는 것은 이해될까? 전기력은 전기장의 방향과 나란하고, 자기력은 자기장의 방향과 수직하니까 말이야.

엘리 아, 이해돼요.

바리 그럼 조금 더 구체적으로, 전기장의 방향은 아래쪽, 자기장의 방향은 전기장에 수직이면서 이 지면을 뚫고 들어가는 방향, 양(+) 전하의 속도는 오른쪽을 향한다고 가정하면, 전기력과 자기력의 방향은 어떻게 될까?

울리 전기력의 방향은 전기장과 같은 아래쪽이고, 자기력은 왼손

FBI를 사용해서 검지가 자기장, 중지가 속도 방향이니까 엄지에 해당하는 자기력은 위쪽을 가리키네요.

엘리 그래서 전기력과 자기력의 크기가 같으면 완전히 상쇄될 거고요.

바리 그렇지. 전기력의 크기는 qE이고, 자기장과 속도가 수직인 상황이니까 자기력의 크기는 qvB여서 결국 $qE=qvB$라면 전하에 작용하는 알짜힘은 0이 되는 거지. 이는 곧, 속력 $v=\frac{E}{B}$를 갖는 전하들은 전기장과 자기장 안에서 직진을 한다는 뜻이고 말이야.

울리 전기장과 자기장의 세기를 조정해서 직진하는 전하의 속력을 알 수 있겠군요? 전하량과 관계없이요.

바리 맞아. 왼쪽에서 들어온 전하가 직진하여 도달할 수 있는 지점을 제외한 오른쪽 끝의 나머지를 모두 막아버리면 '속도선택기 velocity selector'가 되는데, 전기장과 자기장의 세기를 조정하여 원하는 속력의 전하를 골라내는 장치지.

울리 와~ 그렇군요. 근데 질량을 구한다고 하셨는데, 왜 속도를 구해요?

바리 질량분석기가 속도선택기를 포함한 장치거든. 속도선택기를 통과한 전하를 새로운 자기장 속으로 수직하게 들여보내는 것이 질량분석기의 기본 구조야. 일정한 자기장 속에 수직으로 들어간 전하는 어떤 운동을 하지? 전기장이 없다면 말이야.

울리 원운동이요~ 빠른 전하는 큰 원을 그리고, 느린 전하는 작은 원을 그리고요.

엘리 전에 자기력이 구심력이라는 것을 이용해서 원의 반지름도 구했어요. (3권 21화 참조)

바리 그래. 바로 지난번에 한 거라서 그런지 잘 기억하고 있네~ 속도선택기를 통과한 전하가 들어간 새 자기장의 세기를 B_m이라고 하고 원의 반지름을 써보면, $r=\frac{mv}{qB_m}$가 되지.

울리 어? 근데 질량을 모르는 거잖아요? 그럼 반지름도 알 수 없는 것 아닌가요?

바리 질량분석기니까 질량을 구할 수 있어야겠지. 아주 기발하게도 질량분석기는 속도선택기를 나와 새로운 자기장 속으로 들어간 전하가 반원운동만 하게 설계해놓은 것이 특징이야. 그래서 반원을 그린 끝 지점의 위치를 측정하면 반지름을 구할 수 있는 거지.

〈 질량분석기 〉

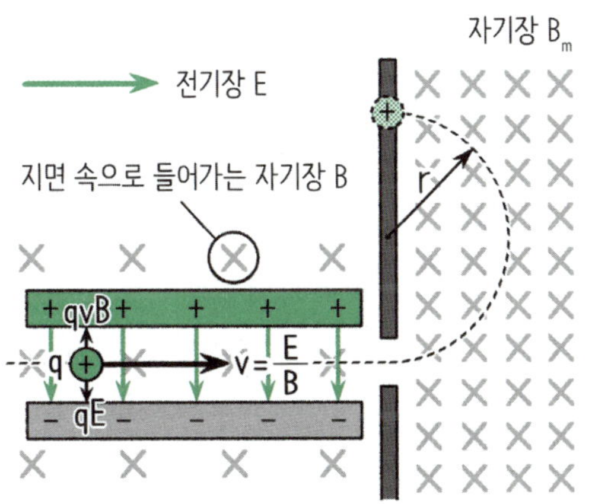

울리 아하~ 그럼 질량을 구할 수 있겠네요.

바리 또, 전하량을 모르는 경우에도 외부에서 조정할 수 있는 전기장과 자기장을 이용해 최소한 전하량당 질량인 $\frac{m}{q}$은 구할 수 있고 말이야.

엘리 전하량당 질량도 의미가 있나 보네요?

바리 실제 조지프 존 톰슨Joseph John Thomson이라는 영국의 물리학자는 1897년에 전자의 전하량당 질량을 구했는데, 처음으로 원자 속에 존재하는 기본 입자인 전자를 입증한 연구였지. 그 공으로 1906년에 노벨물리학상까지 탔고 말이야.

울리 와~ 오늘은 노벨물리학상을 받은 학자가 두 명씩이나 등장하네요.

바리 그렇게 되었네. 톰슨은 로런츠힘을 이용해 전자의 존재를 밝혔는데, 그보다 한참 전인 1879년에 '전류가 흐르는 도체판을 자기장 속에 넣으면 전류와 자기장 모두에 수직인 방향으로 도체판에 전위차가 생긴다'는 것을 관측한 사람이 있어.

울리 그게 무슨 의미인데요?

바리 그것도 로런츠힘의 결과거든. 에드윈 홀Edwin Hall이라는 미국의 물리학자가 발견해서 '홀효과Hall effect'라고 부르고 말이야.

엘리 도체판에 전류를 어느 방향으로 보내요? 도선이 아닌데….

바리 예를 들어 도체판의 왼쪽에서 오른쪽으로 전류가 흐르도록 하고, 자기장이 도체판을 뚫고 들어가는 방향이 되게 도체판을 자기장 안에 넣는 거야. 그럼 도체 안의 자유전자는 전류와 반대

〈 홀효과 〉

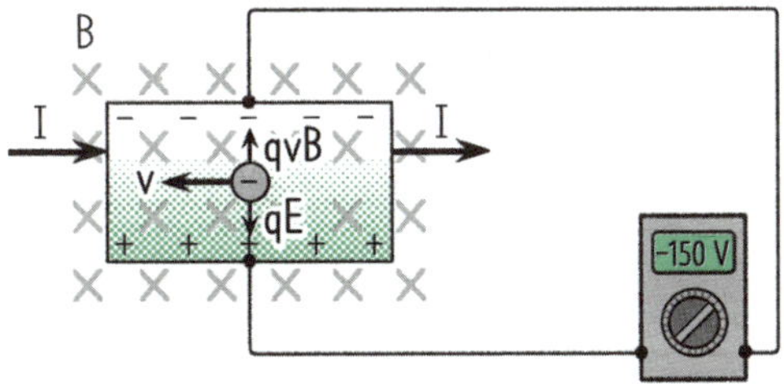

방향인, 오른쪽에서 왼쪽으로 움직이는 거니까, 자유전자들은 위쪽 방향의 자기력을 받겠지?

울리 그냥 전류의 방향을 왼손 중지로 생각하고 FBI를 따지는 것과도 같은 거죠?

바리 그렇지. 전류의 방향으로 자기력의 방향을 찾는 것이 더 편하지. 근데 그 힘을 받고 움직이는 것은 자유전자니까 전자 입장에서 살펴본 거야.

엘리 그럼 도체판의 자유전자들이 위쪽 방향의 자기력을 받으니 위로 가겠네요?

바리 그렇지. 자기력 때문에 전자들이 위쪽에 몰리니 상대적으로 도체판의 아래쪽은 양(+)전하를 띠게 돼서 도체판 아래에서 위로 향하는, 즉 전류 방향과 수직인 전기장이 생기고 말이야.

엘리 어? 전기장이 생기면 전자는 다시 전기력을 받잖아요?

바리 그렇지, 전자가 받는 전기력의 방향은 어느 쪽이 되지?

울리 아이고, 복잡해요. 그래도 잘 생각해보면, 전자는 음(–)전하를 띠니까 전기장의 방향과 반대 방향으로 힘을 받을 테니 아래쪽이네요.

엘리 그럼 전자들은 다시 아래쪽으로 이동해요?

바리 자유전자들이 자기력에 의해 위쪽으로 몰리면 바로 전기장이 생겨서 전자들을 아래쪽으로 당기게 되지. 자기력과 전기력이 같아질 때까지 말이야. 이렇게 로런츠힘이 0이 될 때의 전기장에 의해 만들어진 도체판 위아래의 전위차를 '홀전압Hall voltage'이라고 해.

울리 가만, 전기장에서 전위차를 어떻게 구하죠? 전에 했었던 것 같은데 기억이….

바리 이 경우 '도체판의 높이×전기장'이 위아래의 전위차 크기가 되지. 음(–)으로 대전된 위쪽이 낮은 전위여서 도체판 위아래의 전위차는 음(–)이고 말이야. 좌우로 전류가 흐르는 도체판을 자기장이 수직으로 관통하게 하니 도체판의 위아래로 흐르는 전류가 생긴다는 게 신기하지 않니?

엘리 정말~ 너무 신기해요!

울리 오늘도 제 머릿속에는 큰 폭풍이 일고 있어요~ @#$%&*%$?

바리 교수의 물리노트 23

- 로런츠힘Lorenz force(전자기력): 전기장과 자기장에 의해 전하가 받는 힘.

$$\vec{F}=q\vec{E}+q\vec{v}\times\vec{B}$$

- 속도선택기velocity selector: 전기장과 자기장을 조정하여 전하에 작용하는 로런츠힘이 0이 되게 함으로써 속력 $v=\frac{E}{B}$로 직진하는 전하를 골라내는 장치.
- 질량분석기: 속도선택기에서 나온 전하 q를 자기장 B_m에서 반원을 그리게 하는 장치로, 궤도의 반지름 r을 측정함으로써 전하의 질량 m이나 전하량당 질량 $\frac{m}{q}$을 얻을 수 있다.

$$r=\frac{mv}{qB_m},\ v=\frac{E}{B},\ m=\frac{qrBB_m}{E}$$

- 홀효과Hall effect: 전류가 흐르는 도체판이 전류 방향과 수직인 방향의 자기장 속에 있을 때 도체판의 처음 전류와 자기장 모두에 수직인 방향으로 전위차가 유도되는 현상.

24 전자기타의 줄을 튕길 때마다 전류가 유도된다구요?

패러데이의 전자기유도법칙/렌츠의 법칙

친구들과 유명 록밴드 공연을 보러 다녀온 엘리는 전자기타 소리에 매료되어 그날 밤 자신이 전자기타리스트로 활약하는 꿈까지 꿨다. 꿈속에서 울리와 바리 교수는 그 록밴드의 열성 팬으로 등장했는데, 갑자기 바리 교수가 안티 팬으로 돌변하여 전자기타의 원리도 모르면서 기타를 치느냐고 하며 엘리를 비난했다. 엘리는 뭔가 답을 해야 하는데 목소리는 안 나와서 쩔쩔매다가 잠에서 깼다. 바리 교수에게 가는 길에 엘리의 꿈 얘기를 들은 울리가 길에서 깔깔대며 웃었다.

바리 울리야, 뭐가 그렇게 재미있어?

울리 엘리의 꿈속에서 아줌마가 엘리한테 전자기타 원리도 모른다고 뭐라 하셨대요. 히히-

엘리 (꿈 얘기를 하며) 전기신호를 음파로 바꿔주는 원리라고 말하고 싶었는데 목소리는 안 나오고, 맞는 얘기인지도 알 수 없고, 정말 난처했어요. 꿈이라서 얼마나 다행인지 몰라요. 헤헤- 근데 전자기타의 원리가 뭐예요?

바리 하하- 내가 꿈속에서 못되게 굴었다는 거네? 전자기타의 원리는 '패러데이의 전자기유도법칙Faraday's law of (electromagnetic) induction'으로 설명할 수 있는데, 마침 오늘 설명하려던 주제야.

울리 패러데이는 여러 번 나왔었잖아요.

엘리 드디어 오늘 말로만 듣던 패러데이의 전자기유도법칙을 공부하는군요.

바리 그래~ 패러데이의 새장(3권 6화 참조), 전기용량의 단위인 F(패럿farad, 3권 14화 참조)을 얘기하면서 나중에 전자기유도법칙을 할 거라고 했는데, 바로 오늘이네. 패러데이는 정규교육을 거의 받지 못했는데도 독학으로 물리학과 화학 영역에서 아주 훌륭한 업적을 낸 영국의 과학자란다.

울리 독학으로 과학 연구를 어떻게 했을까요? 전 배워도 잘 모르겠는데 말이죠.

바리 그는 실험을 엄청 좋아했다고 해. 유명해진 후에는 청소년을 위해 영국왕립연구소의 크리스마스 과학 강연을 만든 사람이기도 하지. 패러데이의 유도법칙이 나오게 된 유명한 실험 두 가지부터 얘기할게.

울리 아~ 저도 실험은 좋아하는데…. 헤헤- 무슨 실험들이에요?

바리 첫 번째 실험은 전류가 흐르지 않는 고리 도선에 검류계만 연결하고 자석을 고리 도선 쪽으로 가까이 가져갔다 멀리 가져갔다 하면서 검류계를 관찰한 거야.

엘리 검류계를 연결한 것은 전류가 흐르나 보기 위한 건가요? 전원도 없는데요?

바리 신기하지? 패러데이는 여러 방법으로 실험을 했어. 자석을 고리 도선 쪽으로 가져가기도 하고, 멀어지게도 했을뿐 아니라, 자석은 가만히 두고 도선을 움직여보기도 하고, 도선을 코일로 만들어서 코일 속으로 막대자석을 넣었다 뺐다 해보기도 하고, 코일 속에 가만히 둬보기도 하고 말이야.

울리 정말 다양한 실험을 했네요. 근데 그 실험들을 통해서 정말 도선에 전류가 생겼대요?

바리 이런 실험들을 통해 패러데이가 알아낸 결과는, 고리 도선 또는 코일과 자석 사이에 상대운동이 있으면 전류가 유도되는데, 상대운동이 빠를수록, 그리고 도선의 감긴 수가 많을수록 강한 유도전류가 생긴다는 거였어. 또 자석의 N극이 도선에 가까이 다가올 때와 도선으로부터 멀어질 때는 유도전류의 방향이 서로 반대라는 것도 알아냈지.

엘리 그럼 상대운동이 없으면 전류가 안 생기는 거예요?

바리 응. 자석이 고리 도선에 가까이 가는 동안에는 전류가 유도되는데, 가서 멈춰 있으면 검류계 바늘이 0을 가리키다가, 다시 자석을 멀리 빼면 빼는 동안에 처음과 반대 방향의 전류가 유도된다는 거야.

울리 와~ 저렇게 많은 실험이 첫 번째였다면 두 번째는 어떤 실험이었어요?

〈패러데이 전자기유도법칙 실험 1〉

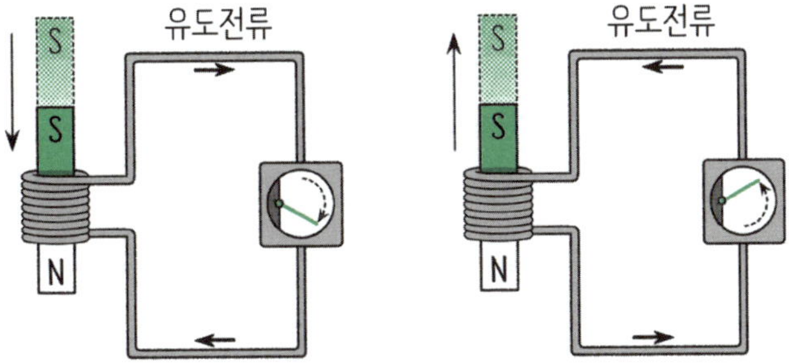

바리 두 번째 실험은 두 세트의 고리 도선을 나란히 놓고 한 실험인데, 도선 하나는 전원 없이 검류계만 연결하고, 다른 도선 하나에는 건전지와 스위치를 연결해서 전류가 흐를 수 있게 했어.

울리 두 번째는 자석을 이용한 실험이 아니군요.

바리 그렇지. 근데 스위치를 여닫는 순간에 전원이 없는 도선에 전류가 유도되는 것을 관측한 거야. 물론 스위치를 열었을 때와 닫

〈패러데이 전자기유도법칙 실험 2〉

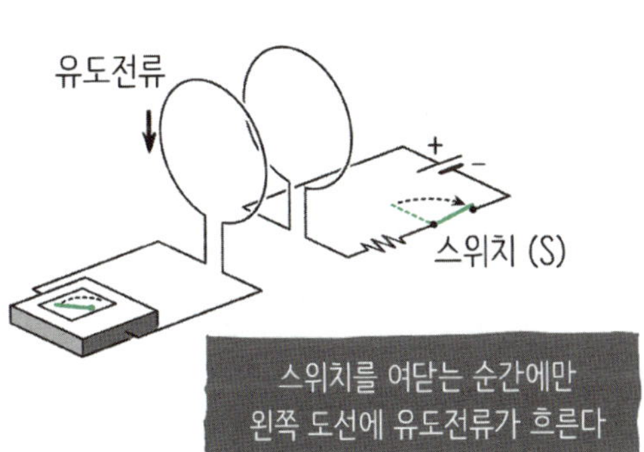

았을 때 유도된 전류의 방향은 서로 반대였고 말이야.

엘리 자석과 전류가 흐르는 도선의 공통점은 모두 주변에 자기장을 만든다는 거잖아요? 그렇다면, 자기장이 있으면 전류가 유도되는 건가 봐요?

울리 흠…. 근데 자석이 움직이는 동안이나 전원 스위치를 여닫을 때만 전류가 생겼다고 했으니 자기장이 전류를 유도한다고 할 수는 없을 것 같아. 자석이 움직이지 않아도 자기장은 있잖아.

엘리 아, 그럼 자기장이 변할 때 전류가 유도되는 건가?

울리 첫 번째 실험에서 자석은 가만히 두고 도선을 움직여도 전류가 생긴다고 하셔서 그것도 아닌 것 같아. 그 경우는 자기장이 변하지 않잖아.

엘리 으~~ 아줌마, 도와주세요~~

바리 둘이서 아주 잘 토론하고 있어서 재미있었는데~ 패러데이가 한 실험 결과들의 핵심은 자기선속의 변화에 있단다. '어떤 면적을 수직으로 관통하는 자기장 성분×면적'으로 정의되는 자기선속 말이야. (3권 18화 참조)

울리 복습하지 않은 것이 또 적나라하게 드러나는군요. 근데 어렴풋이 '자기장과 면적벡터의 내적(스칼라곱)'이 자기선속의 정의라는 것이 생각나네요.

바리 맞아. 전기선속 정의와 유사하다고도 했고 말이야. 그리고 전에 닫힌 면에 대한 자기선속은 항상 0이라고 하면서 자기장에 대한 가우스법칙도 얘기했었지? (3권 18화 참조) N극과 S극이 함께 있기 때문에 닫힌 면에 들어간 자기장은 반드시 나올 테니까 말이야. 반면 패러데이의 전자기유도법칙에서는 닫힌 면이 아니라서 자기선속이 0이 아닌데, 이 자기선속이 변할 때 전류가 유도된다는 거야.

엘리 아하~ 근데 여기서 면적은 어떤 면적을 가리키는 거예요?

바리 고리 도선이 만드는 면적이야. 고리 도선이 만드는 면적을 A라고 하고, 이 면적을 수직으로 지나는 일정한 자기장을 B라고 하면 자기선속은 BA가 되는데, 이 BA가 시간에 따라 변할 때 고리 도선에 전류가 유도된다는 거지.

엘리 그래서 자석은 가만히 두고 고리 도선을 움직여도 전류가 생긴 거군요. 면적을 수직으로 관통하는 자기장이 바뀌니까요.

바리 그렇지. 울리의 기억처럼 자기선속은 '자기장과 면적벡터의 내적(스칼라곱)'으로 정의되니까 말이야. 패러데이의 전자기유도법칙은 코일의 감긴 수가 많을수록, 그리고 자기선속이 빨리 변할수록 큰 전위차가 유도된다는 거야. '자기선속÷시간'의 단위는 전압과 같은 V거든.

엘리 그렇다면 코일에서의 면적은 한 번 감긴 도선이 만든 면적인가 보네요?

바리 맞아. 코일에 자석을 넣었다 뺐다 하는 실험에서 자기장이 관통하는 면적이니까 말이야.

울리 근데 그렇게 유도된 전류의 방향은 어떻게 되는 거예요?

바리 중요한 질문이야. 자기선속의 변화를 거부하는 방향으로 전류가 유도되는데, 이를 '렌츠의 법칙Lenz's law'이라고 해.

울리 법칙 안에 또 법칙이 들어 있어요?

바리 전자기유도법칙은 1831년 패러데이가 실험에 의해 알아냈고, 유도전류의 방향은 1834년 러시아의 물리학자 에밀 렌츠Emil Lenz가 정리해서 그래.

엘리 그렇군요. 그런데 '자기선속의 변화를 거부한다'는 것이 무슨 뜻이에요?

바리 예를 들어 막대자석의 N극이 코일 속으로 들어가는 방향으로 다가오면, 코일로 들어가는 방향의 자기장이 강해지니까 이를 상쇄할 수 있는 자기장을 만들기 위한 유도전류가 코일에 생긴다는 거야. 즉 코일에 반시계 방향의 전류가 유도되는 거지.

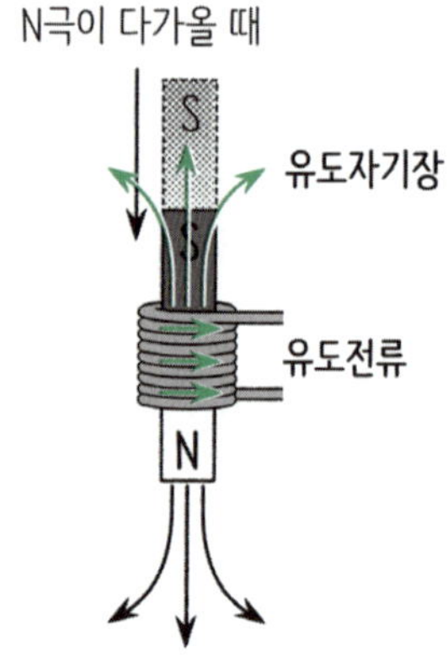

울리 그럼 자석의 N극이 멀어지면 코일에는 시계 방향의 유도전류가 흐르겠네요?

바리 그렇지. 자, 그럼 이제 전자기타의 원리를 생각해볼까? 전자기타는 울림통이 없는 대신 기타 줄마다 밑에 픽업pickup이라고 불리는 원판 같은 것이 있는데, 이 픽업들은 자석에 코일이 감긴 구조로 되어 있어. 코일은 증폭기와 연결되어 있고, 증폭기는 다시 스피커로 연결되어 있고 말이야.

엘리 아~ 그럼 픽업의 자석이 소리에 맞춰 움직이나요?

바리 그건 쉽지 않고, 자석의 자기장 때문에 기타 줄이 부분적으로 자성을 띠게 되지. 그래서 기타 줄을 튕기면 위아래로 진동하여 자성을 띤 부분의 자기장은 픽업 코일에 자기선속의 변화를 만들게 되고 말이야.

울리 와~ 그럼 줄이 진동하는 것에 맞춰 유도전류가 방향을 바꿔가며 계속 흐른다는 거네요?

바리 생각보다 원리가 간단하지? 그 전기신호를 스피커가 음파로 다시 바꿔주면 되니까 말이야. (3권 19화 참조)

엘리 전자기유도법칙을 알면 간단하지만 모르면 상상도 못할 원리인 것 같아요.

바리 그렇겠지? 이왕이면 패러데이의 전자기유도법칙도 식으로 써볼까? 자기장 $\vec{B}$가 면적 $\vec{A}$의 모든 곳에서 일정할 경우 자기선속 $\Phi_B = \vec{B} \cdot \vec{A}$가 되고, 자기선속의 변화로 유도되는 전위차를 '유도기전력($V_{유도}$)'이라고 부르는데, $V_{유도} = -N\dfrac{d\Phi_B}{dt}$가 전자기유도 법칙의 식이야. 여기서 N은 코일 감긴 수, 음의 기호(−)는 렌츠의 법칙을 의미하지.

울리 역시 전 수식 번역기가 필요해요~ 히히.

바리 식은 구경이라도 하라고~ 식보다 의미를 아는 것이 우선이야. 자기선속을 시간에 대해 미분한다는 것은 '시간이 조금 변했을 때 자기선속이 얼마만큼 변했는가'를 나타내는 것이니까 말이야. 이로써 우리는 고전전자기학의 필수 방정식인, 영국의 물리학자

제임스 맥스웰James Maxwell의 '맥스웰 방정식Maxwell's equations' 4개를 거의 다 배운 거야.

울리 언제 배웠어요? 처음 들어보는 것 같은데요.

바리 전기장과 자기장에 대한 가우스법칙 2개, 앙페르법칙, 그리고 전자기유도법칙이 바로 맥스웰 방정식들이야. 자기선속의 변화가 전위차를 유도한다는 전자기유도법칙을 맥스웰은 '시간에 따라 변하는 자기장은 전기장을 유도한다'고 바꿔 표현했지만 결국 같은 의미란다.

엘리 자기선속은 자기장으로 연결되고, 유도전압은 전기장으로 연결돼서 그런가요?

바리 그런 셈이지. 맥스웰은 또 '시간에 따라 변하는 전기장은 자기장을 유도한다'는 것을 수학적으로 밝혀서 전류뿐 아니라 전기장의 변화도 자기장이 만든다는 것을 포함하도록 앙페르법칙을 보완했단다. 이 내용은 나중에 다시 설명할 기회가 있을 거야. (3권 29화 참조)

울리 와~ 그럼 변하는 자기장은 전기장을 만들고, 변하는 전기장은 자기장을 만들고 그런 거예요? 뭔가 둘이 떼려야 뗄 수 없는 관계 같아요.

바리 그래서 전자기학의 기본을 이해하는 것이 복잡한 거야. 역학에서는 중력장 하나만 이해하면 되었지만, 전자기학에서는 전기장과 자기장이 서로 얽혀 있으니 말이지.

- Faraday's law of (electromagnetic) induction

$$V_{ind} = -N\frac{d\Phi_B}{dt} \text{ 또는 } \frac{\partial \vec{B}}{\partial t} = -\vec{\nabla} \times \vec{E}$$

- Magnetic flux

$$\Phi_B = \int \vec{B} \cdot d\vec{A} \xrightarrow{\text{일정한 } \vec{B}} \Phi_B = \vec{B} \cdot \vec{A}$$

바리 교수의 물리노트 24

- 패러데이의 전자기유도법칙Faraday's law of (electromagnetic) induction: 시간에 따라 자기선속(Φ_B)이 변할 때 이 변화를 거부하는 방향으로 전위차가 유도된다는 것으로, 여기서 전위차는 '코일의 자기선속의 시간 변화율'과 '코일의 감긴 수(N)'에 비례한다. 이때 유도된 전위차를 '유도기전력($V_{유도}$)'이라고 한다.
- 렌츠의 법칙Lenz's law: 자기선속의 변화를 거부하는 방향으로 전류가 유도되는 현상.
- '맥스웰 방정식Maxwell's equations'에서 전자기유도법칙은 '시간에 따라 변하는 자기장은 전기장을 유도한다'고 표현된다.

25 갑자기 전기가 나가는 순간 큰 유도전류가 흐를 수 있다구요?

상호유도계수/자체유도계수

바리 교수에게 물리 이야기를 들으면서 과학 실험에 대한 관심이 많아진 울리와 엘리는 학교 과학 실험반에 참여했다. 어느 날 과학 실험실에 갔더니 책상 위에 강철막대가 있어서 울리는 전자석을 만들어보기 시작했다. 구리 도선을 강철막대에 촘촘히 감은 뒤 실험용 스위치와 건전지에 연결하고 철심 주변에 클립들을 놓았다. 그러고 나서 스위치를 닫았더니 주변 클립들이 철심에 줄줄이 달라붙었는데, 다시 스위치를 확 여는 순간 스위치에 불꽃이 튀었다.

울리 아줌마, 제가 얼마 전 학교 과학 실험실에서 조금 위험한 경험을 했는데, 왜 그런 일이 생겼는지 이상해서 설명을 듣고 싶어요~

엘리 아, 맞아요. 전자석을 연결한 전기회로의 스위치를 열었더니 갑자기 불꽃이 튀었지 뭐예요?

바리 저런, 안전장치가 없는 스위치였나 보구나. 스위치를 갑자기 확 열었지?

울리 어떻게 아셨어요?

바리 스위치를 천천히 열면 불꽃이 튀는 일은 없었을 테니까~

울리 그렇게 불꽃이 튀는 건 어떤 원리죠?

바리 그것도 패러데이의 전자기유도법칙 때문이야.

엘리 정말요? 신기해요.

바리 그럼 오늘은 전자기유도법칙을 다른 관점으로 이해해보자. 지난번에 이야기한 패러데이의 두 번째 실험 기억나지? 한 고리 도선은 전원과 연결하고, 다른 고리 도선에는 전원 없이 검류계만 연결한 실험 말이야.

울리 기억나죠. 전원이 연결된 고리 도선에 전류가 흐르기 시작하는 순간 전원이 없는 도선에도 전류가 흐른다는 실험이요. 자기선속의 변화 때문이었죠.

바리 좋았어. 그 실험에서 자기선속의 변화가 생길 때가 바로 전원이 연결된 고리 도선에 흐르는 전류의 변화가 생겼을 때였지? 전원 스위치를 닫는 순간이란 전류가 흐르지 않다가 흐르게 되는 순간이니까 전류의 변화가 생긴 거잖아.

엘리 아, 그럼 '자기선속의 변화'라고 하는 대신 '전류의 변화'라고 해도 되는 거예요?

바리 그래. 지금 그 얘기를 하려고 하는 거야. 시간에 따른 전류의 변화가 있으면 자기장의 변화가 있어서 자기선속도 변하지. 그래서 전원 스위치를 닫는 순간과 여는 순간은 전류의 변화가 있는 순간이라서 옆 고리 도선에 전류가 유도된다고 볼 수 있고 말이야.

울리 전원 스위치를 닫는 순간 말고 닫은 후엔 전류가 변하지 않나요?

바리 전원 스위치를 닫은 후에는 순식간에 옴의 법칙을 따르는 일정한 전류가 흐르게 되어 전류의 변화가 없는 상태가 돼. 따라서 옆 고리 도선에도 전류가 유도될 수 없고 말이야.

울리 아, 옴의 법칙!

바리 그렇지. 이렇게 자기선속 대신 전류의 입장에서 보면, '시간에 따라 자기선속이 변하면 전위차가 유도된다'가 곧 '시간에 따라 전류가 변하면 전위차가 유도된다'라고 할 수 있는 거지.

엘리 식으로는 어떻게 되나요? 어려운 미분이나 기호 없이요.

바리 그럼, '$\text{유도기전력} = -\text{코일 감긴 수}\ \dfrac{\text{자기선속의 변화}}{\text{시간의 변화}}$'라고 하거나, '$\text{유도기전력} = -\text{유도계수}\ \dfrac{\text{전류의 변화}}{\text{시간의 변화}}$'라고 할 수 있어.

울리 와~ 알 수 없는 기호를 쓰지 않고 말로 쓰니까 쉬워 보여요!

바리 그렇긴 하지? 그래도 기호를 사용하면 훨씬 간단하잖아.

울리 간단하기는 한데 이해할 수 없는 외국어 느낌이에요.

바리 하하- 그럼 우리말로도 쓰고 기호로도 쓰고 그러지 뭐. 우선 유도계수는 '인덕턴스inductance'라고 하는데, 패러데이의 두 번째 실험처럼 한 고리 도선에 흐르는 전류의 변화에 의해 옆 고리 도선에 전위차가 유도되는 경우에는 '상호유도계수mutual inductance'라고 하고 기호 M을 주로 사용한단다.

엘리 유도계수가 한 가지가 아니에요?

바리 전원이 연결된 도선 자체에서도 전원 스위치를 닫는 순간에 전류가 변해서 전위차가 유도되거든. 전원에 의한 전위차와 반대 방향으로 말이야. 이때는 '자체유도계수self inductance'라고 하고

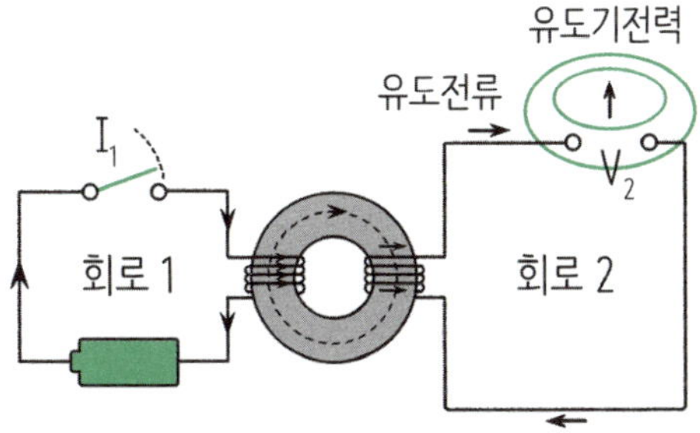

$$V_2 = -M\frac{dI_1}{dt} \quad (M = \text{상호유도계수})$$

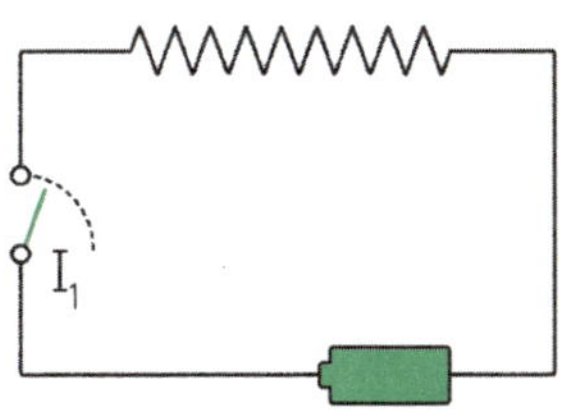

$$V_1 = -L\frac{dI_1}{dt} \quad (L = \text{자체유도계수})$$

기호 L을 주로 사용하지.

엘리 이런 경우는 기호를 이용해서 식으로 쓰는 것이 좋을 것 같아요.

바리 그래볼까? 상호유도인 경우, 전원이 연결된 회로를 회로1, 전원이 없는 회로를 회로2라고 하고, 회로1의 전류를 I_1, 회로2의 유도기전력을 V_2라고 하면, $V_2 = -M\frac{dI_1}{dt}$이라고 쓸 수 있다는 거야. 회로1의 전류가 변할 때 회로2에 전위차가 유도된다는 의미고, 여기서 M은 상호유도계수고 말이야.

울리 그럼 자체유도는 회로1의 전류가 변할 때 회로1에 전위차가 유도되는 거고요?

바리 그렇지. 회로1에 유도되는 전위차 $V_1 = -L\dfrac{dI_1}{dt}$이라고 쓸 수 있고 말이야. 여기서 L은 자체유도계수란다.

울리 자기 자신한테도 영향을 준다니 또 복잡해지는 것 같아요. 실험실에서 불꽃이 튄 것과 관계가 있는 건가요? 전기회로가 하나밖에 없었으니까요.

바리 맞아. 일정한 전류가 흐르고 있던 회로의 전원 스위치를 갑자기 열어서 전류가 흐르지 못하게 한 것은 순간적으로 전류가 흐르던 방향으로의 유도전류가 생기게 한 거니까 말이야.

울리 근데 스위치를 닫으며 전류가 흐르게 할 때는 불꽃이 튀지 않았어요.

바리 아마도 스위치를 닫을 때는 천천히 닫았을 거야. 스위치를 천천히 닫는다는 것은 전류의 변화가 서서히 일어났다는 것이니 유도기전력이 크지 않고, 전원에 의한 전압이 더 큰 역할을 했다는 거지. 그러나 스위치를 급격히 열 때는 전류의 변화가 빨리 일어나는 상황이라 유도기전력이 상당히 커서 스위치에 스파크가 일어난 것이고 말이야.

엘리 언젠가 에어컨 사용 과열로 아파트 전체 전기가 갑자기 나간 적이 있는데, 그때 망가진 가전제품도 있었어요. 그것도 유도전류 때문인가요?

바리 그래. 갑자기 전원이 꺼지면 엄청 큰 유도전류가 흐를 수 있기 때문에 민감한 전자제품들의 경우는 고장이 날 수 있단다. 요즘은 그런 경우에 대비해서 자체 전원공급기를 내장하는 경우도 있지만 말이야.

울리 전류 크기의 변화 자체보다는 변화가 일어나는 시간이 중요한 거네요?

바리 그렇지. 시간에 따른 전류의 변화를 전류의 시간 변화율이라고 하는데, 전류의 시간 변화율이 크면 유도기전력도 크다는 것은, 작은 전류의 변화라도 아주 빨리 일어나면 큰 전위차가 유도된다는 거야.

울리 참, 유도계수의 단위는 뭐예요?

바리 울리가 따져보렴. 유도기전력은 V, 전류는 A, 시간은 s로 해서.

울리 단위만 생각하면, V = 유도계수단위 × $\frac{A}{s}$니까, 유도계수의 단위는 V·s/A네요. 이건 사람 이름 붙인 단위가 없나요?

바리 있어. V·s/A를 H라고 쓰고 '헨리henry'라고 불러.

엘리 헨리는 또 누구인가요? 저희 배웠어요?

바리 미국의 물리학자 조지프 헨리Joseph Henry인데, 이 학자도 패러데이가 전자기유도 현상을 관측한 1831년에 같은 전자기유도 현상을 관측했어.

울리 근데 왜 '패러데이의 전자기유도법칙'이라고 해요?

바리 당시 과학의 주 무대는 유럽이었기 때문에 미국에서 연구한 헨리의 실험 결과가 제때 알려지지 않았기 때문이지. 그래서 나중에 헨리의 공을 기리는 뜻에서 유도계수의 단위를 H로 했다고 해.

울리 섭섭하시지 않게 유도계수의 단위라도 잘 기억해드려야겠네요.

바리 근데 우리가 자기선속의 단위를 얘기한 적이 없는 것 같구나. 단위만 보면 '자기장의 단위×면적의 단위'라 테슬라 제곱미터인 $T \cdot m^2$ 인데 말이야.

엘리 자기장의 단위로 테슬라를 쓴 거네요.

바리 국제단위계(SI)에서 자기장의 단위가 T거든. $T \cdot m^2$은 Wb라고 쓰고 '웨버weber'로 읽는단다. 독일의 물리학자 빌헬름 에두아르트 베버Wilhelm Eduard Weber의 이름을 딴 거야. 전자기유도법칙을 단위로만 따져보면 $V = Wb/s$니까 1초에 1Wb의 자기선속 변화가 있으면 1V의 유도기전력이 생긴다는 의미지.

울리 그럼 Wb와 H의 관계는 어떻게 돼요? 둘 다 전자기유도법칙과 관계되잖아요.

바리 다시 전자기유도법칙의 단위만 보면, $V = Wb/s = H \cdot A/s$니까 $Wb = H \cdot A$ 또는 $H = Wb/A$가 되지. 참, 그리고 유도계수는 실제 회로에 유도기전력이 생기는 것과 관계없이 회로 도선의 특성이란다.

울리 무슨 뜻인지 잘 모르겠어요.

바리 만일 코일이 건전지와 직렬로 연결되어 일정한 전류가 흐르고 있다면 코일에 유도기전력이 생기지 않겠지?

엘리 일정한 전류가 흐르고 있으니 전류의 변화도 없겠죠.

바리 그래. 하지만 그렇다고 코일의 자체유도계수가 0인 건 아니라는 게 유도계수에서 주의해야 할 점이야. 유도계수는 '시간에 따른 전류 변화가 있다면 얼마만큼의 전위차를 유도시킬 수 있느냐'를 결정하는 코일 자체의 성질이기 때문에 유도기전력 발생 여부에 관계없이 코일의 구조나 재료에 의해서 결정되거든.

울리 아하, 유도기전력은 0이어도 유도계수는 0일 수 없는 거네요.

바리 그렇지. 다음에 오면 전기회로와 용수철 문제를 비교해줄게.

울리 전기회로랑 용수철? 그 둘은 또 무슨 관계가 있을까요?

바리 교수의 물리노트 25

- 전자기유도법칙: 유도기전력 $= -$ 코일 감긴 수 $\dfrac{\text{자기선속의 변화}}{\text{시간의 변화}}$
  $= -$ 유도계수 $\dfrac{\text{전류의 변화}}{\text{시간의 변화}}$
- 회로1에서의 전류 I_1이 시간에 따라 변할 때 회로2에 유도되는 전위차 $V_2 = -M\dfrac{dI_1}{dt}$ (M: 상호유도계수)
- 회로1에서의 전류 I_1이 시간에 따라 변할 때 자체 회로1에 유도되는 전위차 $V_1 = -L\dfrac{dI_1}{dt}$ (L: 자체유도계수)
- 자기선속 단위: Wb(웨버weber $= \mathrm{T \cdot m^2}$)

  유도계수 단위: H(헨리henry $= \mathrm{V \cdot s/A}$)

  Wb와 H의 관계: $\mathrm{Wb = H \cdot A}$ 또는 $\mathrm{H = Wb/A}$

26 용수철과 전기회로 사이에 비슷한 점이 있다구요?

LC-회로/RLC-회로

날씨가 화창하고 바람이 선선한 어느 일요일 아침, 바리 교수는 동네 산책을 나가 기분 좋게 걸은 후 공원 벤치에 앉아서 태블릿 PC를 꺼내 전자책을 읽었다. 가볍고 휴대가 용이해서 언젠가부터 바리 교수는 종이책보다 전자책을 선호하게 됐다. 한참 독서에 빠져 있는데 어린아이들의 목소리가 들리더니 이내 두 가족이 공원 놀이터로 다가왔다. 아이들은 바로 놀이기구를 타고 부모들은 벤치에 앉아 아이들을 지켜보며 대화를 나누고 있는데, 그 모습을 지켜보던 바리 교수가 불현듯 뭔가 생각났는지 울리와 엘리에게 시간이 되면 지금 잠깐 공원으로 나오라고 문자를 보냈다.

울리 아줌마~ 안녕하세요~

엘리 아줌마, 무슨 일로 부르셨어요?

바리 날이 좋은데 너희는 집 안에서 꼼짝도 안 하고 있을 것 같아서~

울리 저희를 부르신 이유가 그것만은 아닌 것 같은데요?

바리 울리의 눈치를 내가 어떻게 당하겠니, 하하- 날도 좋고, 마침 저기 아이들이 저 동물 모양 용수철 의자를 타는 걸 보니 갑자기 알려주고 싶은 게 생각나서 말이야.

울리 뭔데요? 전에 용수철과 전기회로에 대해 얘기해주신다고 했는데 그건가요?

바리 맞아. 우리가 오래전에 뉴턴의 운동방정식을 공부했는데, 그때 용수철에 매달린 질량의 운동에 대해서도 배운 적이 있지? 아마 번지점프를 예로 들었을 거야.

엘리 기억나요. 용수철이 늘어났다가 원래 자리로 돌아가려는 힘인 '탄성력'은 '용수철의 탄성계수×늘어난 길이'와 같다고 하셨죠. (1권 21화 참조)

울리 헐~ 넌 그걸 어떻게 다 기억하니? 맨날 공부만 하나 봐.

바리 엘리는 참 꾸준하구나. 뉴턴의 두 번째 법칙인 운동방정식은 울리도 기억나지 않니?

울리 $F=ma$로 기억하지 말고 $a=\frac{F}{m}$으로 기억하라고 강조하신 것은 기억나네요. '질량에 힘이 작용하면 가속운동을 한다'로 기억하라고요.

바리 잘 기억하고 있네. 그럼 탄성계수가 k인 용수철에 매달린 질량 m에 작용하는 탄성력에 대해서는 $-kx=ma$가 되겠지? 그런데 이 용수철에 매달린 질량의 운동과 우리가 배운 전기회로 사이에는 비슷한 점이 있단다.

엘리 어떤 점이 비슷할지 전혀 감이 잡히지 않는데요?

바리 먼저 LC-회로에서의 전압 변화를 생각해볼 건데, LC-회로는 코일과 축전기가 연결된 회로를 의미하고, L은 자체유도계수, C는 전기용량을 의미해.

울리 또 건전지는 연결되지 않은 거예요?

바리 외부전원은 없고, 전하량 Q를 갖는 축전기를 코일과 연결한 회로를 말하는 거야. 회로가 연결되는 순간 축전기가 방전하면서 전류가 흐르게 되고, 이 전류 변화 때문에 반대 방향의 유도전류가 생기게 되지.

울리 참, 축전기는 에너지 저장고니까 건전지가 없어도 회로에 전류가 흐르겠네요.

엘리 근데 왜 코일을 회로에 연결해요?

바리 진짜 코일을 연결하지 않아도 돼. 코일은 전기회로에서 생기는 전자기유도 현상을 표시하기 위한 거거든. 저항체를 지그재그로 그려넣듯이 전기회로에 코일을 그려넣고 전자기유도 현상을 고려하는 거지.

엘리 아, 그렇군요. 코일이 전자기유도 현상을 대표하는 이미지네요.

바리 그렇지. 진짜 코일을 연결할 수도 있지만 말이야.

울리 시각적으로 좋은 아이디어인 것 같은데요? 그런데 축전기가 완전히 방전되면 어떻게 돼요?

바리 처음에 축전기의 양(+)으로 대전된 판에서 음(−)으로 대전된 판으로 전류가 흐르다 보면 축전기 전하가 0이 되는데, 자체유도 때문에 전류는 계속 같은 방향으로 흘러서 결국 처음과는 반대 부호로 축전기 판이 대전되지.

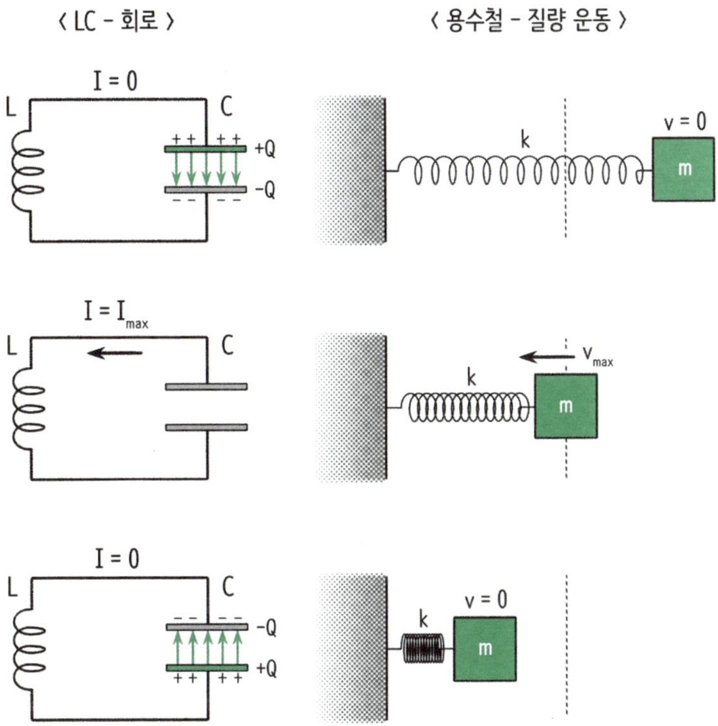

엘리 축전기가 처음과 반대 부호로 대전되면 전류 방향도 바뀌는 것 아니에요?

바리 바뀌지. 처음과 반대 방향으로 전류가 흐르면서 축전기는 다시 방전하는 거고 말이야.

울리 어? 그럼 그렇게 반대 방향으로 전류가 흐르다가 방전되고, 다시 축전기 판의 전하 부호가 바뀌어 처음 상태와 같아지겠네요?

바리 그렇지. LC-회로에서 전류의 흐름이 왔다 갔다 하는 것이 마치 용수철이 진동하는 것과 비슷하지 않니?

울리 아하, 그래서~

바리 LC-회로에서의 전압 변화를 '키르히호프의 규칙'(3권 13화 참조)에 따라 식으로 써서 용수철에 달린 질량의 운동방정식과 비교하면 좋은데, 한번 써볼까?

울리 이제 수식이 많이 겁나진 않아요. 히히-

바리 그래? 처음 전하량 Q로 대전된 축전기가 방전하면서 전류가 흐르기 시작할 때 회로에 키르히호프의 고리 규칙을 쓰면, 축전기와 코일을 지나며 전위가 낮아지니 $-\dfrac{Q}{C}-L\dfrac{dI}{dt}=0$이 되지.

엘리 그건 용수철 운동과 어떻게 비교되는 거죠? 용수철에 달린 질량의 운동방정식은 $-kx=ma$인데요?

바리 가속도의 정의가 시간 변화에 따른 속도의 변화니까 곧 속도의 시간 변화율이고, 이걸 미분으로 표시하면 $a=\dfrac{dv}{dt}$가 되거든. 직선으로 움직이니까 벡터는 생략한 거고 말이야. 결국 $-kx=m\dfrac{dv}{dt}$인 셈인데, LC-회로의 전압 식 $-\dfrac{Q}{C}=L\dfrac{dI}{dt}$와 유사하잖아.

엘리 그렇네요. 질량 m은 자체유도계수 L, 속도 v는 전류 I에 해당하는 건가 봐요. 그럼 x는 뭐에 해당하는 거죠? kx가 $\dfrac{Q}{C}$에 해당하는 것은 알겠는데요.

바리 속도는 '시간 변화에 따른 위치의 변화'로 정의되고, 전류는 '시간 변화에 따른 전하량의 변화'로 정의된다는 것을 생각해봐.

엘리 아하~ 변위 x는 전하량 Q에 해당하겠네요. 속도가 전류에 해당하니까요. 그래서 탄성계수 k는 전기용량의 역수 $\dfrac{1}{C}$에 해당

용수철-질량 운동		*LC*-회로	
질량	m	자체유도계수	L
변위	x	전하량	Q
속도	$v=\frac{dx}{dt}$	전류	$I=\frac{dQ}{dt}$
힘	$F=m\frac{dv}{dt}$	전압	$V=L\frac{dI}{dt}$
탄성계수	k	$\frac{1}{\text{전기용량}}$	$\frac{1}{C}$
운동방정식	$-kx=ma$	회로방정식	$-\frac{Q}{C}=L\frac{dI}{dt}$
위치에너지	$\frac{1}{2}kx^2$	전기에너지	$\frac{1}{2}\frac{Q^2}{C}$
운동에너지	$\frac{1}{2}mv^2$	자기에너지	$\frac{1}{2}LI^2$

하고요.

바리 그렇지.

울리 근데 질량은 운동 상태의 변화를 싫어해서 가속을 늦추고, 자체유도계수도 자기선속의 변화를 싫어해서 반대 방향의 유도전류를 만드니 정말 비슷한 점이 있네요.

바리 울리가 개념 비교를 아주 잘했네.

엘리 진짜 신기해요. 전혀 관계가 없어 보였는데요.

바리 그렇지? 다른 물리량도 유사하게 연관되는데, 예를 들어 용수철에 달린 질량의 위치에너지 $\frac{1}{2}kx^2$은 축전기에 저장된 전기에너지 $\frac{1}{2}\frac{Q^2}{C}$에, 운동에너지 $\frac{1}{2}mv^2$은 코일에 저장된 자기에너지

$\frac{1}{2}LI^2$에 해당한다는 의미지.

울리 와~ 그렇게 해도 전혀 문제가 없는 거예요? 에너지 단위도 모두 잘 맞고요?

바리 그럼. 그리고 LC-회로에서 축전기는 완전히 충전된 상태에서 시작했는데, 이 상태는 용수철이 최대로 늘어난 상태에 해당하지. 그리고 축전기에 저장된 에너지는 결국 전기장에 의한 에너지고 말이야.

엘리 용수철이 최대로 늘어난 지점에서 원래 위치로 오는 동안 위치에너지가 운동에너지로 바뀌는 것처럼 LC-회로에서도 축전기의 에너지가 코일의 에너지로 바뀌는 건가요? 코일에너지가 운동에너지에 해당하니까요.

바리 바로 그거야. 코일에 저장된 에너지는 자기장에 의한 에너지야. 처음에 전기장에 의한 에너지만 있다가 축전기 방전으로 전류가 흐르면서 자기장이 형성되어 자기장에 의한 에너지로 바뀌는 거지. 축전기 전하가 0일 때는 축전기에 저장된 에너지도 0이고, 코일에 저장된 에너지는 최대인 거고 말이야.

엘리 마찬가지로 LC-회로에서도 에너지는 보존되는 거죠? 위치에너지가 줄어든 만큼 운동에너지가 커지는 것처럼요.

바리 그래. 저항을 무시하고 있기 때문이지.

울리 그럼 저항을 넣어도 용수철 문제와 비교할 수 있어요?

바리 저항이 있는 전기회로는 마찰이 있는 곳에서 진동하는 용수철과 같은 상황이란다.

엘리 저희 예전에 공기 중에서 떨어지는 물체의 운동에 대해 공부할 때 공기저항이 떨어지는 물체의 속력에 비례하는 경우를 봤는데, 이 속력을 전류로 바꾸면 된다는 건가요?

울리 잠깐, 옴의 법칙! 물체의 속력에 비례하는 공기저항과 전류에 비례하는 전압! 뭔가 잘 맞는 것 같아요.

엘리 와~ 정말이네!! 공기저항력을 bv라고 했었는데, 저항 R 때문에 낮아지는 전압이 IR이니까 결국 상수 b가 저항에 대응되는 거군요?

바리 너희 정말 대단한데? 시원한 공원에서 공부해서 그런가? 아무튼 아줌마가 기분이 아주 좋다. 하하하- 뉴턴의 운동법칙은 저항력이나 마찰력이 있어도 항상 성립하니까 알짜힘으로 $F=ma$까지 얘기해보렴.

엘리 저항은 움직이는 물체와 반대로 작용하니 알짜힘 $F-bv=ma$를 만족하는 거죠.

바리 용수철에 달린 물체의 경우 $F=-kx$니 $-kx-bv=m\dfrac{dv}{dt}$가 되는데, 그대로 전기회로의 식으로 바꾸면, $-\dfrac{Q}{C}-RI=L\dfrac{dI}{dt}$가 되지. 물론 이 식은 키르히호프의 규칙을 적용하면 바로 써지는 거지만 말이야. 아, 이런 회로를 'RLC-회로'라고 불러.

울리 이렇게 대응시키는 거 좀 재미있는 것 같아요. 헤헤-

바리 이 식들은 속도와 전류를 미분으로 표현한 $v=\dfrac{dx}{dt}$, $I=\dfrac{dQ}{dt}$를 사용하면 변위에 대한 미분방정식과 전하량에 대한 미분방정식으로 바뀌게 되어서 미분방정식을 푸는 여러 가지 방법을 공부해야 한단다. 물리학도의 경우 말이야.

울리 갑자기 우울해지려 해요. 결국 물리를 잘하려면 수학을 잘해야 하네요.

바리 앗, 미안. 하나만 더 하고 오늘은 그만하자. 아까 전기장과 자기장에 의한 에너지를 LC-회로의 전기용량과 자체유도계수로 표현했는데, 일반적으로 전기장과 자기장으로도 나타낼 수 있단다.

엘리 전기장에 의한 에너지를 전기장으로요?

바리 그래. 전기장에 의한 에너지는 전기장의 제곱에 비례하고, 자기장에 의한 에너지는 자기장의 제곱에 비례한다는 것을 보일 수 있거든. 유도 과정에 대한 설명은 생략하겠지만 결과는 기억하고 있으렴~

- Spring-Mass system & *LC*-circuit

$$-kx = m\frac{dv}{dt} \quad \& \quad -\frac{Q}{C} = L\frac{dI}{dt}$$

- Spring-Mass system & *RLC*-circuit

$$-kx - bv = m\frac{dv}{dt} \quad \& \quad -\frac{Q}{C} - RI = L\frac{dI}{dt}$$

$$m\frac{d^2x}{dt^2} + b\frac{dx}{dt} + kx = 0 \quad \& \quad L\frac{d^2Q}{dt^2} + R\frac{dQ}{dt} + \frac{Q}{C} = 0$$

바리 교수의 물리노트 26

- 용수철에 달린 물체의 진동운동에서 저항력이 없는 경우는 LC-회로와, 저항력이 있는 경우는 RLC-회로와 유사하다.
  - 질량 $m \Leftrightarrow$ 자체유도계수 L
  - 속도 $v \Leftrightarrow$ 전류 I
  - 변위 $x \Leftrightarrow$ 전하량 Q
  - 탄성계수 $k \Leftrightarrow$ 전기용량의 역수 $\frac{1}{C}$
  - 저항력 $bv \Leftrightarrow$ 전압 RI
- 전기장에 의한 에너지는 전기장의 제곱에, 자기장에 의한 에너지는 자기장의 제곱에 비례한다.

27 자전거 페달을 돌리기만 하면 전구에 불이 들어온다구요?

발전기 원리

엘리와 울리의 학교에서 6월 환경의 달을 맞아 학교에서 지구 살리기 친환경 캠페인과 관련된 여러 동영상을 보여줬다. 엘리는 특히 자전거 페달을 돌릴 때마다 페달과 연결된 전구에 불이 들어오는 장면이 인상적이어서 따로 더 검색해보았다. 그러자 자전거 발전기를 만드는 과정을 알려주는 동영상을 쉽게 찾을 수 있었는데, 자전거가 제자리에서만 돌도록 스탠드를 세우고, 전구가 달린 발전기를 바퀴에 체인으로 연결한 후 열심히 자전거를 타면 전구에 불이 들어오는 원리였다.

바리 오늘은 일찍 오네?

울리 학교에서 지구 살리기 친환경 캠페인 특별교육만 받고 일찍 끝났어요.

바리 그렇구나~

엘리 아줌마~ 지난번에 모터의 원리에 대해서 설명해주셨잖아요? (3권 20화 참조) 오늘은 발전기의 원리에 대해 설명해주시면 안 돼요? 궁금해서요.

바리 안 되긴 왜 안 되겠어.

울리 저희가 오늘 학교에서 친환경 캠페인 중 하나로, 자전거 발전기에 대한 동영상을 봤거든요.

바리 그랬구나. 모터는 전기에너지를 역학적 에너지로 바꿔주고, 발전기generator는 역학적 에너지를 전기에너지로 바꿔주지.

엘리 서로 반대 역할을 하네요.

바리 그렇지. 모터와 발전기는 모두 자기장 속에 고리 도선이 있는 구조인데, 모터는 고리 도선에 전류를 보내 자기력에 의한 돌림힘으로 고리 도선이 돌게 하는 거고, 발전기는 고리 도선을 돌림으로써 자기선속이 계속 변하게 해서 도선에 전류가 유도되게 하는 거거든.

엘리 아, 패러데이가 자석은 가만히 두고 고리 도선의 방향을 바꾸며 실험한 것과 비슷한 거네요.

바리 그래~ 자기선속은 '면적×면적을 수직으로 관통하는 자기장'이라고 했잖아? 이게 바로 '자기장과 면적벡터의 스칼라곱(내적)'이고 말이야.

울리 근데 스칼라곱은 두 벡터의 나란한 성분들을 곱하는 거 아니에요? 왜 자기장이 면적을 수직으로 통과하는 것만 곱하죠? 제가 뭔가 제대로 기억을 못하고 있는 거죠? 여러 번 나왔는데 말이죠.

바리 괜찮아. 지난번에 전기선속을 정의할 때 면적벡터의 방향은 면적에 수직한 방향으로 정의한다고 했는데, 면적을 수직으로 지나가는 자기장이 바로 면적벡터와 나란한 성분의 자기장인 거야. 자기선속은 전기선속과 정의가 유사하잖아. 전기장 대신 자기장을 사용한 거니까 말이야.

엘리 맞아요. 그래서 자기장 안에서 고리 도선을 돌리면 면적벡터의 방향이 계속 변하니까 자기선속도 계속 변하는 거고요.

바리 그렇지. 자기장 B가 일정한 경우 자기선속 $\Phi_B = \vec{B} \cdot \vec{A}$로 정의되는데, 고리 도선의 면적 A의 방향에 따라 자기선속의 크기가 달라지니까 말이야. 예를 들어 자기장과 고리 도선의 면적벡터가 모두 오른쪽을 향하고 있을 때 자기선속은 얼마일까?

엘리 자기장과 면적벡터가 같은 방향이니까 자기선속은 그냥 BA 아닌가요?

바리 맞아. BA야. 이제 고리 도선을 반시계 방향으로 돌려서 면적벡터와 자기장이 수직이 되면, 또 더 돌려서 반대 방향이 되면 자기선속은 각각 어떻게 될까?

울리 면적벡터와 자기장이 수직이면 나란한 성분이 없는 거니까 자기선속은 0이겠죠? 근데 반대 방향일 때는….

바리 반대 방향으로 나란한 경우에는 $-BA$가 되는 거야. 즉 자기선속이 최댓값 BA에서 점점 줄어 0이 되었다가, 더 줄어서 음(−)이 되고 최솟값 $-BA$가 되는 거지.

울리 그럼 고리 도선을 같은 방향으로 계속 더 돌리면 자기선속이 다시 점점 커지나요?

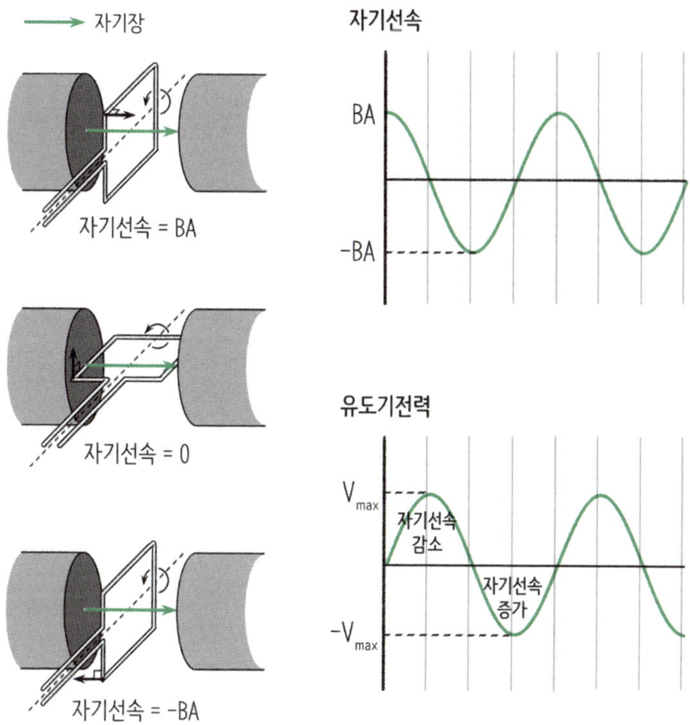

바리 자기장과 고리 도선 면적벡터가 같은 방향이었다가 반대 방향으로 될 때까지는 자기선속이 줄어들지만, 이후에도 계속 돌리면 다시 면적벡터 방향이 점차 자기장과 같은 방향이 되니까 자기선속이 증가하지. 이해가 잘 안 되면 핸드폰을 고리 도선이라고 생각하고 돌려봐.

울리 지난번에 모터 설명하실 때도 핸드폰을 돌리셨죠~

바리 하하- 납작한 핸드폰이 늘 손에 있으니 편하잖아. 핸드폰의 앞면에서 수직으로 나오는 방향을 면적벡터의 방향이라고 생각하고, 반시계 방향으로 돌리기 시작해보렴. 시작할 때 면적벡터 방향이 자기장처럼 오른쪽을 향하게 하고 말이야.

엘리 핸드폰 앞면이 오른쪽을 향한 상태에서 반시계 방향으로 돌리면 앞면이 위쪽을 향하다가, 왼쪽을 향하다가, 아래쪽을 향하다가, 다시 오른쪽을 향하게 돼요. 계속해서 돌리면 이 과정을 반복하겠죠.

울리 핸드폰을 돌려보니 알겠어요~

바리 다행이네~ 그럼 핸드폰 앞면이 위쪽을 향하거나 아래쪽을 향할 때는 자기선속이 0이라는 것도 연상되지?

울리 네~ 둘 다 고리 도선을 수직으로 뚫고 지나가는 자기장이 없네요. 내적은 한 벡터가 다른 벡터 방향의 성분을 갖고 있어야 0이 아니라는 것이 생각났어요.

바리 내적의 정의를 정확히 기억하고 있구나.

엘리 울리가 어떤 것은 아주 정확하게 알고 있어서 선생님들도 가끔 깜짝 놀라세요.

바리 아줌마도 알고 있지. 울리가 예리한 면이 있다는 걸 말이야.

울리 에이, 쑥스럽게…. 히히-

바리 자, 일정한 자기장 안에 있는 고리 도선을 돌리면 자기선속은 감소했다 증가했다를 반복하는데, 그럼 유도기전력은 어떻게 될까? 유도기전력은 자기선속의 변화를 거부하는 방향이라는 것을 생각하면 말이야.

울리 렌츠의 법칙!

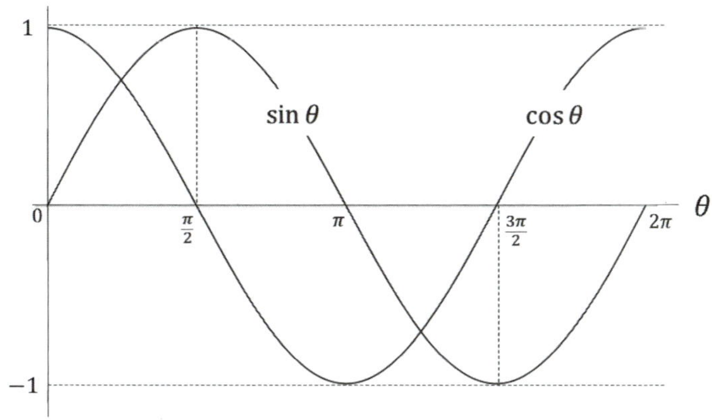

엘리 그럼 자기선속이 감소하는 동안은 유도기전력이 양(+), 증가하는 동안은 음(−)이 되겠죠?

바리 잘했어. 그럼 고리 도선을 일정한 각속도로 돌리는 상황에서 유도기전력이 가장 클 때는 언제일까? 뭘 생각해야 하는 질문인지부터 생각해볼래?

울리 혹시 시간? 많은 경우 시간이 참 중요했던 것 같아요. 유도기전력이 클 때는 자기선속이 빨리 많이 변할 때잖아요. 근데 그게 언제일까요….

바리 꽤 논리적인 생각이야. 이래서 수학을 알면 훨씬 쉽다고 하는 거야. 다시 자기선속의 정의를 보면, $\Phi_B = \vec{B} \cdot \vec{A} = BA\cos\theta$여서 코사인함수의 변화를 보면 되거든. θ는 자기장과 면적벡터의 사잇각이고 말이야.

엘리 고리 도선이 반시계 방향으로 한 바퀴를 도는 동안 자기장과 면적벡터의 사잇각은 0에서 2π까지 변하는 거죠? 그리고 어느 각도에서 자기선속의 변화가 가장 큰지를 보면 되는 거고요?

바리 맞아. 코사인함수는 $\theta=\frac{\pi}{2}$, $\frac{3\pi}{2}$일 때 기울기의 부호는 다르지만 변화가 가장 크단다. 또 코사인함수의 변화는 사인함수와 비례하는데, $\sin\frac{\pi}{2}=1$, $\sin\frac{3\pi}{2}=-1$로 최댓값과 최솟값에 해당하지.

울리 아, 그럼 자기장과 고리 도선의 면적벡터가 수직일 때 유도기전력이 가장 큰 거예요? 그땐 자기선속이 0인데요?

바리 유도기전력은 자기선속 자체에 의한 것이 아니라 자기선속의 변화에 의한 것이라는 것이 다시 강조되는 상황인 거지.

엘리 아하, 그럼 자기선속이 최댓값이나 최솟값일 때의 유도기전력은 어떻게 돼요?

바리 자기선속이 최대이거나 최소일 때는 코사인함수가 최대이거나 최소일 때와 같아서 아까 본 것처럼 $\theta=0$일 때 최대, $\theta=\pi$일 때 최소가 되지. 근데 이때 코사인함수는 변화가 거의 없어서 유도기전력도 0이 돼.

울리 자기선속의 크기가 커도 변화가 없으면 유도기전력은 0이다! 잊지 말아야겠어요.

엘리 정리하자면, 자기선속이 $+BA \to 0 \to -BA \to 0 \to +BA$로 변할 때 유도기전력은 $0 \to V_{max} \to 0 \to -V_{max} \to 0$으로 변한다는 거네요. 좀 신기한 것 같지만요.

울리 오~ 이해가 될 것 같은 정리다. 아무튼 자기장 안에 있는 고리 도선을 돌리면 패러데이의 전자기유도법칙에 의해 고리 도선에 전류가 흐른다는 것은 이해했어요.

바리 그걸 이해했다면 오늘의 핵심은 이해한 거야. 그럼 고리 도선에 유도된 전류는 교류일까, 직류일까?

울리 유도기전력은 결국 전위차인데, 반 바퀴 돌 때마다 부호가 바뀌잖아요. 그래서 유도전류도 교류일 것 같아요.

바리 맞았어. 우리는 오늘 교류발전기의 원리를 배운 건데, 우리가 사용하고 있는 전기는 바로 이런 교류발전기에 의해 만들어지는 것이지. 우리나라, 미국, 캐나다 등 여러 나라에서는 고리 도선의 회전각속도 크기가 60Hz, 즉 1초에 60번 회전시켜 만드는 60Hz 교류발전을 하고, 유럽의 일부 국가에서는 50Hz 교류발전을 한단다.

엘리 발전소에서 고리 도선은 누가 돌려요?

바리 여러 방법이 있지. 떨어지는 물의 힘을 이용한 수력발전, 바람의 힘을 이용한 풍력발전, 석탄을 태워 물을 증발시켜서 생긴 수증기를 이용하면 화력발전이라고 하는 거야.

엘리 그럼 자전거 발전기는 인력발전이네요~

바리 하하- 그렇네. 가장 친환경적이고, 운동도 되는~

울리 근데 모터는 전류가 흘러 고리 도선이 자기장 안에서 도는 것인데, 한편 자기장 안에서 도는 고리 도선에는 다시 유도전류가 생기니 발전기가 되는 것 아닌가요? 그렇게 치면 모터가 전기에너지도 만드는 거잖아요?

바리 와~ 울리가 아주 제대로 생각을 하는구나.

엘리 정말 모터가 발전도 해요?

바리 울리의 말대로 모터가 작동하면 자기장 안에서 도는 고리 도선에 자기선속의 변화를 거부하는 방향으로 유도기전력이 새로 생기는데, 이걸 '역기전력counter-electromotive force'이라고 한단다. 집에서 전동드릴을 사용할 때 전등불이 약간 희미해지는 경우가 있는데, 이런 현상들이 바로 역기전력 때문에 전압이 낮아져서 그런 거야.

울리 역시 알수록 알아야 하는 것이 많아지는 것 같아요.

엘리 근데 아줌마, 고리를 돌리는 건 각속도가 있는 거잖아요? 그럼 자기장과 면적벡터가 만드는 사잇각 θ를 각속도로 나타낼 수 있는 것 아닌가요?

바리 그렇지. 각속도를 ω라고 하면 각변위 $\theta=\omega t$로 쓸 수 있지. 마치 직선운동에서 변위 $x=vt$인 것처럼 말이야. (1권 34화 참조)

엘리 아하~ 그렇겠네요. 그럼 자기선속 $\Phi_B = BA\cos(\omega t)$가 되어 시간과의 관계를 바로 알 수 있겠네요.

바리 그래. 유도기전력 $V_{유도} = BA\omega\sin(\omega t)$가 되는데, 이것은 자기선속을 시간에 대해 미분해서 얻어지는 결과란다.

울리 $*^$%!? 엘리 너는 왜 복잡한 질문을 해서….

바리 교수의 물리노트 27

- 발전기generator: 패러데이의 전자기유도법칙을 이용하여 역학적에너지를 전기에너지로 바꾸는 장치.
- 일정한 자기장 B 안에서 일정한 각속도 ω로 돌아가는 면적 A의 고리 도선의 자기선속 Φ_B는 코사인함수로 감소와 증가를 반복하고, 유도기전력 $V_{유도}$는 사인함수로 증가와 감소를 반복한다.

$$\Phi_B = BA\cos\omega t,\ V_{유도} = BA\omega\sin\omega t\ (t\text{: 시간})$$

- 역기전력counter-electromotive force: 모터를 작동할 때 전자기유도법칙에 의해 유도되는 전위차.

28 대부분의 전자기기가 변압기를 내장하고 있다구요?

변압기

울리의 반 친구 중 한 명이 영화 <트랜스포머>에 나오는 변신로봇들을 모은다고 해서 모두들 그 친구의 집에 구경을 하러 갔다. 멋진 것들은 제법 가격이 비싸서 울리는 부모님께 얘기를 꺼낼 엄두도 내지 못하고 있는 상황이라 그 친구가 부러웠다. 그래도 울리와 친한 친구라서 이따금 그 친구 집에 놀러가 실컷 갖고 놀 수 있는 것만으로 울리는 꽤 만족하고 있다. 그 변신로봇들은 자세히 보면 볼수록 정교함에 감탄하여 비쌀 수밖에 없다는 생각이 들 정도다.

울리 엘리야, 너도 <트랜스포머> 좋아하지?

엘리 좋아한다기보다 신기하고 멋있지. 특히 자동차로 변신하는 '범블비' 캐릭터가 정말 흥미롭지 않니?

울리 그치? 내 짝이 그 변신 로봇들을 많이 갖고 있어서 엊그제 걔네 집에 가서 실컷 봤거든. 진짜 신기하더라. 아줌마도 좋아하실까?

바리 트랜스포머? 영화 얘기하는 거지? 난 1편만 봤어. 딸들이 어릴 때 함께 영화관에서 봤지.

엘리 영화 말고 다른 트랜스포머도 있어요?

바리 아~ 변압기가 영어로 '트랜스포머transformer'거든. 하하- 당연히 트랜스포머하면 나는 변압기가 먼저 떠올라서 말이야.

울리 에이~ 아줌마~~~

바리 미안~ 썰렁하지? 썰렁한 김에 변압기 원리 공부나 하자. 전압 조정 장치인 변압기도 전자기유도법칙을 이용한 것이니 말이야.

엘리 전자기유도법칙이 참 이곳저곳에 유용하네요.

바리 그치? 먼저 변압기 구조부터 보면, 변압기는 같은 철심에 두 가지 코일이 감겨 있는데, 각각 '1차 코일primary coil(입력코일input coil)', '2차 코일secondary coil(출력코일output coil)'이라고 해.

울리 전자기유도법칙을 이용한 것이면 분명 한 코일에는 전원을 연결하고 다른 코일에는 전원을 연결하지 않겠죠?

바리 전자기유도법칙의 기본 개념을 아주 잘 알고 있어서 기분 좋은데? 1차 코일을 교류전원에 연결하고 2차 코일에 유도기전력이 생기게 하는 거지. 그리고 이 2차 코일에 다른 전기회로를 연결하면 유도기전력이 전원 역할을 하게 되는 거고 말이야.

엘리 오래전 미국에 사는 엄마 친구가 미제 다리미를 선물로 주신 적이 있는데, 그 다리미를 사용하려면 소형 변압기가 필요했었어요. 미국은 110V를 사용한다고 해서요. 오늘 그 원리를 알게 되겠네요.

바리 그런 경우는 감압변압기를 사용해서 집에 들어오는 220V를 110V로 내려 사용했겠구나.

울리 2차 코일에 유도기전력이 생기는 것은 알겠는데, 어떻게 전압을 내려요?

바리 생각보다 간단해. 유도기전력의 크기가 자기선속의 변화에만 비례하는 것이 아니라 코일의 감긴 수에도 비례하니까 2차 코일의 감긴 수를 조정해서 전압을 올리거나 내릴 수 있거든.

울리 와~ 정말요? 그럼 220V를 110V로 낮추기 위해 2차 코일의 감긴 수를 1차 코일보다 줄이나요?

바리 그래야지. 예를 들어 220V에 연결된 1차 코일의 감긴 수가 200인데, 2차 코일의 감긴 수가 100이면 110V의 전위차가 유도되지. 코일을 이루는 고리 도선 하나에서의 자기선속 변화는 같지만 고리 도선 개수가 반밖에 안 되니까 말이야.

엘리 그럼 2차 코일의 감긴 수가 400이면 440V가 되겠네요?

바리 그래. $\text{‘}\dfrac{\text{2차 코일에 유도된 전압}(V_2)}{\text{1차 코일에 공급된 전압}(V_1)} = \dfrac{\text{2차 코일의 감긴 수}(N_2)}{\text{1차 코일의 감긴 수}(N_1)}\text{’}$ 라고 할 수 있어. 물론 에너지 손실이 없는 이상적인 변압기인 경우에 말이야.

울리 저흰 이상적인 경우를 공부하는 것만도 벅차요. 헤헤- 근데 변압기로 전압을 높이면 전류가 많이 흘러서 전력도 증가해야 하는 것 아닌가요?

엘리 전력이 증가한다? 뭔지 모르겠지만 이상한 것 같아요.

바리 이상하지. 변압기에서 1차 코일의 전력과 2차 코일의 전력은 변하지 않아. 에너지보존법칙 때문이지. 전력은 '전류×전압'이잖아? 2차 코일의 유도기전력 V_2가 1차 코일의 전압 V_1보다 2배 커

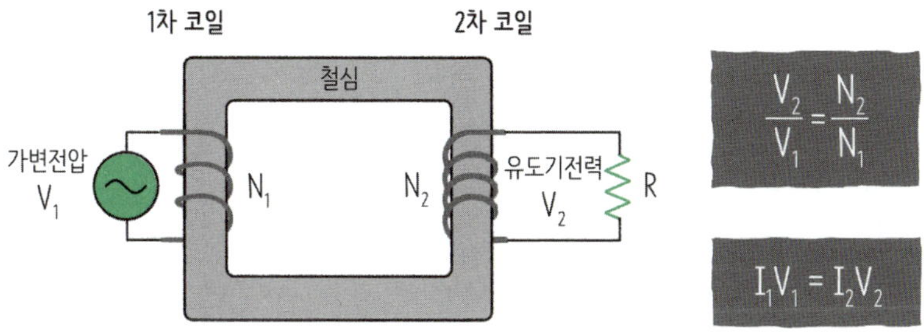

진다면 2차 코일에 흐르는 전류 I_2는 1차 코일에 흐르는 전류 I_1의 반이 되거든. 즉 $I_1V_1 = I_2V_2$인 거지.

울리 아하, 그렇군요.

엘리 근데 보통은 변압기를 사용할 필요가 없지 않나요? 저도 그 미제 다리미가 아니었으면 변압기가 뭔지도 몰랐을 것 같은데요.

바리 그렇지도 않아. 사실 변압기는 일상에서 굉장히 많이 사용되는데 우리 눈에 보이지 않아서 그 필요성을 잘 못 느끼는 거야.

엘리 우리 눈에 왜 안 보여요?

바리 대부분의 가전제품은 낮은 전압에서 작동하기 때문에 모두 변압기가 필요한데, 이미 내장하고 있는 경우가 많아서 우리 눈에 안 보이는 거지. 노트북의 경우는 '어댑터adaptor'라는 작은 박스를 220V 교류전원에 직접 연결하는데 그 안에 변압기가 있거든.

엘리 어댑터 안에 변압기가 있다고요?

바리 그래. 어댑터는 그 안의 변압기가 220V를 12.5V의 교류전원으로 낮춰준 뒤, 다이오드와 축전기를 사용해서 교류를 직류로 바꿔주는 기능까지 하고 있지.

울리 그냥 발전소에서 처음부터 낮은 전압으로 보내주면 안 되나요?

바리 보통 교류발전소에서 만들어지는 전압이 2만 V 정도인데, 변압기를 이용해서 전압을 낮추면 전류는 증가하겠지? 전력이 같으려면 말이야. 그럼, 전류가 증가하면 어떤 문제가 생길 것 같아?

울리 흠…. 글쎄요.

바리 힌트는, 발전소에서 우리가 사는 곳까지는 아주 멀어서 전류가 도선을 따라 긴 거리를 한참 흘러야 한다는 거야. 도선의 저항은 아주 작지만 0은 아니고 말이지.

엘리 아, 혹시 저항 때문에 에너지 손실이 생기나요?

바리 맞아. 전류가 흐르면 열이 발생하면서 에너지를 소모하는데, 전력에 비례해서 열이 발생하고, 한편 전력은 전류의 제곱에 비례하고 저항에도 비례하니까 저항이 작아도 전류가 크면 에너지 손실이 크게 되지. (3권 12화 참조)

울리 아~ 그래서 강한 전류를 보내면 안 되는 거군요.

바리 그래. 오히려 발전소는 변압기를 사용하여 전압을 수십만 V로 올려서 송전한단다. 그걸 도시 근처에서 수만 V로 낮추고, 동네 근처에서 다시 수천 V로, 그리고 개별 가정으로 들어올 때는 220V나 미국처럼 110V로 낮추는 거지. 계속 변압기를 사용하면서 말이야.

엘리 도시 근처까지는 최대한 에너지 손실을 줄이려고 고압으로 송전을 하는 거군요. 근데 변압기는 왜 같은 철심에 두 코일을 감아요? 같은 철심을 이용하지 않아도 전자기유도 현상은 생기잖아요.

바리 일단 철심에 1차 코일을 감고 전류를 보내면 전자석에서처럼 철심도 자화가 되어 자기선속이 커지고, 같은 철심에 2차 코일도 감겨 있으니 1차 코일을 통과한 자기선속이 거의 모두 2차 코일을 통과할 수 있어서 효율적이거든.

울리 아줌마, 근데 이해가 안 되는 것이 있는데요. 교류전류나 교류전압은 방향과 크기가 시간에 따라 파동처럼 계속 바뀌는 거잖아요? 그럼 '전류가 얼마', '전압이 얼마'라고 하는 것은 무엇을 의미해요? 최댓값을 말하는 건가요?

바리 아주 좋은 질문이야. 교류는 시간에 따라 최댓값과 최솟값 사이를 계속 반복하며 커졌다 작아졌다 하기 때문에 우리가 교류에서 말하는 전류나 전압은 평균값을 의미해. 근데 단순 평균값이 아니라 '제곱평균제곱근root-mean-square'이라는 평균값이야.

엘리 그게 뭐예요? 말도 어렵네요.

바리 보통 영어 첫 자를 따서 'rms'라고 부르는데, 전류의 rms는 전류를 제곱하고 제곱값의 평균을 구한 뒤, 다시 제곱근을 구한 거란다.

울리 왜 제곱값의 평균을 구해요? 그냥 전류를 평균내면 안 되나요?

바리 전류가 앞으로 갔다가 뒤로 갔다가 하며 방향이 바뀌니까 평균을 구하면 0이 되거든. 제곱을 하면 전류 크기의 제곱이 되기 때문에 평균값이 0이 아니고 말이야. 제곱의 평균을 구했으니 다시 제곱근을 구해야 전류의 단위를 갖는 양이 되는 거지.

울리 아~ 신기한 방법이네요.

바리 교류전류나 교류전압 역시 사인함수나 코사인함수로 표현되는데, 제곱의 평균을 구해보면 최댓값 제곱의 절반이 된다. 계산 과정은 어렵지만 그림을 보면 $\frac{1}{2}I_{\max}^2$이 전류제곱의 평균임을 알 수 있지.

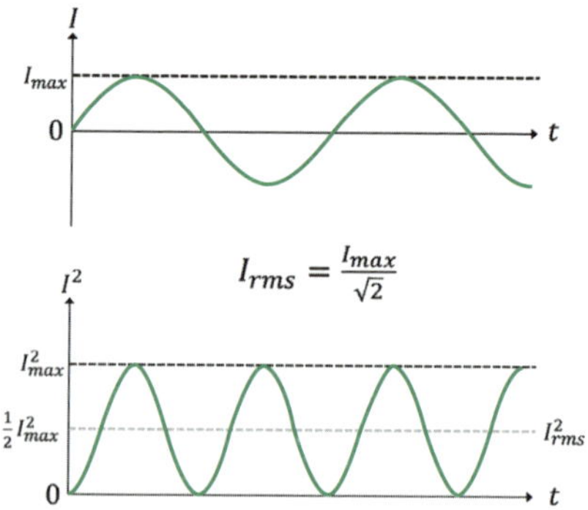

엘리 계산 과정까지는 너무 벅찰 것 같아요. 헤헤-

바리 나중에 꼭 알아야 할 때 배우면 되니까 괜찮아. 교류전류나 교류전압의 제곱의 평균이 최댓값 제곱의 절반이기 때문에, 교류전류의 제곱평균제곱근 $I_{\text{rms}} = \frac{I_{\max}}{\sqrt{2}} = 0.707I_{\max}$, 교류전압의 제곱평균제곱근 $V_{\text{rms}} = \frac{V_{\max}}{\sqrt{2}} = 0.707V_{\max}$가 된단다.

울리 그러니까 우리가 220V라고 하는 교류전압은 rms 전압을 의미한다는 거죠?

바리 그래. 그리고 최대전압은 약 311V라는 거야. rms 전압이 최대전압의 약 71%라는 뜻이니까 말이야.

엘리 그럼 교류회로에서의 저항, 전류, 전압의 관계식에는 rms 전류와 rms 전압을 써야 하나요?

바리 그렇지. 예를 들어 교류회로에 연결된 저항 R이 소모하는 평균전력은 $I_{\text{rms}}^2 R$이 되는 거지.

울리 수학적으로는 모르겠지만 rms는 최댓값의 약 71% 되는 값이라 고 기억할게요~

바리 교수의 물리노트 28

- 변압기transformer: 전자기유도법칙을 이용하여 전압을 조정하는 장치로, 변압기가 '1차 코일primary coil(입력코일input coil)'과 '2차 코일secondary coil(출력코일output coil)'로 구성된 경우, 저항을 무시하면 '1차 코일 전압(V_1)과 2차 코일 전압(V_2)의 비'는 '1차 코일 감긴 수(N_1)와 2차 코일 감긴 수(N_2)의 비'와 같고 전력은 변하지 않는다.

$$\frac{V_2}{V_1} = \frac{N_2}{N_1},\ I_1V_1 = I_2V_2$$

- 교류회로에서 사용하는 평균값은 '제곱평균제곱근root-mean-square(rms)'으로서, 최댓값을 $\sqrt{2}$로 나눈 것과 같다. 또는 최댓값의 약 71%다.

$$I_{\text{rms}} = \frac{I_{\max}}{\sqrt{2}} = 0.707I_{\max},\ V_{\text{rms}} = \frac{V_{\max}}{\sqrt{2}} = 0.707V_{\max}$$

29 시간에 따라 변하는 전기장은 자기장을 유도한다구요?

맥스웰 방정식

바리 교수는 울리와 엘리에게 영화 <트랜스포머> 시리즈 중 한 편을 골라 함께 보자고 제안했다. 둘은 처음으로 3D로 제작했다는 시리즈3을 골랐고, 그 사이 바리 교수는 팝콘과 음료를 준비했다. 영화를 보며 바리 교수는 발전된 컴퓨터 그래픽 기술에 다시 한 번 감탄했고, 울리와 엘리는 <트랜스포머>에 나오는 변신로봇처럼 자신이 여러 모습으로 변신하는 상상을 하면서 즐거워했다.

바리 변신로봇이 아이들의 상상력을 키워줘서 좋은 장난감이라고 하던데, 정말 트랜스포머들처럼 정교한 변신을 할 수 있다는 건 상상만 해도 즐거울 것 같네. 하하-

엘리 저도 어릴 때 변신합체로봇을 한동안 갖고 놀았었어요. 자동차도 있었고, 곤충도 있었죠.

울리 내 친구네 트랜스포머들을 봤어야 하는데…. 우리가 갖고 놀던 변신로봇과는 비교도 안 될 만큼 진짜 정교하고 멋져요.

바리 트랜스포머들을 탄생시킨 사람들의 상상력이 정말 대단하지?

사실 과학을 연구하는 것도 유연한 상상력이 필요하단다. 단지 수학을 잘하거나 실험을 잘한다고 되는 것이 아니라 남이 생각하지 않은 것을 생각할 수 있는 능력이 필요하지.

울리 수학도 어려운데 상상력까지 있어야 하다니요.

바리 과학에서의 상상력이나 창의성은 그냥 생기는 것은 아니고 아는 것이 많아야 더 창의적일 수 있단다. 새로운 것을 고안했는데 알고 보니 이미 많은 사람이 알고 있는 것일 수 있잖아.

엘리 근데 그렇게 천재 같은 과학자들이 이미 밝혀놓은 것보다 더 어려운 것을 제가 밝혀야 한다면 과학은 너무 어려운 것 같아요. 공부할 것은 많고요.

바리 과학을 공부하는 것이 절대 쉽지 않지. 물리학은 더욱 그렇고 말이야. 그렇지만 현재 알려진 많은 과학적 사실이 절대적인 것만은 아니기 때문에 언제든 수정될 수 있음을 명심해야 해. 아무리 천재과학자들이 밝힌 것이라 해도 말이야.

울리 신나는데요! 천재과학자들이 밝힌 것도 절대적이지 않다니요.

바리 정말이야~ 우리가 그동안 공부한 내용 중에도 수정된 것이 있는데, 가령 앙페르법칙은 앙페르-맥스웰법칙Ampère-Maxwell's law이 되었단다. 지난번에 맥스웰은 전자기유도법칙을 '시간에 따라 변하는 자기장은 전기장을 유도한다'고 설명했다고 한 것 기억나니?

울리 기억나요. 그리고 '시간에 따라 변하는 전기장은 자기장을 유도한다'는 것도 보였다고 하셨어요. 설명은 안 해주셨지만요.

바리 그래서 오늘 그 설명을 하려고 해. 맥스웰이, '시간에 따라 변하는 자기장이 전기장을 유도한다면, 시간에 따라 변하는 전기장은 자기장을 유도하지 않을까?' 하는 생각에 연구를 하다가 수학적으로 증명해낸 것이 그 설명이거든.

엘리 그렇군요~ 전기장과 자기장이 서로 얽혀 있는 것이 신기해요.

바리 조금 복잡한데, 그래도 4개의 맥스웰 방정식을 제대로 구경이라도 해야 전자기학을 겉핥기로나마 맛을 봤다고 할 수 있을 거야. 먼저 앙페르법칙부터 복습해볼까?

울리 앙페르법칙을 이용하면 전류가 만드는 자기장을 쉽게 구할 수 있다고 하신 것만 기억나네요.

바리 앙페르법칙은 '전류가 흐르는 도선 주변에 생기는 자기장을 닫힌 경로를 따라 모아보면, 닫힌 경로 내부에 흐르는 총 전류에 비례한다'고 말로만 설명했던 것 같은데, 이것도 식으로는 '자기장과 경로 위에서의 변위벡터의 스칼라곱(내적)'이야.

울리 그럼 닫힌 경로를 따라가는 방향의 자기장 성분이 있어야 내적의 결과가 0이 아니겠네요?

바리 맞아. 그래서 전류가 흐르는 직선 도선으로부터 거리 R만큼 떨어진 곳에서의 자기장의 세기를 쉽게 구할 수 있었던 거야. 도선을 중심으로 반지름이 R인 원주상에서는 자기장의 세기가 모두 같을 것이고, 방향은 원주 방향이니까 말이지. 즉 $B(2\pi R) \sim I$라는 거란다. (3권 18화 참조)

울리 근데 이 앙페르법칙이 완벽한 것이 아니었어요?

바리 그것을 확인하기 위해 평행판 축전기와 건전지가 연결된 회로에 전류가 흘러 축전기가 충전되는 과정을 생각해보자. 그리고 축전기와 연결된 도선을 중심으로 하는 닫힌 경로를 상상하고 앙페르법칙을 적용하는 거야.

엘리 조금 전에 설명하신 것과 같은 상황 아닌가요? 도선을 중심으로 하는 원주 위에서의 자기장은 도선으로부터의 거리에 반비례하고 도선에 흐르는 전류에 비례한다는 거요.

바리 그렇지? 근데 닫힌 경로 내부의 전류라는 것은, 닫힌 경로가 만드는 면적을 뚫고 지나가는 전류를 의미하지 않겠니?

엘리 네. 당연한 것 같은데요.

바리 그럼, 평행판 축전기가 충전되고 있다고 했는데, 평행판 축전기는 두 도체판 사이에 빈 공간이 있어서, 도선을 중심으로 하는 원주가 가장자리를 차지하는 면적은 원판 모양일 수도 있지만

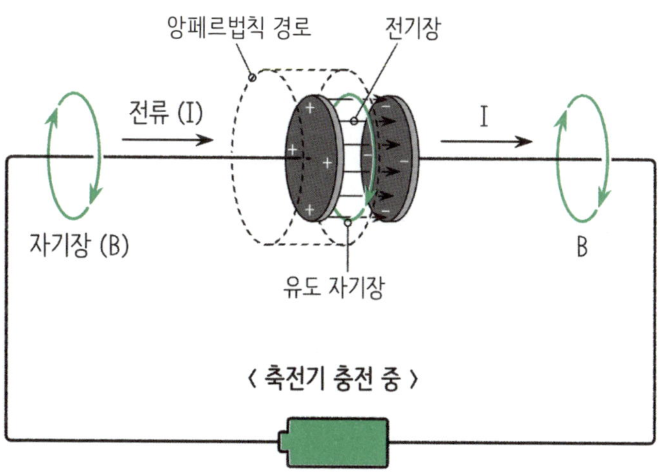

〈 축전기 충전 중 〉

밥그릇처럼 움푹 파인 모양의 면적일 수도 있는 거잖아? 앞의 그림처럼 말이야.

울리 근데 밥그릇의 밑면이 두 도체판 사이에 있으면 뚫고 지나가는 전류가 없는 거잖아요?

바리 그게 바로 문제였던 거지. 밥그릇 같이 생긴 면적을 상상하며 앙페르법칙을 적용하면 경로 내부를 지나는 전류가 없는 것이 되니까 말이야.

엘리 그냥 닫힌 경로만 생각하지 왜 면적까지 생각해서 문제를 만들었을까요? 히히-

바리 어떤 경우든 논리적으로 모순이 있으면 안 되니까 그래. 앙페르법칙은 닫힌 경로기만 하면 결과는 같다는 건데, 실제로 따져보니 다른 결과가 나올 수 있어서 이게 당시로서는 한동안 이해할 수 없는 문제였어.

엘리 그걸 맥스웰이라는 학자가 해결한 거군요? 어떻게 했어요?

바리 바로 변화하는 전기장이 자기장을 유도할 수도 있을 거라고 생각하고, 그걸 증명하는 데 성공한 거야. 그럼 변화하는 전기장이 어디에 있을까? 충전 중인 축전기라고 했는데….

엘리 아, 두 평행판 사이요. 충전되는 동안 계속 전기장이 변하잖아요.

바리 그렇지. 이렇게 전기장이 시간에 따라 변할 때 마치 전류가 관통하는 것처럼 두 도체판 사이에 자기장이 유도된다는 것을 보인 거야. 여기서는 자기장이 유도되기 때문에 이 가상의 전류를 '변위전류displacement current'라고 부른단다.

울리 그럼 앙페르법칙은 틀린 거예요?

바리 틀린 것이 아니고, 앙페르법칙은 전기장의 변화가 없을 때만 맞는 거지. 전류도 흐르고 전기장의 변화도 있으면 전하의 이동에 의한 진짜 전류와 변위전류를 더해줘야 하는 거고, 이것이 앙페르-맥스웰법칙인 거야.

엘리 근데 축전기 사이에 유도된 변위전류는 도선에 흐르는 전류와 똑같나요? 그래야 아까 문제가 해결되는 거잖아요?

바리 맞아. 똑같아. '전기장의 변화가 자기장을 유도한다'는 것을 조금 변형하면, '전기선속의 변화가 전류를 유도한다'가 돼서, 변위전류는 전기선속의 변화에 비례한단다.

울리 어? 자기선속의 변화는 전압을 유도하는데, 전기선속의 변화는 전류를 유도하네요?

바리 그렇게 함께 이해하면 기억하기 좋지. 밥그릇 모양의 면적 밑면이 평행판 축전기의 도체판과 나란하다고 가정하면 전기선속은 EA가 되는데, 충전 중인 평행판 축전기의 전기장은 전하량에 비례하고 면적에 반비례하니까 전기선속의 변화는 결국 전하량의 변화가 되어 도선에 흐르는 전류와 같게 되는 거야.

엘리 근데 밥그릇 모양 면적에서 밥그릇 옆면은 무시하나요?

바리 평행판 축전기 밖에는 전기장이 없다는 가정을 이용하면 옆면에 대한 전기선속은 없단다.

울리 전기선속과 자기선속을 잘 이해하는 것이 중요한 것 같아요.

바리 그렇지. 사실 전자기학의 기본인 맥스웰 방정식 4개 모두에서 전기선속과 자기선속의 개념이 필요하니까 말이야.

울리 그럼 전기선속의 변화에 의해 유도되는 전류의 방향도 변화를 거부하는 방향인가요? 도선의 전류와 같아진다는 것을 보면 아닌 것 같기도 한데요.

바리 전기선속의 변화에 의한 변위전류는 부호가 바뀌지 않는단다. 다시 전기장과 자기장으로 표현하면, 전기장의 세기가 점점 커지고 있는 평행판 축전기 안에서 유도되는 자기장의 방향은 전기장의 방향에 오른손 엄지를 맞추면 나머지 네 손가락이 만드는 원형 방향이란 뜻이야.

엘리 그래서 유도된 전류도 진짜 전류와 같은 방향이 되는군요.

울리 오른손규칙은 정말 여기저기 많이 쓰이는 것 같아요.

바리 자기장의 변화로 유도되는 전기장의 방향은 렌츠의 법칙을 고려해야 해서 왼손규칙을 써야 해. 즉 점점 세지는 자기장의 방향에 왼손 엄지를 맞추면 나머지 네 손가락이 만드는 원형 방향이 유도된 전기장의 방향이지.

울리 아, 분명 나중에 어느 것이 왼손규칙을 따르는지 잊을 거예요.

바리 하하- 잊으면 찾아보면 되지. 이렇게 해서 맥스웰 방정식 4개를 진짜 모두 설명했네.

울리 근데 맥스웰 방정식이 바로 떠오르지는 않아요. 뉴턴의 운동방정식은 $F=ma$ 하고 바로 기억되는데요.

바리 식이 4개나 되고 모두 적분이나 미분으로 써야 해서 $F=ma$처럼 간단하지 않으니 당연한 거야. 식을 보고 도망가지 않으면 다행인 거지.

엘리 다시 한 번 4개의 식을 한꺼번에 요약해주세요~

바리 그럴까? 그동안 공부한 맥스웰 방정식을 모두 모아 정리하기 위해, 일단 공간은 진공이라고 가정하고, 닫힌 표면이나 닫힌 경로라는 의미를 명확히 하기 위해 적분기호에 동그라미 표시를 할 거야. 그리고 모두 벡터 표시도 할 거고 말이야.

울리 겁내지 않을 테니 어려운 식 모두 써주세요. 그림처럼 구경하죠 뭐. 헤헤-

바리 하하, 그래. 그럼 맥스웰 방정식 정리 들어간다~

전기장에 대한 가우스법칙 (3권 9화)	닫힌 면에 대한 전기선속은 닫힌 면 내부의 총 전하량에 비례한다.	$\oint_{\text{닫힌 면}} \vec{E} \cdot d\vec{A} = \frac{Q_{\text{내부}}}{\varepsilon_0}$
자기장에 대한 가우스법칙 (3권 18화)	닫힌 면에 대한 자기선속은 항상 0이다.	$\oint_{\text{닫힌 면}} \vec{B} \cdot d\vec{A} = 0$
패러데이의 전자기유도법칙 (3권 24화)	시간에 따라 변하는 자기선속은 변화를 거부하는 방향으로 전위차를 유도한다.	$\oint_{\text{닫힌 경로}} \vec{E} \cdot d\vec{s} = -\frac{d\Phi_B}{dt}$ 자기선속 $\Phi_B = \int \vec{B} \cdot d\vec{A}$
앙페르-맥스웰 법칙 (3권 18화, 29화)	전류가 자기장을 형성하듯, 시간에 따라 변하는 전기선속은 자기장을 유도한다.	$\oint_{\text{닫힌 경로}} \vec{B} \cdot d\vec{s} = \mu_0 \left(I + \varepsilon_0 \frac{d\Phi_E}{dt} \right)$ 전기선속 $\Phi_E = \int \vec{E} \cdot d\vec{A}$

ε_0: 진공에서의 유전율, μ_0: 진공에서의 투자율

엘리 와~ 그동안 제가 이런 식들을 모두 배웠다니 괜히 뿌듯해지네요. 히히-

바리 뿌듯해할 만하지. 어려운 내용들을 배운 거야.

울리 기호와 수식에 대한 두려움을 없애려고 노력해볼게요~ 식들을 보니까 정말 서로서로 매우 비슷하네요. 아무튼 전기장과 자기장은 떼려야 뗄 수 없는 사이인 것 같아요.

바리 미적분학을 알아야 하지만, 저 식들은 모두 미분식으로도 바꿀 수 있단다.

울리 또 수학이군요~ #$%^&$$&**$#

<Maxwell's Equations>

- Gauss's law for electricity

$$\oint \vec{E} \cdot d\vec{A} = \frac{Q_{in}}{\varepsilon_0}, \quad \vec{\nabla} \cdot \vec{E} = \frac{\rho_{in}}{\varepsilon_0}$$

- Gauss's law for magnetism

$$\oint \vec{B} \cdot d\vec{A} = 0, \quad \vec{\nabla} \cdot \vec{B} = 0$$

- Faraday's law of induction

$$\oint \vec{E} \cdot d\vec{s} = -\frac{\partial \Phi_B}{\partial t}, \quad \vec{\nabla} \cdot \vec{E} = -\frac{\partial \vec{B}}{\partial t}$$

- Ampère-Maxwell's law

$$\oint \vec{B} \cdot d\vec{s} = \mu_0 I_{in} + \frac{1}{c^2} \frac{\partial \Phi_E}{\partial t}, \quad \vec{\nabla} \cdot \vec{B} = \mu_0 J_{in} + \frac{1}{c^2} \frac{\partial \vec{E}}{\partial t}$$

바리 교수의 물리노트 29

- 시간에 따라 변하는 전기선속은 이에 비례하는 가상의 전류인 '변위전류displacement current'를 유도한다.
- 시간에 따라 변하는 전기장은 자기장을 유도한다.
- 시간에 따라 변하는 자기장은 전기장을 유도하며 렌츠의 법칙을 따른다.

30 전자기파가 눈에 보이기도 한다구요?

전자기파

시험 기간이라 밤늦도록 공부하던 엘리는 잠시 쉬려고 침대에 누웠다. 시선은 자연스레 창밖을 향했고 하늘의 별들이 눈에 들어왔다. 벌떡 일어나 창문을 열고 올려다보니 밤하늘에 유난히 별들이 많이 보였다. '오늘은 공기가 깨끗한가 보다' 하고 생각했다가, 그러고 보니 근래 하늘을 올려다본 기억이 거의 없다는 것을 깨달았다. 울리한테 밤하늘 좀 보라고 문자를 보내고는, 다시 공부를 시작하려다가 바리 교수에게도 문자를 보냈다. 하늘이 예쁘다고. 내일 시험이 끝나면 찾아뵙겠노라고 말이다.

바리 오랜만이네~ 시험 끝나서 좋겠구나.

엘리 너무 좋아요. 언제나 시험을 안 보고 살 수 있을까요?

울리 저야말로! 시험 공부는 왜 그렇게 하기 싫은지 모르겠어요.

바리 시험 자체보다는 시험 결과로 남과 비교되는 것이 싫어서겠지. 자신이 얼마나 제대로 알고 있는가를 판단하기에는 시험이 가장 적합하잖아.

울리 맞아요. 비교되는 것 정말 싫어요.

바리 동감이야~ 참, 어젯밤 엘리의 문자를 보고 하늘을 보니 정말 별들이 많이 보이더라. 별들을 보면 늘 생각나는 맥스웰 관련 일화가 있어. 맥스웰 방정식은 모두 까먹었으려나?

울리 잘 몰라서 까먹을 것도 없어요. 헤헤-

엘리 맥스웰 일화가 뭐예요? 얘기해주세요~

바리 맥스웰이 빛의 비밀을 수학적으로 확인한 날 밤에 사랑하는 여인과 데이트를 한 거야. 여인이 하늘의 별빛을 보고 "정말 아름다운 별빛이네요!" 했더니, 맥스웰이 뭐라고 했는지 알아?

울리 "당신의 눈동자가 더욱 아름다워요~" 이러지 않았을까요?

바리 하하~ 그럼 일화로 전해지지 않았겠지. 맥스웰이 "이 세상에서 저 별빛의 비밀을 아는 단 하나뿐인 사람과 데이트하는 기분이 어떠세요?" 했다는 거야.

엘리 윽! 그 여인은 감격했나요?

바리 그건 모르겠는데, 그 여인은 맥스웰과 결혼했단다.

울리 근데 맥스웰이 밝힌 빛의 비밀은 뭐였어요?

바리 결론부터 알려주면, 빛은 다름 아닌 전자기파였다는 거야. 맥스웰은 자신이 정리한 4개의 방정식을 빈 공간에 적용하여 전기장과 자기장이 각각 파동방정식을 만족하는 것을 보였거든.

엘리 '빈 공간'이라는 게 무슨 뜻이에요? 진공을 말하는 건가요?

바리 '전기장과 자기장 말고는 아무것도 없는 공간'이라는 뜻으로 쓴 거야. 매질이 없는 진공에서의 유전율(ε_0)과 투자율(μ_0)을 이용하고, 전하와 전류도 없는 경우를 수학적으로 분석한 거지.

울리 설마 오늘 저희가 그 수학을 공부하는 것은 아니겠죠?

바리 분석 결과의 의미만 알려줄게. 아무것도 없는 공간에서 시간에 따라 변하는 전기장은 자신에 수직한 방향으로 자기장을 유도하는데, 유도된 자기장도 일정하지 않고 변하니 다시 자기장에 수직한 방향으로 전기장을 유도한다는 거야.

울리 전기장의 자기장 유도와 자기장의 전기장 유도가 반복되겠네요?

바리 맞아. 그래서 전기장과 자기장이 각각 파동처럼 공간에서 퍼지는데, 놀랍게도 전기장과 자기장으로 이루어진 파동의 진행 속력이 빛의 속력과 정확히 같게 계산된 거야.

울리 맥스웰 방정식 어디에 빛의 속력이 있어요? 처음 듣는 얘기에요.

바리 그래, 처음이야. 앙페르-맥스웰법칙에서 '전기선속의 시간 변화율×유전율×투자율' 항이 나오는데(3권 29화 참조), 사실 '유전율×투자율'은 빛의 속력과 관계가 있어.

엘리 유전율과 투자율은 그냥 공간의 특성을 나타내는 상수라고만 생각했는데, 둘을 곱하면 빛의 속력이 되는 거예요?

바리 '둘을 곱한 것의 역수가 빛의 속력의 제곱과 같다'는 것이 맥스웰의 계산이었어. 즉 전기장과 자기장이 파동을 이루며 진행하는 속력은 '유전율×투자율'의 제곱근의 역수였는데, 진공에서 이 값이 30만 km/s가 나온 거지.

울리 빛의 속력이 초속 30만 km예요?

바리 그래. 식으로 쓰면, 빛의 속력 $c=\frac{1}{\sqrt{\varepsilon_0\mu_0}}$이고 말이야. 이 결과

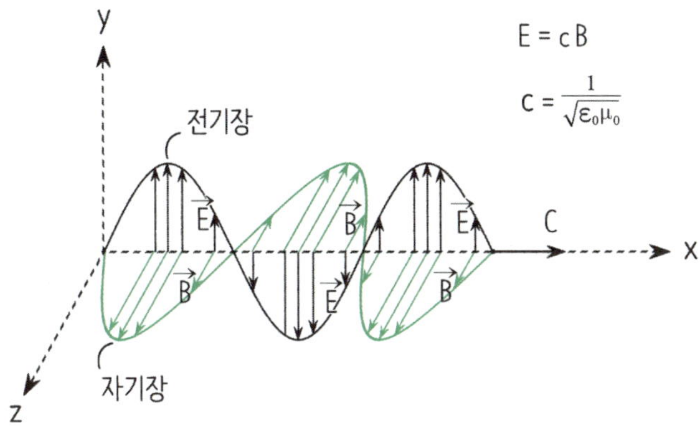

로 맥스웰은 빛이 전기장과 자기장의 파동으로 이루어진 전자기파일 거라고 예측했어. 불행히도 죽을 때까지 자신의 예측이 실험적으로 입증되는 것을 보지 못했지만 말이야.

엘리 실험으로 보이기 힘든 거였나요?

바리 맥스웰이 너무 일찍 세상을 떠났거든. 34세인 1865년에 빛이 전자기파일 거라는 논문을 발표하고, 1879년 48세에 사망했다는구나. 그리고 8년이 지난 1887년에 독일의 물리학자 하인리히 루돌프 헤르츠Heinrich Rudolf Hertz가 전자기파의 존재를 입증하는 실험에 성공하지.

울리 진동수의 단위로 쓰는 그 헤르츠인가요?

바리 맞아. 헤르츠는 전자기파가 빛의 속력으로 진행한다는 것뿐 아니라 빛처럼 반사도 하고 굴절도 하고 회절도 한다는 것을 보이는 여러 실험을 해서 전자기학 발전에 큰 공헌을 했어. 그래서 진동수 단위 Hz로 이름을 남기게 되었는데, 헤르츠는 맥스웰보다도 이른 36세에 병으로 사망했단다.

엘리 그럼 이삼십 대에 저렇게 큰 업적을 냈다는 건데, 역시 물리학이라는 학문은 천재들만 공부할 수 있는 것 같아요.

바리 에이~ 중요한 업적을 낸 물리학자들 얘기만 해줘서 그렇지. 그리고 아줌마는 스스로 자연을 이해하는 것을 즐길 수만 있으면 성공한 과학자라고 생각해. 헤르츠는 짧은 생을 살았지만 생전에 중요한 실험 업적을 내긴 했어.

울리 어떤 실험들인데요?

바리 맥스웰이 빛이라고 생각한 것은 가시광선, 자외선, 적외선 정도였는데, 헤르츠가 라디오파를 발견해서 라디오파도 전자기파처럼 빛의 속력으로 진행한다는 것을 밝힘으로써 빛의 영역이 아주 넓어졌거든. 다양한 진동수의 전자기파를 모두 빛의 영역에 포함하게 되었으니까 말이야.

울리 라디오파도 빛이에요? 보이는 것만 빛이라고 하는 거 아닌가요?

바리 우리 눈의 망막은 $4\times10^{14}\sim7.5\times10^{14}$Hz의 진동수를 갖는 전자기파에만 반응을 보여서 이런 진동수의 전자기파를 가시광선이라고 해. 가시광선의 파장은 $4\times10^{-7}\sim7\times10^{-7}$m 범위인데, 그중에서도 짧은 파장 또는 큰 진동수가 보라색이고 말이야.

울리 진동수와 파장의 관계가 뭐였죠? 예전에 한 것 같은데요.

바리 '진동수×파장'은 파동의 진행 속력인데, 모든 전자기파의 진행 속력은 빛의 속력과 같기 때문에 진동수를 알면 바로 파장이 구해지지. (2권 32화 참조)

엘리 근데 가시광선의 파장은 저게 얼마인 거죠? 엄청 짧은 거죠?

바리 10^{-7}은 $\frac{1}{1,000만}$이니까 엄청 짧지. 이렇게 짧은 길이는 nm(나노미터)를 사용하는데, $1\text{nm}=10^{-9}\text{m}$라서 가시광선의 파장은 약 400~700nm인 셈이지. 라디오파의 파장은 10cm~10km, 마이크로파는 0.1mm~30cm 정도고 말이야.

울리 그럼 X-선은요?

바리 X-선은 파장이 가시광선보다도 훨씬 짧아서 0.001~10nm 영역인데, 진동수는 엄청 큰 영역이라 에너지가 큰 전자기파지.

울리 근데 맥스웰은 왜 빈 공간에 전기장과 자기장이 있다고 생각한 걸까요?

바리 태양에서 오는 빛을 이해하기 위한 거였어. 맥스웰과 헤르츠 덕분에 빛이 전자기파라는 것을 알게 돼서, 태양에서 형성된 전기장과 자기장이 전자기파로 빈 공간을 통과하여 지구까지 전파된다고 이해할 수 있었으니까 말이야.

엘리 태양에서는 어떻게 전기장과 자기장이 만들어지는데요?

바리 진동하는 전하가 있으면 돼. 그럼 진동하는 전하가 만드는 전기장도 진동하고, 유도된 자기장도 진동할 거고 말이야.

엘리 자기장이 진동하니 다시 진동하는 전기장이 유도되겠네요.

울리 그럼 태양에는 진동하는 전하가 엄청 많겠어요. 태양에서 오는 빛이 모두 전자기파니까요.

바리 그렇지. 태양에 있는 수없이 많은 전하들의 진동으로 다양한 진동수의 전자기파가 만들어져 지구까지 오는 거지. 전자기파의 특성을 조금 더 얘기하면, 전자기파의 진행 방향은 전기장과 자기장 모두에 수직이고, 전기장의 세기 E와 자기장의 세기 B의 비는 항상 빛의 속력과 같아서 $E=cB$란다.

울리 전 갑자기 단위 생각이 들었어요. '유전율×투자율'의 역수의 단위는 속도 제곱의 단위와 같고, '전기장÷자기장'의 단위는 속도의 단위와 같다는 거요.

바리 아주 좋은 태도야. 단위만 잘 따져도 기본 의미를 이해할 수 있다고 여러 번 강조했지? 또, '전기장÷자기장'이 빛의 속력과 같다는 건, 곧 자기장은 측정이 어렵다는 걸 알려주기도 해.

엘리 어떻게요?

바리 빛의 속력이 초속 30만 km라고 했는데, 엄청 큰 값이잖아. 즉 전기장의 세기와 비교했을 때 자기장의 세기가 엄청 작다는 뜻이고 말이야.

엘리 아하, 자기장의 세기가 너무 약해서 측정이 어려운 거군요.

울리 그럼 전자기파 그림도 자기장은 아주 짧게 그려야 하지 않나요?

바리 예리한데? 근데 그러면 자기장은 보이지도 않게 그려야 하잖아. 전자기파가 전기장과 자기장이 서로 수직하게 진동하며 진행하는 파동이라는 것을 나타내기 위해 그리는 것인데 말이야.

울리 그렇군요. 그럼 그림은 실측이 아니고, $E=cB$라는 것을 잊지 말아야겠네요.

바리 또, 캄캄한 밤이라고 해서 빛이 없다고 생각해도 안 되겠지?

울리 가시광선이 없다고 해야 하죠. 히히-

바리 맞아. 가시광선이 없어도 우리 주변은 전자기파로 꽉 차 있으니까 말이야. 온도가 있는 모든 물체는 복사를 한다고 한 적 있는데, 이 복사도 바로 전자기파거든. (2권 21화 참조)

엘리 우리 눈이 가시광선에만 반응하는 것이 천만다행이에요. 모든 전자기파를 감지한다면 정말 피곤할 것 같아요.

바리 교수의 물리노트 30

- 전자기파는 진동하는 전하에 의해 만들어지며, 전기장, 자기장, 파동의 진행 방향은 모두 서로 수직하다.
- 진공 중에서 모든 전자기파의 진행 속력은 빛의 속력과 같고, $\frac{1}{\sqrt{\varepsilon_0 \mu_0}} = c$다. ($\varepsilon_0$: 유전율, μ_0: 투자율, c: 진공에서의 빛의 속력$=3\times10^8\,\mathrm{m/s}$)
- 전자기파가 진행하는 매 순간 전기장의 세기 E는 자기장의 세기 B에 빛의 속력을 곱한 것과 같다. 즉 $E=cB$다.
- 전자기파의 스펙트럼은 파장이 $10\,\mathrm{km}$에 달하는 라디오파에서 $10^{-14}\,\mathrm{m}$ 정도로 짧은 감마선까지를 포함하는 넓은 영역이다.

31 레이저포인터의 세기가 햇빛의 세기와 비슷하다구요?

포인팅벡터/복사압

오늘은 학교 수업에서 학생들의 발표가 많은 날이었다. 맡은 과제를 동영상으로 제작한 친구도 있었고, 프레지나 피피티를 이용해서 멋진 발표 자료를 만들어 온 친구도 있었다. 울리는 2교시 역사 시간에 동영상을, 엘리는 5교시 도덕 시간에 피피티 자료를 발표했다. 거의 매 수업마다 발표가 있어 칠판 위에 설치된 스크린은 종일 내려와 있었고, 레이저포인터도 여러 개 나와 있었다. 쉬는 시간에는 몇몇 친구가 레이저포인터를 들고 서로에게 레이저를 쏘아대며 전쟁놀이를 하기도 했다.

바리 어서 오렴. 오늘 각자 발표는 잘했니?

엘리 그럭저럭 했어요. 친구들 발표 듣는 것도 재미있었고요.

울리 우리는 애들이 발표하는 것보다 레이저포인터로 전쟁놀이하는 것 구경하는 게 더 재미있었어요. 헤헤-

바리 레이저를 눈에 맞춘 건 아니지?

울리 그렇지 않아도 선생님이 레이저포인터를 얼굴 쪽으로 향하게 하지 말라고 당부하셨어요.

엘리 레이저포인터가 많이 위험한가요? 선생님들은 늘 사용하시던데요.

바리 스크린에 비추는 건 위험하지 않은데 눈에 직접 쬐면 위험할 수 있거든. 오늘은 빛의 에너지, 운동량, 압력 등등에 대해서 얘기해볼까?

울리 빛의 에너지는 무슨 말인지 알겠는데 빛의 운동량과 압력은 뭐죠? 레이저포인터를 손바닥에 쬐면 압력이 느껴져야 하나요? 아무 느낌 없었는데요.

엘리 빛은 전자기파인데 파동도 운동량이 있어요?

바리 시작부터 진지하니 좋구나. 빛의 에너지라는 말이 자연스러우면, 빛의 운동량과 압력이라는 말도 모두 자연스러워야 해. 에너지는 힘이 한 일이고, 힘은 시간에 따른 운동량의 변화이고, 압력은 단위면적당 작용하는 힘이니까 모두 정의가 가능하잖아.

울리 어? 그렇네요.

엘리 그럼 빛의 에너지부터 시작하나요?

바리 그래. 전자기파의 에너지는 '포인팅벡터Poynting vector'라는 것을 정의해서 설명하는데, 영국의 물리학자 존 헨리 포인팅John Henry Poynting의 이름에서 따온 용어란다.

울리 끝없는 물리 용어의 정의가 다시 시작되는군요.

엘리 레이저포인터 얘기를 하는데 포인팅이라는 사람 이름이 나오니 신기하네요.

바리 그렇지? '가리키다'는 의미의 'point'와 영어 철자는 다르지만 발음이 같아서 말이야. 포인팅벡터는 '전기장과 자기장의 벡터 곱(외적)'으로 정의되는데, 식으로 쓰면 $\vec{S}=\dfrac{\vec{E}\times\vec{B}}{\mu_0}$야. μ_0는 진공의 투자율이고 말이야. 포인팅벡터의 크기와 방향을 말해볼래?

엘리 전자기파에서 전기장과 자기장은 서로 수직하니까 포인팅벡터의 크기는 $\dfrac{EB}{\mu_0}$겠네요.

울리 포인팅벡터의 방향은 전기장에도 수직이고 자기장에도 수직이어야 하네요? 그럼 어느 방향이죠?

바리 전자기파의 진행 방향과 같게 되지. 오른손의 검지가 전기장, 중지가 자기장, 엄지가 포인팅벡터 방향이니까 말이야.

울리 아하, 전자기파가 진행하는 방향으로 에너지가 전달된다는 뜻인가 봐요.

엘리 포인팅벡터는 방향이 있는데도 에너지라고 할 수 있어요?

바리 포인팅벡터는 에너지 자체가 아니고 '전자기파가 진행하는 방향

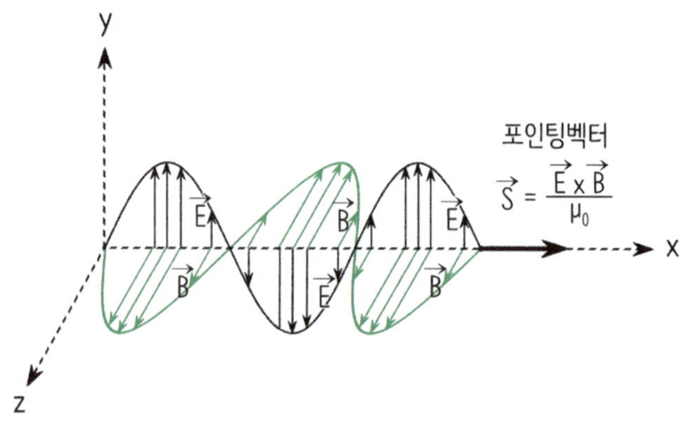

으로 전달하는 단위면적당·단위시간당 에너지'를 의미해. 포인팅벡터의 단위를 잘 따져보면 W/m^2이 나오거든. 나중에 각자 단위를 확인해보렴. 그동안 배운 식들을 동원하면 나올 거야.

울리 W/m^2, 이 단위 언젠가 한 것 같아요. 뭐할 때 나왔을까요?

바리 아마 소리의 세기인 dB(데시벨)을 정의할 때 나왔을 거야. 우리 귀가 감지하는 가장 작은 소리의 세기가 $10^{-12}\ W/m^2$이라고 알려주면서 말이지. (2권 40화 참조)

울리 아, 맞아요. 그걸 0dB로 정한다고 하셨죠.

엘리 그럼 포인팅벡터와 소리의 세기는 단위가 같네요? 포인팅벡터를 전자기파의 세기라고 생각해도 되는 건가요?

바리 그렇지. 진행 방향으로의 전자기파의 세기인 셈이지. 포인팅벡터의 단위를 알면 의미가 이해되니 꼭 기억하고, 방향은 전자기파의 진행 방향이면서 에너지의 전달 방향이라는 것도 잊지 마렴.

울리 네~ 근데 전자기파에서 전기장과 자기장은 시간에 따라 계속 크기가 변하니까 포인팅벡터도 크기가 계속 변하겠네요?

바리 그래서 지난번에 교류회로에서 나왔던 전류나 전압의 평균값인 rms를, 전자기파의 세기 I를 얘기할 때도 사용한단다. 제곱평균제곱근 기억나? (3권 28화 참조)

울리 최댓값의 71%요?

바리 그래~ 정확히는 최댓값을 $\sqrt{2}$로 나눈 것이 제곱평균제곱근, 즉 rms야. 전자기파의 세기는 전기장과 자기장의 rms를 이용해 $I = S_{평균} = \dfrac{E_{rms}B_{rms}}{\mu_0} = \dfrac{E_{최대}B_{최대}}{2\mu_0}$로 쓴단다.

엘리 결국 평균 세기가 최대 세기의 절반이 되는군요.

바리 맞아. 이렇게 에너지를 전달하는 빛을 물체에 쬐면 물체의 운동량이 변한다는 것을 맥스웰이 보였는데, '만일 물체가 빛에너지를 모두 흡수했다면 물체의 운동량의 변화는, 빛에너지를 빛의 속력으로 나눈 만큼 일어난다'는 것이었어.

엘리 그럼 빛의 운동량은 뭐란 뜻이죠?

바리 빛의 운동량이 바로 '빛에너지÷빛의 속력'과 같다는 거지. 들어온 빛이 물체에 모두 흡수되었다면 빛의 운동량은 0이 된 거고, 줄어든 만큼 물체의 운동량이 증가한 거니까 말이야. 그럼 만일 빛을 모두 반사하는 물체가 있다면 운동량의 변화는 어떻게 될까?

울리 어? 이거 공을 받지 않고 받아치는 상황과 비슷한 것 같아요. 들어온 빛이 모두 반사되었으니 운동량의 변화가 2배 크게 일어나는 거죠? (1권 16화 참조)

바리 맞아. 빛을 모두 반사하는 물체는 모두 흡수하는 물체보다 운동량의 변화가 2배 크게 일어난단다. 운동량의 변화가 있다는 것은 힘이 있다는 것이니 압력도 구할 수 있는데, 빛에너지에 의한 압력을 '복사압radiation pressure'이라고 해.

울리 그냥 압력이라고 하면 안 돼요?

바리 빛에 의한 압력이라는 걸 강조하고 싶어서 복사압이라고 하는 거니까, 그냥 용어만 기억하고 압력의 정의만 잘 알고 있으면 돼. 압력은 단위면적당 작용하는 힘이고, 힘은 시간 변화에 따른 운동량의 변화니까 '압력$=\dfrac{\text{힘}}{\text{면적}}=\dfrac{\text{운동량 변화}}{\text{면적}\times\text{시간 변화}}$'로 쓸 수 있겠지?

울리 식을 이렇게 말로 쓰는 것 정말 좋아요~ 히히-

바리 말로 쓰는 게 의미 이해에 도움이 되지? 기호가 더 편해질 날이 오겠지만 말이야. 계속하면, '운동량의 변화$=\dfrac{\text{빛에너지}}{\text{빛의 속력}}$'니까 '압력$=\dfrac{\text{빛에너지}}{\text{면적}\times\text{시간 변화}\times\text{빛의 속력}}$'인데, 단위면적당·단위시간당 빛에너지가 뭐라고 했지?

엘리 전자기파의 세기요.

바리 그렇지. 그래서 전자기파의 세기 I와 빛의 속력 c를 사용하면, 복사압이 $\dfrac{I}{c}$가 되지. 즉 물체가 빛을 완전히 흡수한 경우의 복사압은 $\dfrac{I}{c}$, 완전히 반사한 경우의 복사압은 $\dfrac{2I}{c}$가 된다는 거야.

엘리 그럼 레이저포인터의 압력도 구할 수 있겠네요.

울리 레이저포인터에 레이저 세기가 적혀 있나요?

바리 보통 전력이 적혀 있으니 빛이 쪼이는 면적으로 나누면 세기를 구할 수 있지. rms 전력이 3mW인 레이저포인터가 스크린에 반경 $r=1\text{mm}$인 원형 점을 만들 때의 복사압을 구해볼까? 스크린은 빛을 모두 반사한다고 가정하고 말이야.

엘리 그럼 레이저 세기는 '3mW÷레이저 원형 점의 면적'이겠네요? 면적은 πr^2이고요.

바리 그렇지. 그럼 세기 $I=\dfrac{3\text{mW}}{\pi(1\text{mm})^2}=\dfrac{3\times10^{-3}\text{W}}{3.14\times10^{-6}\text{m}^2}=955\text{ W/m}^2$이 되어 복사압은 $\dfrac{2I}{c}=\dfrac{2\times955\text{ W/m}^2}{3\times10^{8}\text{ m/s}}=6.4\times10^{-6}\text{N/m}^2$이 되지. 단위 $\text{W}=\text{J/s}=\text{N}\cdot\text{m/s}$를 이용한 거고 말이야.

울리 이 정도면 아주 약한 압력인 것 아닌가요?

바리 맞아. 1기압이 약 10만 Pa(파스칼pascal: $1m^2$당 1N의 힘이 작용할 때의 압력)이니 아주 약한 압력이지. $N/m^2 = Pa$이고 말이야. (2권 10화 참조) 그래서 레이저포인터를 손바닥에 쬐면 그 압력이 느껴지지 않는 거야.

엘리 그럼 위험하지도 않은 것 아닌가요?

바리 근데 레이저 세기 955 W/m^2은 태양 빛이 지구 대기권을 통과했을 때의 세기와 비슷한 정도로 센 크기거든. 레이저포인터로 눈을 겨냥하는 것이 맨눈으로 태양을 바로 쳐다보는 것보다 더 위험할 수 있다는 거지.

엘리 아~ 압력은 작아도 세기는 큰 거군요.

바리 맞아. 복사압은 세기를 빛의 속력으로 나눈 것이기 때문이지. 빛의 속력이 아주 크니까 말이야.

울리 빛을 쬘 때 빛의 압력을 느낄 수 있다면 어떤 느낌일까요?

엘리 간지러운 느낌? 빛을 쬘 때마다 간지러워서 웃으면 진짜 웃기겠어요. 아무 느낌 없는 것이 역시 다행인 것 같아요.

바리 하하- 그러게! 복사압도 맥스웰이 1862년에 이론적으로 설명한 것인데 실험적인 입증은 1900년이나 되어서야 가능했어. 복사압이 워낙 약해서 관측이 어려웠거든.

울리 또 맥스웰이 죽은 후에 입증되었네요. 불쌍한 맥스웰….

엘리 근데 레이저로 수술도 하는데 이런 경우도 복사압이 작아요?

바리 수술에 사용하는 레이저는 레이저포인터보다 전력이 1만 배 내지 10만 배 높고, 쪼이는 면적도 아주 작아서 세기뿐만 아니라

복사압도 굉장히 높단다. 자, 오늘은 여기까지 하고 다음에 오면 선글라스 고르는 방법을 알려줄게~

울리 그럼 다음에는 우리 모두 선글라스 쓰고 만날까요? 히히-

바리 교수의 물리노트 31

- 빛의 운동량 = 빛에너지 ÷ 빛의 속력
- 포인팅벡터Poynting vector: 전기장 $\vec{E}$와 자기장 $\vec{B}$로 구성된 전자기파가 진행하는 방향으로 단위시간당·단위면적당 전달하는 에너지로서, $\vec{S}=\dfrac{\vec{E}\times\vec{B}}{\mu_0}$로 정의되어 포인팅벡터의 크기는 $\dfrac{EB}{\mu_0}$, 방향은 전자기파의 진행 방향, 단위는 $\mathrm{W/m^2}$다.
  (μ_0: 진공의 투자율)
- 전자기파의 세기 I: 포인팅벡터 크기의 rms(제곱평균제곱근) 값으로 정의해서 $I=S_{평균}=\dfrac{E_{\mathrm{rms}}B_{\mathrm{rms}}}{\mu_0}=\dfrac{E_{최대}B_{최대}}{2\mu_0}$
- 물체에 수직으로 입사한 빛에 의한 복사압radiation pressure: 빛을 모두 흡수했을 때 $\dfrac{I}{c}$, 모두 반사했을 때 $\dfrac{2I}{c}$다. (c: 광속)

32 선글라스를 쓰는 것이 오히려 눈에 위험할 수도 있다구요?

편광/브루스터 각

화창한 토요일 오후 엘리와 울리는 바리 교수를 찾아갔다. 한동안 학교 수업이 일찍 끝나는 날 들르다 보니 토요일 방문은 오랜만이었다. 바리 교수는 선글라스와 챙이 넓은 모자를 쓰고 마당 나무의 곁가지들을 쳐내고 있었다. 나지막한 회양목은 네모 모양으로 고르게 다듬어졌고, 옆집 담과 나란하게 심어진 주목들은 원뿔 모양으로 다듬어져 있었다. 주목에 열린 빨간 열매들이 예쁘고 신기해서 엘리와 울리는 바리 교수의 허락을 맡고 그것을 조금 따 먹어보았다. 새콤달콤한 맛이 났다.

울리 앗, 그러고 보니 선글라스 쓰고 오는 것을 잊었네요! 아줌마는 선글라스를 쓰고 계시니 더 멋지세요~

바리 하하, 고마워! 누구든 선글라스 쓰면 멋져 보이지 않니?

엘리 그런 것 같아요. 왜 그럴까요?

바리 글쎄…. 얼굴을 많이 가려줘서 그런 것 아닐까? 하하- 내 나이가 되면 약한 햇빛도 눈에 좋지 않다고 해서 가능하면 선글라스를 쓰려고 하는데 멋지기까지 하다니 더 좋네!

울리 저도 쓰면 멋지겠죠?

바리 그럼~ 근데 선글라스를 쓰는 원래의 목적은 자외선을 차단하고 눈부심을 방지하려는 거니 모양도 중요하지만 제대로 된 선글라스를 써야 하겠지?

엘리 제대로 된 선글라스요? 선글라스 알이 진한 색일수록 자외선을 잘 차단하는 건가요?

바리 사실 자외선 차단과 선글라스 알의 색은 별 상관이 없단다. 제대로 된 선글라스인지 보려면 자외선 차단렌즈와 눈부심 방지를 위한 편광필름으로 되어 있는지를 봐야 해.

엘리 편광필름이 뭔데 눈부심을 방지해요?

바리 그럼 먼저 '빛의 편광polarization of light'에 대한 얘기부터 해보자. 전자기파는 진행 방향과 수직한 두 방향으로 전기장과 자기장이 각각 진동하는 파동인데, 이런 파동을 '횡파transverse wave'라고 해.

울리 음파 설명해주실 때 알려주셨죠? 음파는 종파고, 빛은 횡파라고요. (2권 32화 참조)

바리 기억하는구나. 편광은 바로 이 횡파의 특징인데, 전자기파의 진행 방향과 수직한 방향 중 어느 방향으로 전기장이 진동하느냐를 나타내는 것이 편광이란다.

엘리 전자기파는 진행 방향에 수직한 두 방향으로 전기장과 자기장이 각각 진동하는 거니까 진동 방향이 정해져 있지 않나요?

바리 전자기파의 진행 방향과 수직한 방향은 무수히 많지. 전자기파의 진행 방향과 수직한 평면 위에서만 진동하면 되니까 말이야. 참, 그리고 전자기파의 편광 방향은 편의상 전기장의 방향으로 정의한단다.

울리 전기장의 방향을 편광 방향으로 정하는 특별한 이유가 있나요?

바리 지난번에 얘기했듯이, 전자기파에서 자기장의 세기는 '전기장의 세기÷빛의 속력'이라 아주 미약해서 차라리 전기장을 기준으로 생각하는 것이 편하지. 전기장의 방향을 알면 자기장의 방향은 저절로 결정되니까 말이야.

엘리 아~ 그럼 전자기파의 진행 방향과 수직인 전기장의 방향이 무수히 많으면 편광 방향도 무수히 많겠네요?

바리 무수히 많지. 그래서 편광에도 이름이 있단다. 예를 들어 전자기파의 진행 방향이 x-축 방향일 때 전기장이 y-축 방향으로만 진동하면 '수직 편광'이라고 부르고, 전기장이 z-축 방향으로만 진동하면 '수평 편광'이라고 부르고 말이야.

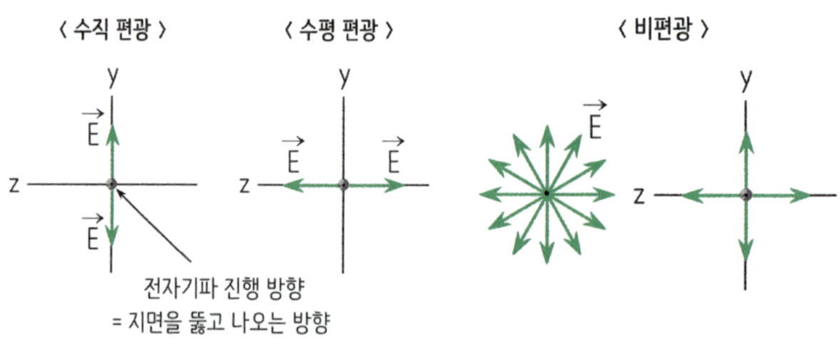

엘리 편광 방향이 무수히 많은데, 그럼 무수히 많은 이름이 있나요?

바리 그건 아니고, 전기장이 직선으로 진동하는 경우를 '(직)선 편광 linear polarization'이라고 하는데, 이런 경우 모두 수직성분과 수평 성분의 조합으로 나타낼 수 있어서 수직 편광과 수평 편광으로 나누어 다시 설명하지. 근데 전기장이 또 직선으로만 진동하는 것은 아니거든.

엘리 그럼요? 진동을 막 이상하게도 해요?

바리 진행 방향에 수직한 면에서 원이나 타원을 그리며 진동할 수도 있단다. 원을 그리면 '원 편광circular polarization', 타원을 그리면 '타원 편광elliptic polarization'이라고 부르고 말이야.

울리 역시 자세히 들어가면 복잡해지네요. 근데 선글라스가 편광이랑 무슨 관계가 있어요?

바리 햇빛은 비편광이지만 표면에서 반사될 때는 표면에 나란한 방향으로 편광된 빛이 많이 반사되거든.

울리 햇빛이 비편광이라는 것이 무슨 의미예요?

바리 전기장의 진동 방향은 결국 전하의 진동 방향에 의해서 결정되는 건데, 햇빛(태양광)은 여러 방향으로 진동하는 여러 전하에 의해서 만들어진 전자기파의 혼합이라는 뜻이야. 이런 경우를 '비편광unpolarized light'이라고 하며, 실제는 모든 방향으로 편광된 다양한 전자기파가 골고루 섞여 있는 거지.

울리 그럼 반사될 때는 그중에서 반사면과 나란한 방향으로 편광된 전자기파가 많이 반사될 수 있다는 거예요?

바리 그런 셈이지. 특히 비편광 빛이 어떤 특정한 입사각으로 들어오면 반사된 빛은 완전히 편광될 수 있거든. 이런 입사각을 '브루스터 각Brewster angle'이라고 하는데, 스코틀랜드의 물리학자 데이비드 브루스터경Sir David Brewster의 이름을 딴 거란다.

〈 브루스터 각 θ_B 〉

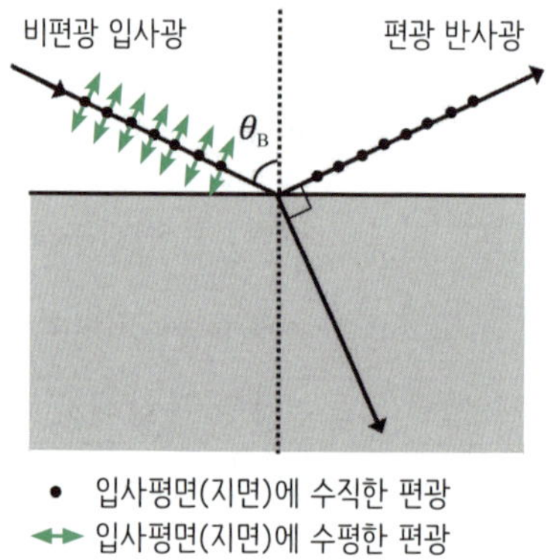

울리 빛이 반사되면서 마법을 일으키나 봐요. 모든 방향으로 진동하던 전기장이 반사된 후 특정 방향으로만 진동한다는 거잖아요?

바리 신기하지? 브루스터 각은 반사한 빛과 굴절한 빛이 직각을 만들 때의 입사각인데, 우리가 아직 빛의 반사법칙과 굴절법칙을 다루진 않았지만 입사, 반사, 굴절의 의미는 알지?

엘리 용어들은 대충 알죠~ 헤헤-

바리 빛의 반사나 굴절은 다음에 좀 더 자세히 하고 오늘은 편광에 집중하자. 이렇게 브루스터 각으로 입사한 비편광 입사광은, 입사평면에 수평하게 편광된 빛은 전혀 반사를 못하고 입사평면에 수직으로 편광된 빛만 반사하는데, 이 편광된 빛 때문에 우리는 반사되는 지점에서 반짝거리는 눈부심을 경험하는 거지.

엘리 그렇다면 편광필름이 그런 눈부심을 어떻게 막아주는 거예요?

바리 편광필름은 편광축과 나란한 방향으로 편광된 빛만 통과하는 물질로 만들어지는데, 폴라로이드라고도 불러. 표면에서 반사할 때 편광된 빛의 편광 방향과 수직인 편광축을 갖는 편광필름을 선글라스에 코팅하여 반사된 빛의 투과를 막는 원리야.

울리 그런 물질도 있어요? 폴라로이드 카메라의 그 폴라로이드죠? 그럼 선글라스에는 모두 편광필름 코팅이 되어 있는 거예요?

바리 편광필름으로 코팅된 선글라스는 꽤 비싸서 보통은 색만 입힌 거야. 제대로 된 선글라스인가를 확인하는 간단한 방법은 선글라스 2개를 서로 수직으로 포개 들고 렌즈를 겹쳐 보는 건데, 편광필름이 제대로 들어 있는 렌즈라면 어떻게 보일까?

울리 두 렌즈의 편광축이 서로 수직하게 된 것이니 빛이 투과를 하지 못하나요?

바리 그렇지. 간단하지?

엘리 와~ 집에 있는 선글라스들을 모두 확인해봐야겠어요.

바리 특별히 맞춘 선글라스가 아니면 눈부심 방지 기능이 없을 거야. 자외선 차단이라도 잘 되면 다행이지. 낚시를 즐기는 사람들은 대부분 폴라로이드 선글라스를 필수품으로 챙긴다고는 하지만 말이야.

울리 그건 왜요? 낚시할 때는 물만 바라보고 있을 텐데요.

바리 그래서 필수품인 거지. 넓은 저수지나 바다에는 모든 방향에서 햇빛이 비쳐, 물 표면에서의 반사로 인한 눈부심이 심하거든. 그리고 계속 같은 자리에 가만히 앉아 있어야 하잖아.

울리 아, 저도 바닷가에서 놀 때 눈부셨던 적 있어요.

바리 그렇지? 그럼 이제 편광과 관련된 간단한 문제 하나 낼까?

엘리 좋아요~

바리 편광축이 각각 수직, 수평, 대각선 방향인 세 장의 편광필름을 모두 겹쳐놓았을 때 대각선 방향의 편광필름을 어디에 놓아야 빛이 투과할 수 있을까? 대각선 방향의 편광축을 갖는 필름을 맨 밑바닥, 맨 위, 또는 수직과 수평 편광축 필름 사이에 놓는 것 중에서 말이야.

울리 어느 경우든 편광축이 수직인 필름과 수평인 필름 2개가 겹쳐져야 하니까 항상 빛은 투과하지 못할 것 같은데요? 근데 빛을 통과하는 경우가 셋 중에 있다는 것이니 제가 뭘 잘못 생각한 걸까요?

바리 모든 경우를 차례대로 생각해봐. 먼저 맨 아래쪽에 대각선 편광

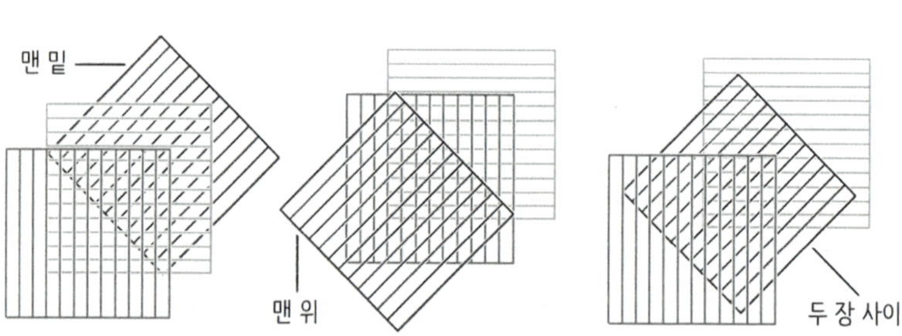

축 필름을 놓고 그 위에 수평 편광축 필름을, 그리고 맨 위에 수직 편광축 필름을 놓으면 어떻게 될까?

엘리 수직 편광축 필름을 통과한 빛이 수평 편광축 필름을 통과하지 못하겠죠.

바리 그래. 수직 편광축 필름과 수평 편광축 필름을 서로 바꿔도 결과는 마찬가지겠지? 그럼 이번에는 대각선 편광축 필름이 맨 위에 있는 경우를 생각해봐.

울리 대각선 방향으로 편광된 빛만 맨 위의 필름을 통과하겠죠. 그다음 만나는 필름이 수직 편광축이면…. 아하, 대각선 방향의 수직 성분은 통과한다는 거죠? 근데 그다음에 수평 편광축 필름이 있으니 다시 통과할 수 없네요.

엘리 그렇네요. 대각선 방향의 편광축을 갖는 필름이 맨 위에 있으면 아래에 있는 수직 편광축 필름과 수평 편광축 필름의 순서와는 관계없이 빛이 바닥까지 가질 못하네요. 그럼 답은 대각선 편광축 필름이 중간에 있는 경우인가 봐요.

바리 그 경우도 분석을 해봐야지. 맨 위에 수직 편광축 필름이 있다고 가정하고 따져보렴.

엘리 그럼 수직 편광된 빛만 투과되어 대각선 편광축 필름을 만나면, 서로 완전 수직이 아니니까 성분이 나눠지나요?

바리 그렇지. 마치 벡터를 분해하듯, 수직 편광축 필름을 통과한 빛은 대각선 방향의 빛만 투과되고, 이어서 맨 밑에 있는 수평 편광축 필름을 만나면 다시 대각선 편광의 수평 성분만 투과되겠지.

엘리 여기서도 벡터 분해가 필요하네요. (1권 11화 참조) 편광필름을 갖고 놀면 재미있을 것 같아요~ 참, 근데 자외선 차단을 못 하는 선글라스도 있어요?

바리 많을 거야. 자외선이 차단되지 않는 선글라스들은 오히려 더 위험할 수 있는데 말이야.

울리 어? 왜요?

바리 자외선을 차단하지 않고 가시광선을 흡수만 하기 때문에 빛이 모자라 우리 동공이 커지거든. 커진 동공으로 자외선이 그대로 들어가니 위험할 수 있지. 선글라스를 쓰지 않으면 저절로 동공이 수축되어서 자외선이 덜 들어가게 되는데 말이지.

울리 아하, 그렇군요. 멋진 것만 보고 아무 선글라스나 막 쓰면 안 되겠네요.

엘리 자외선 차단과 눈부심 방지 기능이 있는 선글라스가 제대로 된 것이라는 걸 엄마께도 알려드려야겠어요~

바리 교수의 물리노트 32

- 편광polarization of light: 횡파의 진동이 진행 방향과 수직한 평면상의 특정 방향에서 일어나는 것으로, 전자기파의 편광 방향은 편의상 전기장의 진동 방향으로 정한다.
- 전자기파의 진행 방향과 수직한 평면상에서 전기장이 직선으로 진동하면 '(직)선 편광linear polarization', 원을 그리며 진동하면 '원 편광circular polarization', 타원을 그리며 진동하면 '타원 편광elliptic polarization'이라고 한다.
- 태양광은 다양한 방향으로 편광된 전자기파들의 집합체로 어느 특정 방향으로 편광되어 있지 않은 '비편광unpolarized light' 상태다.
- 브루스터 각Brewster angle: 입사평면에 수직한 방향으로 편광된 빛만 반사하고 수평한 방향으로 편광된 빛은 반사하지 못하는 입사각으로, 반사한 빛과 굴절한 빛이 직각일 때다.

33 자외선은 유리창을 통과하지 못한다구요?

투명-불투명의 원리

길을 가다 보면 종종 행인들에게 전단지를 나눠주는 분들을 만나게 된다. 울리나 엘리에게 건네는 전단지는 주로 학원 광고지다. 어느 날 울리는 길에서 한 분이 전단지를 학생들한테는 주지 않고 성인으로 보이는 젊은 남녀에게만 돌리고 있는 것을 보았다. 그 전단지의 내용이 궁금해서 휴지통에 버려져 쌓여 있는 것을 흘끗 살펴보니, 해변에 갈 필요 없이 실내에서 선탠을 하라는 문구가 적혀 있는 인공선탠숍의 광고지였다.

울리 아줌마는 늘 정원 관리를 하시니 따로 선탠할 필요가 없으시겠어요?

바리 어차피 난 피부가 까매서 선탠이 필요하지 않아. 하하하-

엘리 까만 사람이 더 쉽게 탄다고 하던데요?

바리 그건 그래- 피부가 까만 사람들은 멜라닌 색소의 밀도가 높아서 햇빛을 받으면 더 쉽게 까매진다지 아마. 근데 왜 갑자기 선탠에 관심이 생겼니?

울리 여름에 선탠이 잘 된 사람들을 보면 건강해 보이고 멋있잖아요. 일부러 인공선탠도 하나 보더라고요. 얼마 전에 인공선탠숍 광고지를 본 적 있거든요.

바리 자외선 얘기가 나왔으니 오늘은 빛이 투과하는 물질과 투과하지 못하는 물질에 대한 얘기를 하면 좋겠다. 혹시 자외선이 집 유리창을 뚫고 들어오는지 생각해본 적 있니?

엘리 생각해본 적은 없지만, 집 유리창을 통해 들어온 햇빛으로 살이 타진 않았던 것 같아요. 집 안에서 햇볕을 쬔 적이 거의 없긴 하지만요.

울리 해가 잘 들 때 거실 유리창 앞에서 선탠이 되는지 실험 한번 해봐야겠어요~

바리 보통 일반유리는 자외선을 투과시키지 못해서 선탠이 잘 안 될 거야. 유리가 투명한 것은 가시광선이 투과해서 그런 건데, 자외선이나 적외선은 유리와 '공명resonance'을 일으켜서 투과하지 못하거든.

울리 공명이요? 바람이 다리까지 무너뜨린 그 공명 현상 같은 거요? (2권 36화 참조)

바리 맞아. 빛이 전자기파고, 물질 내 분자, 원자, 전자들도 가만히 있는 것이 아니라 서로 묶인 상태에서 계속 진동하고 있기 때문에 빛이 들어오면 공명 현상이 생길 수 있어.

엘리 공명이 생기면 왜 물질을 투과하지 못하죠?

바리 예를 들어 물질 내 전자의 진동과 들어간 빛이 공명을 일으킨다면, 전자는 더욱 큰 진폭으로 진동을 해서 주변 입자들과 충돌할 기회가 많아질 거고, 그 결과 열로 에너지를 소모하게 되니까 빛이 물질 밖으로 나올 수 없게 되는 거지.

엘리 공명을 일으키지 않는다면 내부에서 에너지를 잃지 않는 거고요?

바리 그렇지. 빛이 물질과 공명을 일으키지 않으면 물질 내에서 에너지 손실이 거의 없어 빛이 그 물질을 투과할 수 있게 돼. 그래서 빛이 물질과 공명을 일으키면 물질은 그 빛에 대해 불투명하다고 하고, 공명을 일으키지 않으면 투명하다고 하는 거야.

울리 유리는 가시광선에 대해서는 투명하지만 자외선이나 적외선에 대해서는 불투명하다는 거네요? 자외선이나 적외선은 유리와 공명을 일으키는 거고요?

바리 그래~ 자외선은 유리 내 전자들의 진동과 공명을 일으키지만 가시광선은 공명을 일으키지 않거든.

울리 근데 공명 현상은 진동수와 관계가 있는 거잖아요? 유리가 어떻게 자외선과도 공명을 일으키고, 동시에 적외선과도 공명을 일으키죠? 가시광선도 정확히는 빨주노초파남보의 진동수가 모두 다르잖아요.

엘리 맞아요. 가시광선의 여러 진동수와 공명을 일으키는 진동이 유리 내부에 없다고 생각하면 가시광선이 투과되는 것은 이해가 되는데, 자외선과 적외선 모두 공명을 일으킨다는 것은 어떻게 그럴 수 있는지 잘 모르겠어요.

바리 그 이유는, 진동수가 큰 자외선은 유리 내 전자의 진동과 공명을 일으키고, 진동수가 작은 적외선은 전자의 진동과는 공명을 일으킬 수 없지만 원자나 분자의 진동과는 공명을 일으킬 수 있기 때문이야.

엘리 아하~ 그런 식으로 동시에 다른 빛과 공명을 일으키는 것이 가능하군요.

울리 그럼 색유리는 어떻게 된 거예요? 파란 유리, 빨간 유리 같은 거요.

바리 파란 유리라 하면, 파란색은 투과시켰다는 거니까 가시광선 중에서 파란색을 뺀 나머지 가시광선과 공명을 일으켰다는 뜻이지. 이런 것을 '선택적 투과selective transmission'라고 하는데, 특별히 기억할 필요가 있는 용어는 아니야.

엘리 그럼 파란색 옷은요?

바리 보통 옷감은 불투명하잖아? 불투명한 물질들은 가시광선과 공명을 일으켜서 빛이 흡수되고 못 나오는데, 파란색 옷은 파란색하고만 공명을 일으키지 못하고 반사하는 거야. 이런 것을 '선택적 반사selective reflection'라고 하고 말이야.

울리 물질과 공명을 일으키지 않는 빛이 투과되거나 반사된다는 거군요.

바리 그렇지. 물질의 구성 및 결합 구조에 따라 어떤 빛이 흡수되느냐가 다르듯, 빛은 투과되기도 하고 반사되기도 하는 거고 말이야. 다시 투명한 유리를 좀 더 살펴보면, 유리에 들어간 가시광

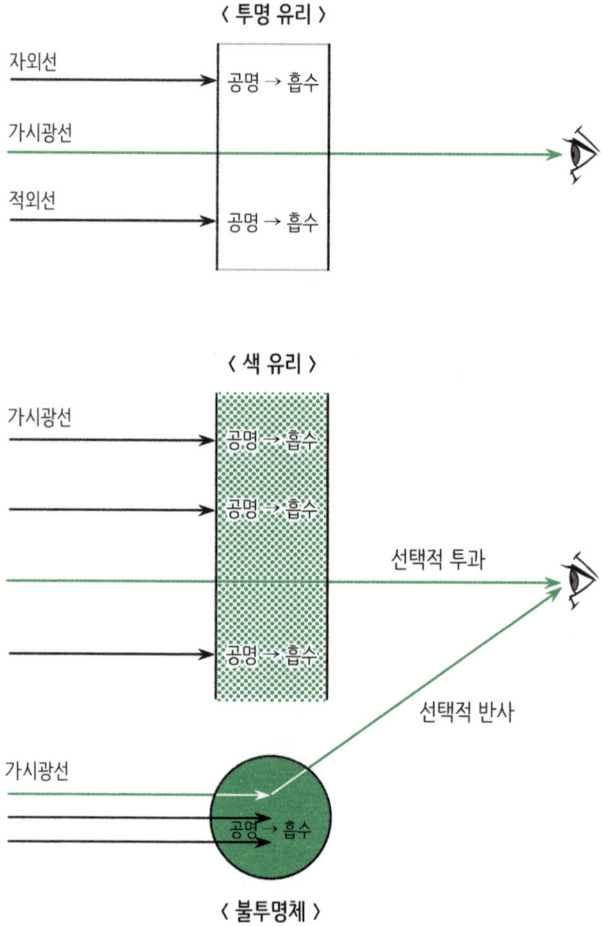

선과 유리를 투과하여 나온 가시광선은 아주 엄밀히 말하면 같지 않단다.

울리 네? 왜요?

바리 들어간 바로 그 빛이 나오는 것이 아니라는 뜻이야.

엘리 전혀 이해가 안 돼요~

바리 이것도 양자역학의 세계에서 일어나는 일이라서 그래. 그래도 간단히 설명하자면, 유리에 들어온 빛은 전자들이 흡수했다가 바로 다시 내놓고, 또 이어서 옆의 전자가 다시 흡수했다가 내놓고 하면서 유리를 통과하는 거거든.

엘리 전자들이 빛에너지를 흡수했다가 내놓는 에너지라서 다르다는 건가요?

바리 그렇지. 들어간 빛이 그냥 유리를 통과해서 나오는 것이 아니라, 전자가 흡수했다가 방출하는 빛이라 엄밀하게는 결과적으로 나온 빛이 애초에 들어간 그 빛 자체는 아니라는 뜻이야.

울리 그렇군요. 신기해요~

바리 미시세계를 이해할 때 필요한 양자역학은 우리가 일상에서 보는 역학과 개념이 달라서 배울 때마다 신기할 거야. 이렇게 빛이 유리를 통과할 때 전자들이 빛을 흡수했다가 다시 방출하는 과정을 거친다는 것을 알면, 유리 속에서 빛이 느리게 진행한다는 것도 알 수 있지.

울리 어떻게요? 빛의 속력이 변하나요?

바리 유리가 빛을 흡수했다가 방출하는 데 시간이 걸리기 때문이야. 우리가 늘 말하던 초속 30만 km는 진공에서의 빛의 속력이고, 실제 유리 안에서의 속력은 30만 km/s의 67% 정도밖에 되질 않는단다. 액체인 물속에서는 75%, 단단한 다이아몬드 속에서는 41% 정도밖에 안 되고 말이야.

물질	빛의 속력	굴절률 $= \frac{\text{진공에서의 빛의 속력}}{\text{물질에서의 빛의 속력}}$
진공	$c = 3 \times 10^8$ m/s	1
공기	$0.99c$	1.00
물	$0.75c$	1.33
유리	$0.67c$	1.52
다이아몬드	$0.41c$	2.42

엘리 차이가 많이 나네요. 액체 속에서는 고체 속에서보다 차이가 작은데, 그럼 공기 중에서는 차이가 더 작아지나요? 가만, 원자들이 빽빽하지 않아서 고체에서보다 빠른 거로군요. 그럼 공기 중에서는 물속에서보다 빠르겠네요?

바리 그렇지. 기체는 밀도가 낮으니 상대적으로 액체나 고체보다 빛이 빨리 진행할 수 있지. 더구나 공기 중에서의 빛의 속력은 진공에서와 거의 같아서 그냥 30만 km/s를 사용한단다.

엘리 물질 속에서 빛의 속력이 변하는 것은 굴절과 관계있겠네요? 소리의 굴절에 대해 공부할 때 나왔던 것처럼요. (2권 35화 참조)

바리 오~ 그렇게 떠올리면 참 좋지. 다음에 빛의 굴절에 대해서 얘기할 때가 있겠지만, 물질의 '굴절률refractive index'은 '진공에서의 빛의 속력÷물질에서의 빛의 속력'으로 정의한단다.

울리 저도 '낮말은 새가 듣고, 밤말은 쥐가 듣는다'는 속담의 과학적 근거를 드셨던 것이 방금 떠올랐어요. 헤헤- 근데 인공선탠숍 광고지를 보니까 푸르스름한 등이 켜진 유리통 속에 사람이 들어가 누워 있는 사진이 있던데, 그건 자외선을 투과시키는 특별한 유리인가요?

바리 물론 자외선을 투과하는 성분으로 된 유리를 사용하지. 태양에서 오는 자외선은 UVa, UVb, UVc 등 세 종류이고 이 중 주로 UVb에 의해 피부가 많이 타는데, 인공선탠숍에서는 상대적으로 에너지가 적은 UVa를 이용한다고 해.

울리 지구 공기층이 태양의 자외선을 막아주는 역할을 한다는데도 한여름에는 왜 그렇게 피부가 타는 걸까요?

바리 지구 대기권은 자외선에 대해 불투명해서, 즉 공명을 일으켜서 태양에서 오는 자외선의 70% 이상을 막아주긴 해. 가장 에너지가 센 UVc는 다행히 지표면까지 오지 못하지만 UVb와 UVa는 지표면까지 도달하고 말이야.

엘리 그래도 자외선의 30%는 대기권을 통과한다니 완전 불투명은 아니군요.

바리 맞아. 그래서 잘못하면 화상도 입는 거야. 근데 대기권이 자외선에 대해서 완전 투명했다면 지표면에 생명체가 존재할 수 없었을 거야. 지표면에 도달하는 햇빛의 세기는 약 1,000 W/m^2인데 이 중 32 W/m^2만 자외선에 의한 것이라니 다행이지. 또 그 중 95%가 UVa라 하고 말이야.

엘리 그렇군요. 그럼 자외선 차단 선크림 용기에 쓰인 'SPF'나 'PA'는 무슨 뜻이에요?

바리 SPF는 'Sun Protection Factor'의 약자로 자외선차단지수인데, SPF 10이면 UVb가 $\frac{1}{10}$만, 즉 90%를 차단한다는 뜻이래. 그리고 PA는 UVa를 차단한다는 뜻인데 뒤에 + 개수가 많을수록 차단 효과가 크다는 뜻이지.

엘리 그럼 SPF 50(PA+++)는 UVb를 98% 차단하고 UVa도 아주 잘 차단한다는 뜻이겠네요.

바리 맞아. 1 cm^2에 2mg을 골고루 바른 상태에서 그렇다니까 얼굴 전체에 바르려면 상당한 양이 필요하겠지. 여름에는 땀 때문에 선크림을 발라도 바로 씻겨나가니까 그 정도의 효과가 나진 않을 것 같고 말이야.

엘리 아~ 그래서 선크림을 계속 자주 바르라고 하는 거군요~

울리 저도 열심히 발라서 피부 노화를 미리미리 막아야겠어요. 히히-

바리 교수의 물리노트 33

- 물질과 '공명resonance'을 일으키는 빛은 물질 내부에 흡수되어 열에너지로 변환되기 때문에 물질을 투과하지 못한다.
- 가시광선과 공명을 일으키지 않아 가시광선을 투과하는 물질은 투명하고, 가시광선과 공명을 일으키는 물질은 가시광선에 대해 불투명하다.
- 물질 속에서 빛의 속력은 진공에서의 속력보다 느려진다.
- 굴절률refractive index $= \dfrac{\text{진공에서의 빛의 속력}}{\text{물질에서의 빛의 속력}}$

34 투명 유리창 너머의 사람이 보이지 않을 수 있다구요?

반사

형사 드라마를 보던 엘리는 드라마 속 경찰서의 취조실 한쪽 벽면에 있는 커다란 유리창에 시선이 갔다. 취조실 안에서는 마치 거울처럼 보이지만 밖에서는 다른 사람들이 취조실 안을 들여다볼 수 있게 되어 있는 유리창이었다. 방 밖에서 투명 유리처럼 훤히, 하지만 방 안에 있는 사람이 모르게 방 안을 들여다볼 수 있다는 게 새삼 신기했다. 평소에는 그냥 무슨 특수 유리를 사용하나 보다 했었는데, 그날따라 그 원리가 궁금해져서 질문 메모장에 기록해놓았다.

바리 취조실 유리? 생각보다 원리는 간단해. 지하철 탔을 때 창문 유리가 거울처럼 보인 적 있지?

엘리 네~ 지상에서 지하로 들어가면 밖은 보이지 않고 전철에 타고 있는 사람들만 창문에 비쳐 보이잖아요.

바리 같은 원리야. 취조실 안은 밝게 해놓고 취조실 밖은 안보다 훨씬 어둡게 해놓는 거니까 말이야. 좀 더 자세히 얘기하면, 빛은 유리에 의해 반사도 하고 투과도 하는데, 취조실 안은 밝으니까 취조실 안의 빛이 밖의 빛보다 더 많이 반사하고 더 많이 투과한다는 거지.

엘리 더 많이 반사하고 더 많이 투과한다는 것과 취조실 밖에서만 보인다는 것이 무슨 관계인지 모르겠어요.

바리 밝은 취조실 안의 빛의 세기가 강해서, 취조실 안 유리벽에 의해 반사된 빛의 세기도 강하고 투과된 빛의 세기도 강하겠지. 한편 어두운 취조실 밖의 빛은 유리벽에 의해 반사된 빛이나 투과된 빛의 세기가 약하고 말이야.

울리 취조실 밖의 빛도 유리벽을 통과해서 들어가네요? 근데도 취조실 안에서는 밖이 안 보이는 거고요?

바리 유리벽을 통해 양쪽에서 빛이 반사되고 투과되는데, 취조실 안에는 안쪽에서 반사된 강한 빛과 밖에서 투과해 들어온 약한 빛이 있게 되겠지? 취조실 밖에는 안쪽에서 투과해 나온 강한 빛과 밖에서 반사된 약한 빛이 있게 되고 말이야.

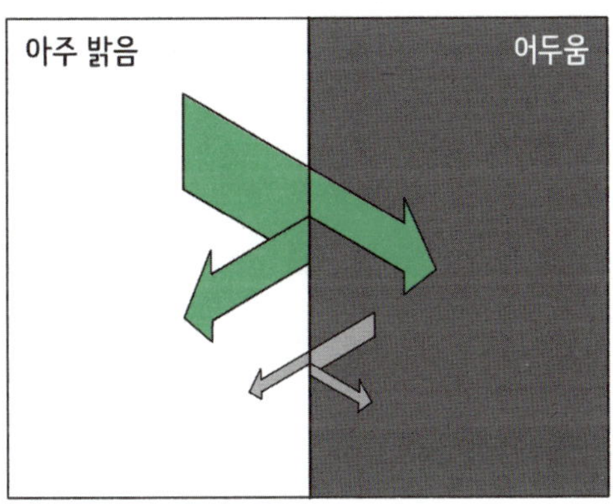

엘리 아~ 상대적으로 강한 빛이 핵심인가 보네요.

바리 맞아. 취조실 안에서는 유리에 반사된 강한 빛에 가려 취조실 밖에서 투과된 약한 빛의 정보를 볼 수 없는 거야. 지하철이 지하 통로를 지나갈 때처럼 말이야.

울리 그럼 취조실 밖에서는 안에서 투과해 들어온 강한 빛에 가려, 취조실 밖에서 반사된 약한 빛의 정보는 볼 수 없는 거고요? 아줌마의 설명을 그대로 따라 해봤어요. 헤헤-

바리 잘했어. 결국 취조실 안이고 밖이고 모두 유리벽을 통해 취조실 안쪽만을 잘 볼 수 있다는 것이지.

엘리 특수유리가 아니었네요.

바리 물론 취조실에서 사용하는 유리는 반사를 잘하도록 금속물질로 코팅을 한 것이긴 해. 알루미늄 같은 금속을 아주 얇게 하면 거의 투명한 필름이 되는데, 이런 필름을 유리에 붙여서 빛이 더 잘 반사하게 함으로써 밖이 더욱 안 보이게 하는 거지.

울리 취조실 유리도 신기하지만, 전 거울 여러 개를 통해 보이는 이미지들도 신기한 것 같아요. 어릴 때 거울을 가지고 노는 것에 한창 빠졌던 적이 있거든요. 거울 2개를 각도를 조정해가며 보면 거울에 상이 맺히는 이미지의 개수가 바뀌잖아요.

바리 그렇지. 제일 많았던 상의 개수는 몇 개였어?

울리 기억이 정확하진 않은데 대여섯 개까지 상이 생기는 것을 본 것 같아요.

바리 그럼 두 거울의 각도가 60° 정도 되었을 거야.

엘리 그런 것도 알 수 있어요?

바리 그럼~ 평면거울 2개를 이용했을 때 생길 수 있는 상의 개수에 대한 간단한 규칙이 있어. 반사법칙을 적용한 거지.

울리 반사법칙이요?

바리 그래. 입사각과 반사각이 같다는 것이 '반사법칙'인데, 입사광선, 반사광선, 그리고 반사면에 수직한 선을 모두 같은 평면에 놓았을 때 수직선과 입사광선이 만드는 각을 '입사각', 수직선과 반사광선이 만드는 각을 '반사각'이라고 해.

울리 그럴듯한 법칙 같아요~

바리 그렇지? 우리가 일상에서 경험하는 거울에 비친 상은 모두 이 반사법칙의 결과야.

엘리 전 거울 보며 머리를 손질할 때 왼쪽과 오른쪽이 자꾸 헷갈려서 불편해요.

바리 거울 속 네가 거꾸로 서 있는 것보다는 낫지 않을까? 위아래가 바뀌지 않고 좌우가 바뀐다고 생각하니 말이야. 호호- 정확히는

〈 반사법칙 〉

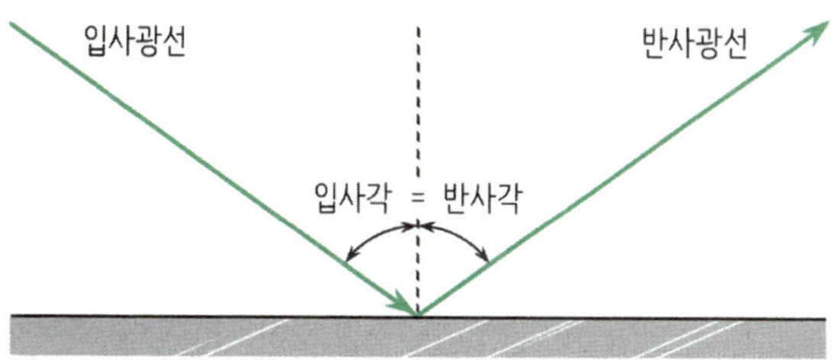

위아래, 좌우 모두 바뀌는 것이 아니라 앞뒤가 바뀌는 거란다.

엘리 앞뒤가요? 좌우가 바뀌지 않아요?

바리 그래. 거울을 보고 오른쪽을 가리키면 거울의 상도 오른쪽을 가리키지만, 거울의 상을 가리키면 상은 나를 가리키잖아. 방향이 바뀐 거지. 앞뒤로 말이야.

울리 그럼 글씨를 거울에 비추면 글씨가 좌우로 바뀌는 것은 어떻게 된 거예요?

바리 글씨를 종이에 써서 거울에 비추려고 종이를 뒤집었잖아. 즉 거울의 상이 좌우로 바뀐 것이 아니고 우리가 글씨를 좌우로 바꿔서 거울에 비춘 거야.

엘리 와~ 신기해요. 결국 앞뒤가 바뀌어서 왼손, 오른손이 바뀌어 보인다는 거네요.

바리 그렇지. 자, 그럼 거울 2개 앞에 놓인 물체의 상이 거울 속에 몇 개나 생기나 볼까?

울리 계산하는 건 아니겠죠?

바리 하하- 식을 유도하진 않고 결과만 알려줄게. 바로 물체가 두 평면거울 사이 정가운데에 있고 두 거울 사이의 각을 θ라고 하면, 상의 개수는 $\frac{360°}{\theta}-1$이 된다는 거야.

울리 안심돼요. 히히- 근데 규칙은 간단하네요?

바리 그렇지? 그럼 실제 예를 들어보자. 두 거울을 직각으로 세워 놓고 보면 $\theta=90°$니까 정가운데에 있는 물체의 상은 3개, 만일 $\theta=60°$라면 5개, $\theta=30°$라면 11개가 생긴다는 거야.

엘리 거울 사이의 각이 작을수록 상이 많이 생기네요. 근데 상이 11개나 생기면 셀 때도 헷갈릴 것 같아요.

바리 거울 2개만으로도 이렇게 많은 상이 생길 수 있어서 만화경이나 거울 미로 등 재미있는 놀잇감들이 많은 거고, 이건 또 마술사들이 애용하는 소품이기도 하지.

엘리 제 방에도 거울이 몇 개 있는데 실험해봐야겠어요. 근데 저희 집에는 전신거울이 없어서 항상 제 전체 모습을 제대로 못 보고 학교에 가요.

바리 전체 모습을 보려면 네 키의 절반 길이인 거울이면 충분해.

엘리 정말요? 최소한 제 키만 해야 하는 것 아니고요?

바리 반사법칙으로 그려보면 딱 네 키의 반이면 된단다. 울리가 한번 그려보련?

울리 제가요? 어떻게요?

바리 일단 거울을 가운데, 서 있는 엘리를 거울 왼쪽에, 상은 거울 오른쪽에 대칭으로 그려. 그리고 상의 머리끝과 발끝에서 왼쪽 엘리 눈까지 직선을 그어봐.

울리 아, 보여야 하니까 눈으로 들어오는 빛을 그리는 거군요.

바리 그렇지. 근데 엘리 눈에 들어오는 그 빛들은 사실 거울에서 반사된 빛이니까, 반사법칙에 맞춰서 입사한 빛을 그려봐. 왼쪽 엘리의 머리끝과 발끝에서 거울까지 말이야.

엘리 아하, 그림을 보니 이해가 되는 것 같아요. 정말 머리끝과 발끝으로 입사한 빛이 거울 반대편에 상을 맺기 위해서는 제 키의

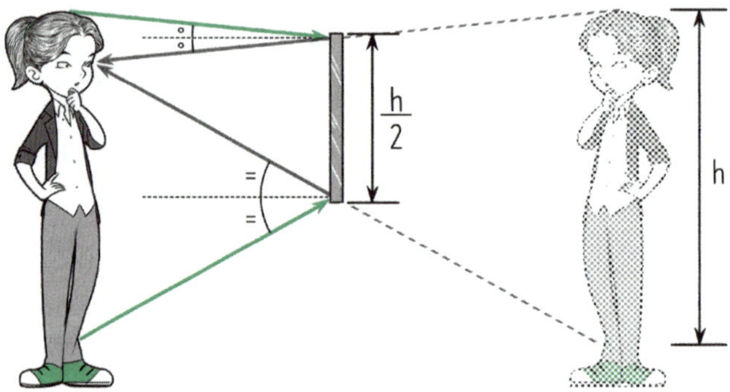

절반만 한 거울만 있으면 된다는 걸요.

울리 근데 거울 앞 어디에 서 있더라도 관계없나요? 그림으로는 관계없어 보이긴 하지만요.

바리 그렇지. 엘리의 위치를 바꿔서 그려보면 바로 알겠지만, 거울로부터 얼마만큼 떨어진 곳에 서 있든지 관계없이 전신을 보기 위한 거울의 최소 길이는 키의 절반만큼의 길이란다.

울리 근데 왜 거울 가까이에 서 있으면 더 조금만 보이는 것 같을까요? 그리고 실제 더 조금만 보이는데….

바리 그건 시야각의 문제야. 거울로부터 멀리 떨어져 서 있는 경우에는 한눈에 전신이 보이지만, 거울 가까이에 있으면 고개를 위아래로 좀 움직여야 전신을 볼 수 있거든.

엘리 그렇군요. 엄마한테 전신거울은 필요 없고 제 키의 반만 한 거울이나 사달라고 해야겠어요. 히히-

바리 반사 얘기를 좀 더 하면, 반사를 크게 정반사와 난반사로 구분할 수 있는데, 매끄러운 표면에서 반사된 빛은 일정한 방향으로 진행해서 '정반사specular reflection'라고 부르고, 울퉁불퉁한 표면에서 반사된 빛은 여러 방향으로 진행해서 '난반사diffuse reflection'라고 한단다.

엘리 그래도 모두 반사법칙을 따르는 거죠?

바리 그럼~ 반사법칙을 따르지. 그리고 반사면이 매끄럽다느니 울퉁불퉁하다느니 했지만 절대적 기준이 있는 것은 아니고, 입사한 빛의 파장과 비교해서 표면의 거친 정도가 훨씬 작으면 정반사가 일어날 수 있다는 의미야.

울리 같은 표면이라도 어떤 빛이 들어오느냐에 따라 정반사를 할 수도 있고 난반사를 할 수도 있다는 뜻인가요?

바리 그렇지. 예를 들어 그물망으로 된 라디오파 안테나에 입사한 가시광선은 난반사를 하지만, 라디오파는 정반사를 하거든. 가시광선의 파장은 수백 nm이지만 라디오파의 파장은 수 m부터 수천 m까지라서, 우리가 보기에 매끄럽지 않은 그물망도 라디오파한테는 매끄러운 표면이 되는 거야.

울리 역시 모든 것은 상대적이네요. 마찬가지로 엘리가 공부를 못하면 저희 엄마가 저한테 공부하란 소리를 덜 하실 텐데요.

엘리 어휴, 못 말려요~

바리 하하- 정반사와 난반사의 예는 또 있어. 너희, 책을 볼 때 한쪽의 글씨들이 전체적으로 잘 보이는 건 정반사 때문일 것 같니, 난반사 때문일 것 같니? 아주 매끄러운 종이로 된 책을 볼 때와 비교해서 생각해보렴.

울리 매끄러운 종이의 글씨는 전체가 잘 보이지 않아서 불편한 적이 있어요. 매끄러우면 정반사가 일어난다고 하셨으니, 보통 책들의 글씨가 편하게 잘 보이는 것은 난반사 때문인가 본데요?

바리 맞았어. 보통 종이는 가시광선의 파장과 비교했을 때 거친 정도가 커서 난반사가 일어나지. 들어온 빛이 종이 표면에서 여러 방향으로 반사되니 우리 시선이 어디에 있든 글씨가 잘 보이는 거고 말이야.

울리 난반사는 나쁜 건가 했더니 아니네요.

바리 좋고 나쁘고의 문제라기보단 어떤 상황에 더 적합한가의 문제라고 봐야지. 우리 시야를 위해서는 난반사가 유리하고, 안테나처럼 지정된 방향에서 수신을 해야 하는 경우에는 정반사가 유리한 거지.

엘리 그때그때 달라요~ 헤헤.

바리 오늘은 빛의 반사에 대해서 얘기했으니 다음에 오면 빛의 굴절에 대해서 알려줄게~

바리 교수의 물리노트 34

- 반사법칙: 입사각=반사각. 입사광선, 반사광선, 그리고 반사면에 수직한 선을 모두 같은 평면에 놓았을 때 수직선과 입사광선이 만드는 각을 '입사각', 수직선과 반사광선이 만드는 각을 '반사각'이라고 한다.
- 물체가 두 평면거울 사이의 정가운데에 있고, 두 평면거울 사이의 각이 θ면 거울에 맺히는 상의 개수는 $\frac{360°}{\theta}-1$개다.
- 입사한 빛의 파장에 비해 반사면의 거친 정도가 아주 작으면 '정반사specular reflection', 그렇지 않으면 '난반사diffuse reflection'가 일어난다.

35 별들이 뾰족뾰족하게 보이는 것이 빛의 굴절 때문이라구요?

굴절/내부전반사

맥스웰의 데이트 얘기를 들은 후부터 엘리는 종종 밤하늘을 올려다보곤 한다. 오늘 밤에도 창문을 열고 하늘을 보니 유난히 많은 별이 반짝거렸다. 울리한테 게임 그만하고 하늘 좀 보라고 문자를 보냈더니 별 모양 이모티콘을 잔뜩 보내왔다. '우주의 별은 둥근데 우리는 왜 이렇게 뾰족뾰족한 모양으로 별을 그릴까?' 하는 질문과 함께.

엘리 별을 뾰족뾰족하게 그리는 이유? 글쎄…. 실제 별이 둥글어도 밤하늘에서 반짝반짝 빛나니까 우리 눈에는 그 모습이 뾰족뾰족하게 보이기 때문 아닐까?

울리 나도 그렇게는 생각했는데, 그럼 둥근 별이 왜 반짝거리는 것으로 보일까?

엘리 그건 바리 아줌마한테 여쭤봐야지.

울리 아줌마, 안녕하세요~

바리 어서 오렴~

엘리 아줌마~ 저희 궁금한 게 있어요. 별은 실제로는 둥글게 생겼는데 왜 밤하늘에 떠 있는 별은 뾰족뾰족하게 보이는 걸까요?

바리 마침 오늘 빛의 굴절에 대해서 얘기하려 했는데 적절한 질문이네. 별이 반짝이는 이유는 별빛이 대기권에서 굴절하기 때문이라고 할 수 있어.

울리 굴절하는데 왜 반짝거려요? 굴절해서 그냥 대기권 안으로 들어오는 것 아니에요?

바리 대기가 가만히 있지 않고 계속 움직이니 공기의 밀도가 일정하지 않거든. 그럼 별빛이 굴절되는 방향도 바뀌어서 우리가 바라보는 쪽으로 별빛이 왔다가 안 왔다가 하는데, 그게 우리한테는 마치 별빛이 반짝거리는 것으로 보이는 거지.

울리 아, 그렇군요. 근데 지난번에 빛의 속력은 진공이나 공기 중이나 비슷하다고 하셨는데(3권 33화 참조), 그래도 별빛이 대기권에서 굴절을 하네요?

바리 비슷하지만 완전히 같은 것은 아니니까, 엄밀히 따지면 약간 굴절한다고 봐야 해. 더구나 빛이 지표면에 다가올수록 공기 밀도가 커져서 빛의 속력은 조금씩 더 느려지니까 말이야. 왜 느려진다고 했는지 기억나니?

엘리 지난번에 유리를 통과하는 빛이 유리 속에서는 느려지는 이유를 설명해주셨는데요…. 다시 해주세요.

바리 빛이 물질에 들어가면 물질 내 전자들이 빛에너지를 흡수했다가 다시 방출하는 과정을 거치며 물질을 투과하는데, 이 과정 때문에 시간이 걸려서 빛의 속력이 느려지는 거야. 즉 빛과 물질의 상호작용으로 빛이 바로 물질을 통과하지 못하는 거지.

울리 음파의 굴절에 대해 설명하실 때 장난감 자동차가 굴러가다가 카펫을 만나면 경로가 휘는 것에 비유하셨는데, 빛의 경우도 마찬가지인 거죠? (2권 35화 참조)

바리 마찬가지지. 근데 재미있게도 '빛은 두 점 사이를 시간이 가장 적게 걸리는 경로로 진행한다'라는 '페르마의 최소시간의 원리Ferma's principle of least time'로도 빛의 반사나 굴절을 이해할 수 있단다.

울리 빛이 엄청 똑똑하네요. 가보지도 않고 시간이 가장 적게 걸리는 길이라는 것을 안다니요. 히히- 페르마도 물리학자인가요?

바리 피에르 드 페르마Pierre de Fermat는 17세기에 살았던 프랑스의 변호사이자 수학자야.

울리 와~ 변호사에 수학자라니요. 근데 시간이 가장 적게 걸리는 길은 항상 하나밖에 없어요?

바리 그렇진 않아. 볼록렌즈를 통해 빛이 한 점에 모이는 것은 최소시간원리를 따르는 경로가 여러 개기 때문이거든. 이제 굴절법칙을 알려줄까? 삼각함수가 등장하지만 말이야.

엘리 페르마의 최소시간의 원리로 얻는 건가요?

바리 최소시간의 원리로도 얻을 수 있지만, 네덜란드의 수학자 빌레브로르트 스넬리우스Willebrord Snellius가 더 먼저 계산해서 얻은 '스넬의 굴절법칙Snell's law of refraction'을 살펴보려 해.

울리 물리학을 공부하는 데 삼각함수는 피할 수가 없군요.

바리 하하- 그러니 마음을 비우고 받아들이렴. 스넬의 굴절법칙은 매질1에서 매질2로 빛이 진행할 때, $n_1 \sin\theta_1 = n_2 \sin\theta_2$라는 거야. n_1은 매질1의 굴절률, θ_1은 입사각, n_2는 매질2의 굴절률, θ_2는 굴절각이고 말이야. 굴절률의 정의, 기억나니?

엘리 진공에서의 빛의 속력을 매질에서의 빛의 속력으로 나눈 거요.

바리 복습 잘했구나. 그래서 매질의 굴절률은 항상 1보다 크고, 빛이 느리게 진행하는 매질일수록 크지. 굴절법칙은 빛이 굴절률이 작은 곳에서 큰 곳으로 들어가면 입사각보다 작은 굴절각으로 굴절한다는 것을 알려주고 말이야.

울리 그걸 어떻게 알아요?

바리 입사각이나 굴절각은 0~90° 범위인데, 이에 대한 사인값은 0~1로 증가하거든.

〈 스넬의 굴절 법칙 〉

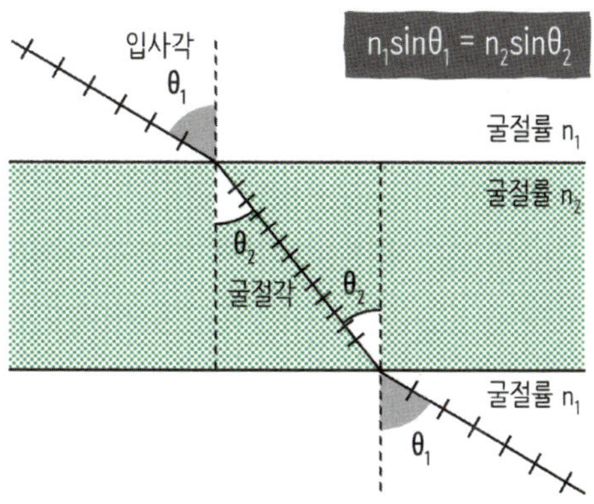

엘리 그럼 굴절률이 큰 곳에서 작은 곳으로 빛이 들어가면 굴절각은 입사각보다 커지겠네요?

바리 그렇지. 그럼 빛의 속력이 느려지는 곳에서 빛의 파장이나 진동수는 어떻게 변할까? 파장과 진동수를 곱한 것은 파동의 진행 속력인데 말이야.

울리 속력이 줄어드니 파장과 진동수도 줄어드는 거 아니에요?

바리 빛의 진동수는 에너지와 직결되기 때문에 빛이 다른 매질로 진행할 때 변하지 않고, 파장만 짧아진단다. 속력이 느리니 같은 시간에 갈 수 있는 거리가 짧기 때문이지. 스넬의 굴절법칙은 이런 내용을 기하학적으로 계산해서 얻은 결과야.

울리 아, 파장만 변하는 거네요. 근데 사막의 신기루도 빛의 굴절 때문이라면서요?

바리 사막뿐 아니라 한여름 뜨거운 아스팔트 도로 위에 피어오르는 아지랑이로도 경험할 수 있지. 지표면이 아주 뜨거우면 아래쪽 공기가 위쪽 공기보다 밀도가 낮아서 굴절률이 위쪽보다 작거든. 그럼 하늘이나 나무 꼭대기를 지나오는 빛은 굴절률이 큰 곳에서 작은 곳으로 들어오는 상황이 되지.

엘리 그럼 입사각보다 더 큰 굴절각으로 굴절하고요.

바리 맞아. 빛은 굴절률이 작은 지표면 근처는 빨리 지나고 굴절률이 큰 부분에서는 천천히 지나야 하니 약간 휘게 되고, 그대로 다시 굴절률이 작은 곳에서 큰 곳으로 굴절하여 우리 눈에 들어오게 되는 거지.

울리 근데 왜 사막의 신기루나 도로 위의 아지랑이는 가까이에 있는 것처럼 보여요?

바리 우리 뇌는 저 멀리 높은 곳에서 오는 빛이 지표면 가까이에서 휘어 우리 눈에 들어온 것으로 감지하는 것이 아니라, 빛이 직진한 것으로 느끼거든. 우리 눈에 들어온 빛을 직선으로 역추적하면 지표면과 만나는데, 애초에 그곳에 있는 것으로 느낀다는 거야.

울리 아, 그래서 신기루가 가까이 있는 것 같은데 막상 가보면 없다고 하는 거군요.

바리 심지어 하늘에서 오는 빛이 휘어서 우리 눈에 들어오면 우리는 땅에 물이 고여 있는 장면을 보게 된단다. 더구나 지표면 공기들의 움직임 때문에 그 물이 출렁거리는 것처럼 보여서 실제로는 아무것도 없는 땅 위에 진짜 물이 있는 것으로 착각하게 되거든.

엘리 와~ 땅에서 하늘을 보는 거네요.

바리 하하- 그런 셈이지. 그럼 이제 굴절 법칙의 아주 특별한 경우를

생각해볼까?

울리 신기루처럼 신기한 건가요?

바리 그건 다 들은 후 네가 판단하렴~ 특별한 경우란 굴절각이 90° 일 때인데, 무슨 의미일까?

울리 어? 다른 매질로 빛이 가지 않고 경계면을 따라가는데요? 그건 굴절이 아니지 않나요?

바리 바로 굴절 없이 모두 반사시키는 경우를 얘기하려고 하는 거야. 우선 빛이 굴절률이 작은 곳에서 큰 곳으로 굴절할 때는 굴절각이 입사각보다 작아야 해서 굴절각이 90°라는 것은 의미가 없단다. 입사각은 90°보다 클 수 없으니까 말이야.

엘리 그냥 같은 매질에서 경계면을 따라 진행하는 거네요.

바리 그렇지. 근데 굴절률이 큰 매질에서 작은 매질로 진행할 때는 굴절각이 항상 입사각보다 크니까 굴절각이 90°인 경우가 자연스럽지. 굴절각이 90°일 때의 입사각을 '임계각critical angle'이라고 해. 그럼 임계각보다 큰 입사각으로 들어온 빛은 어떻게 될까?

울리 굴절은 없고 반사만 있는 거군요?

바리 그래~ 이런 현상을 '내부전반사total internal reflection'라고 하지. 임계각은 전반사가 일어날 수 있는 최소입사각이고 말이야. 스넬의 굴절법칙에서 $\sin 90° = 1$이니까 임계각의 사인값이 $\frac{n_2}{n_1}(n_1 > n_2)$가 되어서 굴절률을 알면 전반사를 일으키는 최소 입사각을 알 수 있단다.

울리 물속에서 방수전등을 켜고 실험해보면 재미있을 것 같은데, 물

〈 내부전반사〉

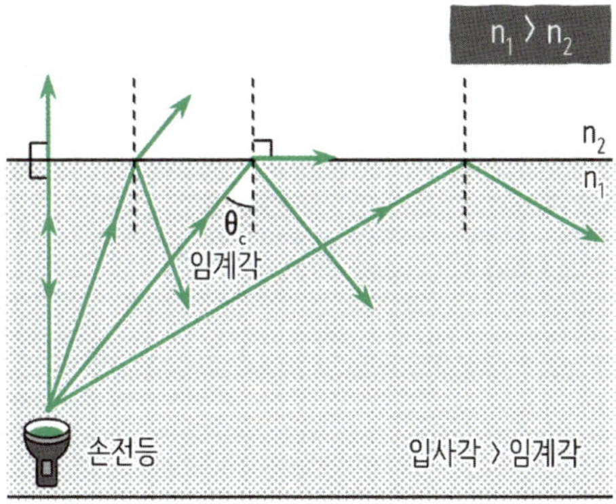

의 굴절률은 얼마였죠?

바리 물의 굴절률은 1.33이어서 최소 입사각인 임계각은 48.8° 정도야. '물속에서 방수전등을 50° 정도의 입사각으로 비추면 물 밖으로는 빛이 나오지 않는다'는 뜻이고 말이야. 각도를 변경해가면서 빛이 나오지 않을 때를 찾는 것도 재미있겠지?

엘리 뭔가 이용할 데가 많을 것 같아요.

바리 많지. 광섬유라는 것 들어봤을 텐데 바로 전반사를 하도록 디자인된 일종의 유리섬유야. 자동차의 계기판, 위나 장 내시경, 요도나 혈관 관찰, 통신 등등에 실제 활용되고 있고 말이야.

울리 아, 내시경이 전반사를 이용한 것이었네요.

엘리 그럼 임계각이 작은 물질일수록 전반사가 잘 일어나겠네요?

바리 그렇지. 임계각이 작은 대표적인 물질은 다이아몬드야. 공기에 대한 임계각이 24.5°밖에 되질 않거든. 그래서 다이아몬드 안에 들어간 빛은 내부에서 전반사가 쉽게 일어나 마치 빛이 갇혀 있는 것처럼 보이지. 다이아몬드가 유난히 반짝거리는 이유기도 하고 말이야.

울리 그래서 사람들이 좋아하는 건가요? 희소성 때문에 비싸서가 아니라요?

바리 둘 다겠지? 전반사를 잘 활용한 것 중 또 유용한 것이 쌍안경에도 들어 있는 직각프리즘이야. 유리-공기 임계각이 43°인 직각프리즘은 전반사를 일으켜 빛의 방향을 바꿔주거든. 그래서 쌍안경 렌즈의 렌즈 간격보다 좁은 우리 두 눈 사이의 거리에 맞출 수 있는 거지.

울리 전반사 원리를 이용한 물건이 우리 주변에 정말 많네요.

바리 흰 북극곰은 털이 광섬유라는데 정말 놀랍지 않니? 털로 들어온 빛을 전반사로 피부까지 전달한다니 말이야.

엘리 와~ 신기하네요. 추운 곳에서 생존하기 위한 방법이네요. 역시 자연에서는 배울 점이 많은 것 같아요.

바리 교수의 물리노트 35

- 스넬의 굴절법칙Snell's law of refraction: 매질1에서 매질2로 빛이 진행할 때 $n_1 \sin\theta_1 = n_2 \sin\theta_2$다.
  (n_1: 매질1 굴절률, θ_1: 입사각, n_2: 매질2 굴절률, θ_2: 굴절각)
- 빛이 굴절률이 다른 매질을 진행할 때 진동수는 변하지 않고 파장이 변한다.
- 내부전반사total internal reflection: 굴절률이 큰 매질에서 작은 매질로 빛이 진행할 때 '임계각critical angle'(굴절각이 90°일 때의 입사각)보다 큰 각으로 입사하면 굴절하지 않고 모두 반사하는 현상.
- 빛이 굴절률 n_1인 매질에서 굴절률 n_2인 매질로 진행할 때 ($n_1 > n_2$) 내부전반사 임계각(θ_c)의 사인값은 굴절률의 비 $\frac{n_2}{n_1}$와 같다.

36 달빛도 무지개를 만들 수 있다구요?

분산

학교에서 오후 수업이 한창이던 시간, 갑자기 학생들이 창가로 우르르 몰려나왔다. 오전 내내 퍼붓던 소나기가 그치고 커다란 쌍무지개가 떴기 때문이다. 울리와 엘리도 각자 교실에서 무지개를 보려고 창가로 가 얼굴을 내밀었다. 무지개를 처음 보는 것도 아닌데 무지개가 나올 때마다 약간 들뜬 마음이 드는 것이 신기했다. 울리는 어릴 때 무지개 색을 거꾸로 외우던 기억이 나서 '보남파초노주빨'을 나지막이 되뇌어보았다. 옆에 있던 친구가, 울리가 쌍무지개 색을 차례로 말하는 줄 알고 '빨주노초파남보'라고 이어서 말했다.

울리 오늘 쌍무지개 보느라 우리 반은 시끌시끌했어요.

엘리 우리도요~ 아마 무지개 보이는 쪽 교실은 모두 그랬을 것 같아요. 근데 쌍무지개는 색깔 순서가 다르더라구요.

울리 전 무지개가 생기는 원리도 잘 몰라요. 햇빛이 물방울 때문에 갈라진다는데, 그럼 달빛도 무지개를 만들어야 하는 것 아닌가요? 그런데 달빛 무지개는 한 번도 본 적이 없어요.

바리 달빛 무지개? 가능하지~ 햇빛 무지개와 같은 원리니까 생길 수 있는데 아무 곳에서나 볼 수 있는 것은 아니기 때문에 본 적이 없는 거야. 무지개의 원리부터 이야기해야겠구나!

울리 네~ 어릴 때부터 많이 듣긴 했는데 설명할 수 없는 것을 보니 전 모르는 것 같아요.

바리 울리가 중요한 얘기를 했네. 설명할 수 있어야 진짜 아는 거라는 것 말이야.

엘리 맞아요. 저도 친구들이 물어봐서 가르쳐주다 보면 제가 잘 이해하지 못한 것이 뭔지를 알 수 있어서 오히려 저한테 도움이 된 적이 많아요.

바리 자, 그럼 오늘은 무지개 원리를 다른 사람에게 완벽히 설명해줄 각오로 들어보렴. 태양에서 오는 빛은 다양한 진동수로 진동하는 전자기파고, 그중 우리 눈에 보이는 가시광선은 진동수가 낮은 빨간색에서 진동수가 높은 보라색까지로 구성되어 있단다.

엘리 평소에 우리는 모든 가시광선을 한꺼번에 봐서 그냥 흰색으로 보이는 거지요?

바리 맞아. 그래서 햇빛을 흔히 백색광이라고 부르지. 이 백색광이 다른 매질로 들어가면 어떤 일이 일어날까?

울리 굴절하겠죠. 매질 속에서는 빛이 느려지니까요.

바리 매질 속에서 빛이 왜 느려진다고 했지?

엘리 매질 속에 있는 전자들이 빛에너지를 흡수했다가 다시 내놓는데 시간이 걸려서요.

바리 그럼 매질 속에서 빨간빛과 보랏빛의 속력은 같을까?

울리 … 어? 다른가 보네요? 왜 그럴까요?

바리 진동수는 에너지에 비례하기 때문에 진동수가 큰 보랏빛의 에너지는 빨간빛의 에너지보다 크지. 더 큰 에너지를 흡수한 전자들은 더 높은 에너지 상태로 갔다가 에너지를 방출해서, 흡수와 방출 사이에 걸리는 시간이 낮은 에너지를 흡수한 전자의 경우보다 약간 더 길어지거든.

울리 그럼 에너지가 큰 빛은 매질 안에서 에너지가 작은 빛보다 더 느려진다는 것이네요.

엘리 그럼 에너지가 큰 빛이 굴절도 더 많이 하고요.

바리 바로 그거야. '빨주노초파남보'가 섞인 백색광이 투명체에 들어가면 진동수별로 굴절률이 달라서 분리되어 보이는데, 이런 현상을 빛의 '분산dispersion'이라고 해.

울리 그럼 유리 속을 잘 들여다보면 무지개 색으로 갈라진 빛들이 보이겠네요?

바리 그럴 것 같지만, 사실 일반 유리 속을 들여다봐도 빛이 분산된 것은 잘 안 보여. 보랏빛의 속력이 빨간빛의 속력보다 1% 정도만 느리거든. 대신 프리즘을 이용하면, 프리즘을 통과한 빛이 진동수별로 다른 방향으로 분산되는 것을 잘 볼 수 있지.

엘리 무지개가 이런 분산 현상의 결과인가요?

바리 맞아. 공기 중 물방울에 의한 빛의 분산이지. 비 온 뒤에 항상 태양의 반대쪽에 무지개가 생기는 것은 바로 햇빛이 공기 중의 물방울에 들어갔다가, 분산되어 나오면서 그 빛이 우리 눈에 들어오기 때문이야.

울리 물방울에 빛이 들어갔다가 나오는 거예요? 그럼 물방울 안에서 반사가 되는 건가요?

바리 맞아. 더 자세히 살펴보자면, 가시광선이 물방울에 들어갈 때 굴절하고, 물방울 안쪽 면에서 반사하고, 반사된 빛이 다시 굴절하며 나오는 거지. 물방울에서 나오는 빨간빛은 물방울에 들어간 햇빛과 42°, 보랏빛은 40°의 각도를 만드는 방향으로 나오고 말이야.

엘리 와~ 그럼 그 2° 사이에 다른 진동수의 가시광선들이 분산되어 나오나요?

바리 그렇지. 물방울마다 입사한 백색광과 40~42°를 이루는 방향으

〈 1차 무지개 〉

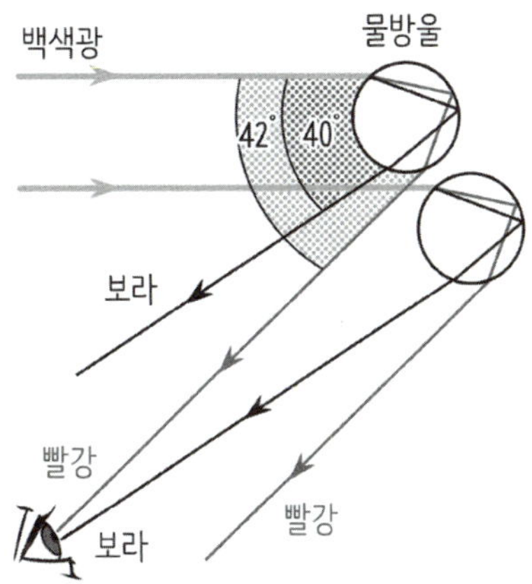

로 일곱 가지 색의 빛을 분산시키는 거지. 물방울은 관측자로부터 아주 멀리 있기 때문에 관측자의 눈에 들어올 수 있는 빛은 하나의 물방울에서는 한 가지 색뿐이고 말이야.

울리 우리가 보는 무지개의 빨주노초파남보는 모두 다른 물방울에 의해 분산된 거군요.

바리 같은 색이라 하더라도, 그건 비슷한 방향으로 같은 색의 빛을 보낼 수 있는 수없이 많은 다른 물방울들에 의한 것이지. 물방울 분포가 우리 시야 방향으로 넓을수록 선명한 무지개를 볼 수 있는 거고 말이야.

엘리 그럼 사람마다 모두 다른 물방울에 의해서 분산된 다른 무지개를 보는 거네요?

바리 그런 셈이야. 여러 곳에서 무지개를 볼 수 있지만 엄밀하게는 모두 다른 무지개를 보는 거지.

울리 위치를 이동하면 무지개가 따라 움직이는 것 같은데, 실제는 모두 다른 물방울들이 만든 다른 무지개라는 거로군요.

바리 40~42° 사이로 분산된 빛을 보는 것이니 관측자가 옆으로 조금만 움직여도 같은 모양의 무지개를 보게 되니까 마치 무지개가 관측자를 따라 움직이는 것처럼 느껴지는 거야.

엘리 그럼 쌍무지개는 어떻게 생기는 거예요?

바리 보통 무지개는 가시광선이 물방울 속에서 한 번만 반사하고 나와서 보여지는데, 쌍무지개의 위쪽 무지개는 가시광선이 물방울 속에서 두 번 반사하고 나와서 생기는 거란다.

< 2차 무지개 >

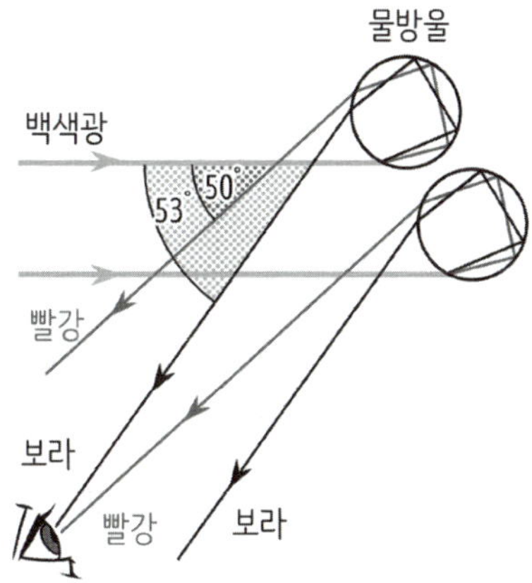

엘리 반사를 두 번 하는 바람에 색깔 순서가 바뀌는 거예요?

바리 그렇지. 물방울 안에서 두 번 반사하고 나오는 빨간빛은 물방울에 들어간 햇빛과 50°, 보랏빛은 53°의 각도를 만드는 방향으로 나와서, 1차 무지개의 색 순서와 반대로 보이는 데다가 더 위에 생기는 거야.

울리 근데 쌍무지개는 왜 자주 안 보여요?

바리 이론적으로는 항상 쌍무지개가 보여야 하지만, 2차 무지개는 물방울 안에서 두 번 반사를 하다 보니 빛이 희미해져 잘 보이지 않는 경우가 많아서 그래. 보이는 경우라 하더라도 1차 무지개보다 훨씬 흐리고 말이야.

울리 그럼 우리가 보통 보는 무지개를 1차 무지개라고 하는 거네요? 물방울 속에서 한 번만 반사하기 때문인가 보죠? 그럼 3차, 4차 무지개도 있을 수 있고요?

바리 물방울 안에서 세 번, 네 번 반사하는 경우도 생기지만 점점 더 흐려지기 때문에 생겨도 우리 눈에 보이지는 않는단다.

엘리 아~ 근데 무지개는 왜 모두 반원 모양일까요?

바리 그건 우리가 땅에서 무지개를 관측하기 때문이야. 조건이 맞으면 원형 무지개도 볼 수 있단다.

엘리 정말요? 어떤 조건인데요?

바리 물방울이 우리 시야 밑에도 있어야 하고, 햇빛이 그 물방울에 도달할 수도 있어야 하겠지. 땅에서 관측할 때는 최대 반원 조건밖에 맞지 않아서 반원형 무지개만 보이는 거야.

울리 땅에서 볼 수 없다면…. 아, 그럼 비행기를 타면 원형 무지개를 볼 수 있나요? 우리 시야 밑에 물방울이 있을 수 있고 햇빛이 도달할 수도 있으니까요.

바리 타당한 논리야. 실제 가끔 비행기 안에서 원형 무지개를 보고 사진을 찍어 인터넷에 올리는 사람들도 있으니 검색해보렴.

엘리 지금 찾았어요. 정말 원형 무지개가 있네요!

울리 멋져요~ 근데 달빛 무지개는 왜 안 보일까요? 밤에 자느라 못 보는 건가요? 아줌마는 보신 적 있어요?

바리 나도 본 적 없어. 깜깜한 하늘에 보름달이 낮게 뜨면서 공기 중에 물방울이 많아야 생기는데, 그런 날을 만나기는 쉽지 않잖아.

울리 실제 볼 가능성이 매우 낮은 거군요.

바리 그리고 달빛이 너무 약해서, 보인다고 해도 우리 눈이 그걸 무지갯빛으로 감지하지 못하고 그냥 백색으로 느낀다고도 해. 카메라를 오래 노출하면 무지갯빛이 찍히기도 하지만 말이야. 큰 폭포가 있는 곳은 달빛에 의한 무지개가 생기곤 한다는데, 밤에 누가 폭포를 보러 가겠니?

울리 전 그래도 나중에 기회가 되면 달밤에 무지개를 찾아볼래요~

바리 교수의 물리노트 36

- 물질 속에서 빛의 속력은 진동수가 큰 빛일수록 느리다.
- 빛의 분산dispersion: 빛의 진동수에 따라 굴절률이 달라서 입사한 빛이 진동수에 따라 분리되는 현상.
- 무지개는 가시광선이 공기 중의 물방울들에 의해 굴절 분산된 결과다. 1차 무지개는 가시광선이 물방울 속에서 한 번 반사한 뒤 굴절된 경우고, 2차 무지개는 두 번 반사한 뒤 굴절된 경우에 해당한다.

37 영롱한 비눗방울이 비누 막의 두께 차이 때문이라구요?

하위헌스 원리/간섭

엘리와 울리가 바리 교수를 찾아가는 길, 동네 꼬마 아이들이 공원에서 모여 비눗방울 불기 놀이를 하고 있었다. 엘리도 어릴 때는 이 놀이를 엄청 좋아해서 늘 비눗방울 세트를 갖고 다닐 정도였다. 옛 생각에 엘리는 스마트폰으로 'soap bubble'을 검색해봤다. 어마어마하게 큰 비눗방울을 자유자재로 만들어 멋진 쇼를 하는 동영상을 여럿 찾을 수 있었는데, 영상 속의 큰 비눗방울들은 알록달록한 금속성 무늬를 띄어서 어떻게 보면 신비롭고, 또 어떻게 보면 어딘지 좀 괴기스럽게 보이기도 했다. 엘리와 울리는 연신 감탄하며 이 영상들을 보았다.

울리 어릴 땐 동그란 비눗방울이 둥둥 떠다니는 것이 신기했는데, 오늘 보니 비눗방울 색이 참 신기하네요. 표면에 어떻게 저런 색이 생기죠?

엘리 저도 색에 눈길이 갔어요. 아마 지난번에 무지개 원리를 공부해서 그런 것 같아요.

바리 그래? 그럼 오늘은 비눗방울에서 보이는 색에 대해 이해해보자. 그 전에 먼저 '하위헌스 원리Huygens' principle'와 빛의 '간섭interference'에 대해서 설명해야겠다.

울리 빛까지 간섭을 하면 이 세상을 어찌 살아가나요?

엘리 헐~ 아재 개그.

바리 하하- 간섭받기 싫으면 독립을 해야지. 특히 경제적으로 말이야. 빛의 간섭은 아름다움을 남기니 걱정하지 말고.

울리 아름다운 간섭도 있네요. 헤헤-

바리 우리는 빛이 맥스웰의 전자기파라는 것부터 배웠지만, 뉴턴은 빛이 입자로 되어 있다고 주장했고 그 당시 과학자들도 대부분 빛은 파동이 아닌 입자라고 믿었단다. 근데 네덜란드의 물리학자이자 천문학자인 크리스티안 하위헌스Christiaan Huygens는 빛이 파동의 성질을 갖고 있다고 주장했지.

엘리 위대한 물리학자인 뉴턴과는 다른 주장이었네요?

바리 그런 셈이지. 특히 1678년에는 빛이 파동이라는 것을 이용해 반사법칙과 굴절법칙도 설명했는데, 지금 '하위헌스 원리'라고 부르는 것을 기본으로 한 거란다.

울리 어떤 원리인데요?

바리 우리가 파를 그릴 때 평면파는 직선으로, 구면파는 원형곡선으로 그리는데 이런 선들을 '파면wavefront'이라고 불러.

울리 선으로 그리는데 이름에는 '면'이라고 하네요?

바리 그건, 3차원에서 진행하는 파동을 2차원에 그리려니 면을 선으로 그려서 그래. 하위헌스 원리는 이 파면의 모든 점은 마치 새로운 파원처럼 각 점 주변으로 '작은 구면파spherical wavelet'를 만들고, 이 구면파들은 서로 간섭한다는 거야. 임의의 시간이 지났을 때 파면의 위치는 이 구면파들의 접면이 되고 말이야.

엘리 그럼 빛이 퍼져나가는 모든 점에서 구면파들이 만들어지고 다시 퍼져나간다는 건가요? 전혀 그렇게 보이지 않는데요.

바리 그러니 기발한 생각이지. 이런 식으로 같은 시간 동안 이동한 파면을 찾아 그려보니 반사법칙이나 굴절법칙도 잘 설명되었던 거야. 특히 굴절의 경우, 매질 안에서는 빛이 느리게 진행하니 파면의 이동 거리가 진공에서보다 짧아서 굴절되게 그려지니까 말이야.

엘리 그런데도 학자들이 빛이 파동이라는 것을 믿지 않았다는 게 믿어지지 않아요.

바리 그러게. 빛이 파동이라는 것을 확실히 보인 실험이 나온 뒤에야 믿기 시작했으니까 말이야.

울리 무슨 실험인데요?

바리 하위헌스가 빛을 파동으로 설명한 해로부터 123년이나 지난 1801년에 발표된 '영의 이중슬릿 실험Young's double-slit experiment'이라는 거야.

엘리 100년도 더 지났으면 하위헌스도 뉴턴도 모두 죽은 뒤잖아요?

바리 불행히도 그렇지. '영의 간섭 실험Young's interference experiment'이라고도 부르는 이 실험은 빛이 입자라면 보일 수 없는 결과를

〈 이중슬릿 실험 〉

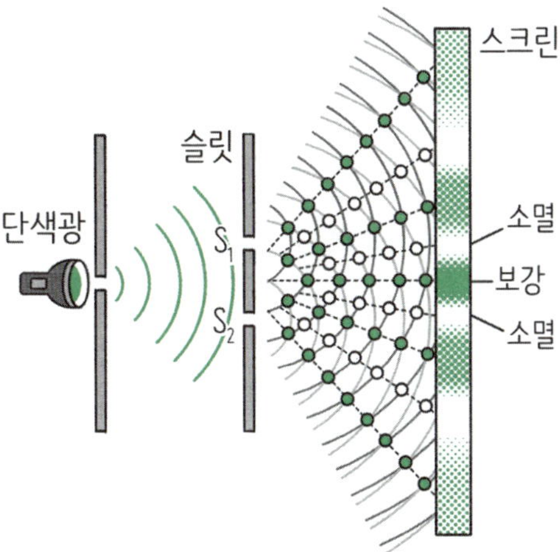

주기 때문에 빛이 파동이라는 것을 최초로 증명한 실험이면서 빛의 파장도 측정할 수 있는 실험이었지.

울리 드디어 빛이 간섭을 하는군요. 근데 영도 물리학자의 이름인가봐요?

바리 토머스 영Thomas Young은 영국의 물리학자, 생리학자, 언어학자, 의사로 정말 다방면으로 박식한 학자였어. 심지어 '로제타 석rosseta stone'에 쓰인 그리스어를 기반으로 이집트 상형문자를 부분적으로 해독하기도 했단다.

울리 헉! 대단한 분이군요. 근데 '슬릿slit'은 뭐예요?

바리 슬릿은 아주 가는 틈을 의미하는데, 가는 틈이 2개만 있고 다른 부분은 모두 막힌 판에 단색광을 쪼였더니 슬릿을 통과한 빛이 스크린에 밝고 어두운 무늬를 만든 거야. 두 슬릿 사이 정중앙

부분은 밝은 무늬, 그 양옆으로 어두운 무늬와 밝은 무늬가 반복되면서 말이야.

엘리 밝은 부분은 빛이 도달했다는 것이고 어두운 부분은 빛이 도달하지 못 했다는 것인가요?

바리 아니. 우리 예전에 음파의 간섭을 공부했는데 기억나니? 보강간섭과 소멸간섭 말이야. (2권 37화 참조)

엘리 아하, 밝은 부분은 보강간섭이 일어난 것이고 어두운 부분은 소멸간섭이 일어난 것이군요.

바리 그래~ 바로 이해하네. 슬릿에 도착한 빛은 하위헌스 원리에 따르면 슬릿에서 파원이 되어 주변으로 퍼져나가는데, 이때 두 슬릿에서 퍼져나가는 두 구면파가 서로 간섭을 일으켜서 슬릿에서 스크린까지의 거리에 따라 보강간섭이나 소멸간섭이 일어나는 거야.

울리 두 슬릿 사이 정중앙은 두 슬릿을 통해서 퍼져나간 빛의 경로 길이가 같으니까 보강간섭이 되는 거군요? 그런데 정중앙만 빼고는 모두 빛의 경로 길이가 다른데 어떻게 또 보강간섭이 생기죠?

바리 정확히는 두 슬릿에서 나온 빛이 진행하는 경로의 차이가 중요하거든. 즉 어떤 두 경로의 경로차가, 사용한 빛의 파장의 정수배면 보강간섭이 일어나고, 반파장의 홀수 배면 소멸간섭이 일어나거든. 반파장은 파장의 절반이란 뜻이고 말이야.

엘리 파장의 정수 배만큼만 차이가 나면 다른 경로로 온 파동이라도 같은 모양으로 만나서 보강간섭이 일어난다는 거군요.

울리 그럼 반파장의 홀수 배는 파장의 0.5배, 1.5배, 2.5배 등을 말하는 거네요? 그래서 두 파동의 높은 곳과 낮은 곳이 만나 소멸간섭을 일으킨다는 거죠?

바리 그렇지. 잘 이해했어. 이런 간섭무늬는 파동에서만 보이는 것인데, 당시 학자들은 그동안 입자라고 생각했던 빛이 간섭현상을 일으키니 비로소 '빛은 파동'이라고 믿게 된 거야. 밝고 어두운 무늬의 위치를 측정해서 입사한 빛의 파장을 구할 수 있게 됐고 말이야.

울리 입자라면 스크린에 어떻게 보여야 하는데요?

바리 입자라면 입자 하나가 한 번에 1개의 슬릿만을 통과할 테니까 밝고 어두운 간섭무늬가 생기지 않고 각 슬릿 부분만 밝게 보이겠지. 사실 이중슬릿 실험은 양자역학 해석에 아주 중요해서 나중에 다시 나올 거야. (4권 10화 참조)

엘리 네~ 그럼 이제 비눗방울 얘기를 해주세요. 어떻게 표면에서 그런 색이 보여요?

바리 비누 막과 같은 얇은 막에서의 간섭현상을 '박막간섭thin film interference'이라고 하는데, '비누 막의 윗면에서 반사한 빛과 아랫면에서 반사한 빛의 간섭에 의한 결과'지.

엘리 비누 막의 두께가 중요한 거겠네요?

바리 아주 중요하지. '비누 막의 윗면에서 반사한 빛과, 비누 막 속으로 굴절했다가 아랫면에서 반사하고 윗면에서 다시 굴절해 나온 빛의 간섭'이니까 말이야. 근데 영의 이중슬릿 실험의 간섭 때와는 다른 점이 하나 있어. 바로 굴절률이 다른 표면에서 반사한다는 거야.

울리 그게 왜요?

바리 굴절률이 작은 곳에서 굴절률이 큰 곳을 향해 진행하다가 굴절률이 큰 표면에서 반사할 경우, 반사한 빛은 입사한 빛보다 반파장이 어긋나거든. 마치 한쪽이 고정된 줄을 흔들어 파를 보내면 고정된 점에서 되돌아오는 파가 뒤집히는 것처럼 말이야.

엘리 아, 그런가요? 그럼 영의 간섭 실험은 반사한 빛과의 간섭이 아니어서 박막간섭과 다르다는 거예요?

울리 근데 비누 막 안에 들어갔다가 아랫면에서 반사된 빛과의 간섭이니까 차이가 없는 것 아닌가요?

바리 결론적으로 보강간섭과 소멸간섭의 조건이 다르다는 거야. 파의 모양이 바뀌는 것을 위상이 바뀌었다고 하고, 반파장 어긋난 파는 위상이 180° 바뀌었다고 하는데180° out-of-phase, 굴절률이 큰 곳에서 진행하다 굴절률이 작은 곳과 만나는 지점에서 반사를 하면 위상이 변하지 않거든in-phase.

엘리 복잡해요.

바리 좀 그렇지? 그래도 비누 막 두께에 따라 어떤 가시광선이 보강간섭을 일으키는지 알아보려면 고려해야 하는 중요한 점이라 알려준 거야. 비누 막 속의 아랫면에서 반사한 빛은 입사한 빛에 대해 위상 변화가 없으니 결국 윗면에서 반사한 빛과의 경로차

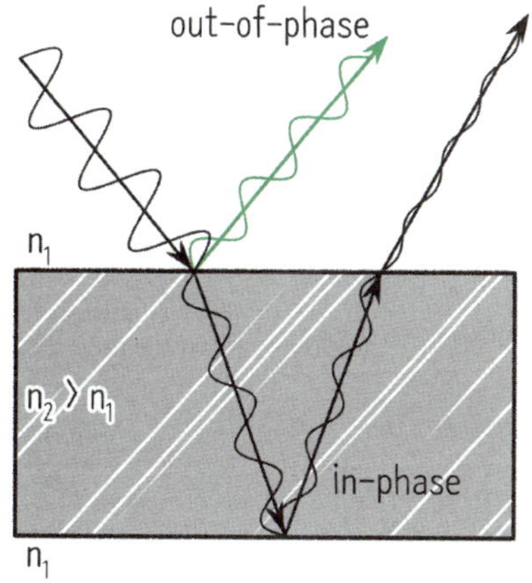

가 반파장의 홀수 배여야 보강간섭이 일어나는 거지.

울리 영의 보강간섭 조건과 반대네요. 그럼 비눗방울 막의 표면이 여러 가지 색으로 보이는 건 왜 그런 거예요?

바리 햇빛에는 다양한 파장의 가시광선이 있고, 또 비누 막 두께가 고르지 않기 때문이지. 두께에 따라 특정 색의 빛이 보강간섭을 일으키면 그 색이 돋보일 테니까 말이야. 대체로 붉게 보이는 곳은 비누 막 두께가 두껍고 푸르스름한 곳은 비누 막이 얇단다.

울리 빨간 계열 빛이 파란 계열 빛보다 파장이 길어서 그렇군요.

바리 맞아. 그런가 하면 비누 막이 아주 얇아서 가시광선 영역 파장의 $\frac{1}{10}$도 안 되면 아예 검게 보이기도 한단다.

엘리 그건 모든 가시광선이 소멸간섭을 일으킨다는 거잖아요? 어떻게 그럴 수 있지요?

바리 아까 반사한 빛의 위상이 바뀐다고 이야기한 것과 관계가 있는데, 비누 막이 아주 얇아서 경로차가 거의 없다고 생각할 수 있는 경우지. 경로차가 거의 없으니까 비누 막의 윗면에서 반사한 빛과 아랫면에서 반사한 빛이 바로 간섭하고 말이야.

울리 윗면에서 반사한 빛은 반파장 어긋나 있는데, 아랫면에서 반사한 빛은 그대로니까 만나면 소멸간섭이 된다는 거군요.

바리 그렇지. 그럼 만일 비누 막 속에 굴절률이 더 큰 물질이 있다면 어떻게 될까?

울리 그럼 아랫면에서 반사하는 빛도 반파장 어긋나는 것 아닌가요?

바리 그렇지! 그래서 물질 구성에 따라서도 다양한 간섭무늬를 볼 수 있단다. 반사할 때 이렇게 위상이 바뀌는 것도 맥스웰 방정식을 풀면 얻을 수 있는 결과인데….

엘리 결과만 들어도 복잡한데, 우리는 풀지 않아서 다행이에요. 헤헤-

바리 교수의 물리노트 37

- 하위헌스 원리Huygens' principle: 파면의 모든 점은 마치 새로운 파원처럼 각 점 주변으로 '작은 구면파spherical wavelet'를 만들고, 이 구면파들은 서로 간섭한다. 임의의 시간이 지났을 때 파면의 위치는 이 구면파들의 접면과 같다.
- 영의 이중슬릿 실험Young's double-slit experiment: 빛의 파동성을 입증한 실험으로서, 두 슬릿slit(아주 가는 틈)을 통과한 빛의 경로차가 빛의 파장의 정수 배면 보강간섭, 반파장의 홀수 배면 소멸간섭을 일으켜 간섭무늬를 만든다.
- 굴절률이 작은 곳에서 큰 곳을 향해 진행하다가 굴절률이 큰 표면에서 반사할 경우, 반사한 빛은 입사한 빛보다 '반파장이 어긋나고180° out-of-phase', 굴절률이 큰 곳에서 진행하다 굴절률이 작은 표면에서 반사할 경우에는 '어긋남이 없다in-phase'.

38 CD 표면에도 무지개가 숨어 있다구요?

에돌이(회절)/회절격자

바리 교수는 반사간섭을 설명하며, 비눗방울뿐 아니라 비 오는 날 주유소 바닥이 붉게 얼룩져 보이는 것 역시 휘발유 막에서의 반사에 의한 간섭 때문임을 설명했다. 그리고는 뭔가 떠올랐다는 표정을 짓더니 울리와 엘리를 지하실로 데리고 갔다. 그리고 CD장에서 이제는 쓰지 않는 CD 몇 장을 꺼내 보여주며 이리저리 살짝 흔들어보라고 했다. 엘리와 울리가 CD를 흔들 때마다 뒷면에서 무지갯빛 줄무늬가 나타났다 사라지기를 반복했다.

울리 이 무지갯빛도 반사에 의한 간섭이 나타난 현상인가요?

엘리 CD 표면에 막이 있어요?

바리 그건 아니고, 이 무지갯빛은 회절에 의한 간섭의 결과란다. 막에서의 '반사에 의한 간섭'은, 모든 파장의 가시광선에 대해 보강간섭이 일어나는 경우는 드물어서 특정 색들만 많이 보이는 게 일반적이거든.

울리 드디어 회절이 나오는 건가요? 우리말이 뭐라고 하셨죠?

바리 '회절diffraction'은 단어가 어려워서 한국물리학회 용어심의위원회가 순화어로 '에돌이'를 정했는데, 여전히 회절이라는 단어를 많이 쓰고 있긴 해. 둘 다 알고 있으면 좋겠지. 에돌이는 '에워싸며 돌다'라는 의미를 갖고 있는 거야.

엘리 뭐를 에워싸며 돌아요?

바리 주로 장애물이지. 이중슬릿 실험도 에돌이 현상을 포함하고 있는 건데, 슬릿을 통과한 빛이 막혀 있는 부분으로도 갈 수 있었잖아? 이렇게 '장애물이 있는데도 장애물 뒤까지 파동이 진행하는 현상'이 회절 현상이야.

엘리 그럼 모든 빛은 항상 막힌 부분까지 돌아갈 수 있는 건가요?

바리 회절은 파동의 특성이기 때문에 빛뿐 아니라 모든 파동에서 볼 수 있는 현상이지. 장애물 크기와 파장 사이의 관계에 따라 회절이 잘 일어나기도 하고 거의 일어나지 않기도 하지만 말이야.

울리 어떤 관계인데요? 장애물이 작으면 잘 돌아갈 것 같은 느낌이지만요. 맞나요?

바리 그래. 파장보다 큰 슬릿이나 장애물을 지날 때는 회절이 거의 일어나지 않고, 파장보다 작은 슬릿이나 장애물을 지날 때는 회절이 잘 일어나거든.

엘리 회절이 거의 없으면 스크린에는 어떤 무늬가 보여요?

바리 슬릿이 하나 있는데 입사광의 파장보다 훨씬 큰 슬릿이라면, 스크린에는 그냥 슬릿 모양의 밝은 무늬가 생기겠지. 회절된 빛이 거의 없으니까 말이야.

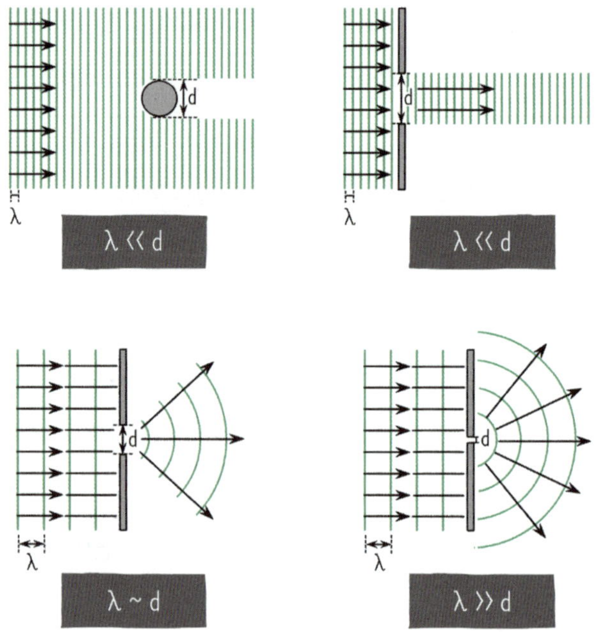

엘리 그럼 슬릿이 파장보다 작으면요?

바리 슬릿이 있는 곳이 여전히 제일 밝겠지만 회절된 빛에 의해 정중앙의 밝은 빛 주변으로 경로차에 따라 어둡고 밝은 무늬가 흐리게 생기지. 슬릿이 2개일 때는 영의 간섭실험과 같아서 두 슬릿에서 회절한 빛들의 간섭무늬가 생기는 거고 말이야. 왜, 우리 손의 검지와 중지를 붙이면 그 사이에 약간 틈이 생기잖니? 그 틈으로 불빛을 쳐다볼래?

울리 오, 줄무늬가 보이는데요?

바리 그게 회절된 빛들이 만든 무늬야. 검지와 중지 사이의 틈은 슬릿 역할을 하는 거고 말이야. 슬릿이 아니고 장애물이 있으면 가장자리를 따라 밝고 어두운 무늬를 만들지.

울리 저는 이 시점에서 왜 정반사와 난반사가 생각날까요?

바리 하하- 그래? 파장과 표면의 거친 정도를 비교해서 정반사가 일어나거나 난반사가 일어나니까 그런가 보네. (3권 34화 참조) 그땐 그물망 같은 안테나가 거칠 수도 있고 매끄러울 수도 있다고 했는데, 지금부터는 빌딩이나 산 같은 것이 있을 경우를 회절의 관점에서 생각해볼래?

울리 산 너머에서도 방송이 잘 나오는가 하는 문제인가요? 그렇다면 회절이 잘 될수록 방송이 잘 나오겠죠?

바리 그래~ 큰 빌딩이나 산이 있어도 회절이 잘 되면 방송 수신도 잘 되고, 회절이 잘 안 되면 수신도 잘 안 되지. 보통 AM방송이 FM방송보다 수신이 잘 되는데, AM용 라디오파는 파장이 수 km라서 산이나 큰 빌딩이 있어도 회절이 잘 되기 때문이야. FM용 라디오파의 파장은 수 m 정도거든.

엘리 아하, 그렇군요.

바리 그런가 하면 회절이 잘 안 될수록 유용한 경우도 있는데, 바로 물체를 관측할 때란다.

엘리 무슨 뜻인지….

바리 물체에 빛을 보냈는데 회절이 잘 안 된다면 선명한 그림자를 만들 테니까 물체가 있다는 것을 알 수 있잖아. 회절이 잘 되면 물체의 그림자 대신 빛의 간섭무늬만 보일 거고 말이야. 그래서 가시광선을 이용한 광학현미경으로는 원자를 볼 수 없는 거거든.

울리 가시광선이 원자를 지날 때 회절이 잘 일어나서요? 그 말인즉슨 원자가 가시광선의 파장보다 훨씬 작다는 거네요.

바리 맞아. 가시광선의 파장이 원자보다 약 1,000배 정도 커서 가시광선은 거의 방해를 받지 않고 진행할 수 있는 거지. 따라서 원자의 그림자가 안 생기니 안 보이는 거고 말이야.

울리 그럼 원자들은 어떻게 봐요?

바리 원자 크기보다 훨씬 짧은 파장을 갖는 파를 이용해야 하는데, 이 원리를 이용한 것이 바로 전자현미경이야. 전자의 파동성을 이용한 것이지.

엘리 전자현미경이요? 전자가 파동이에요?

바리 또 양자역학의 세상을 알아야 하는데, 나중에 좀 더 자세히 다루기로 하고(4권 10화 참조), 지금은 전자도 파동일 수 있다고만 알고 있으렴. 전자현미경은 1931년에 독일의 물리학자 에른스트 루스카Ernst Ruska와 전기기술자 막스 놀Max Knoll에 의해 처음 고안되었어.

울리 오래전이네요. 그들도 노벨상을 받았겠죠?

바리 1933년 루스카가 혼자 전자현미경을 제작해서 1986년에 노벨상을 받았지.

엘리 와~ 53년 뒤네요? 오래 살아야겠어요. 히히-

바리 노벨상은 생존자에게만 주니까 오래 사는 것이 중요하긴 하지. 하하- 아무튼 전자현미경의 발명은 생물학 발전에 지대한 공헌을 했어. 광학현미경으로 볼 수 없는 것들을 보게 되었으니 말이야. 모두 양자역학 덕이지.

엘리 양자역학 덕에 우리가 사는 것 같은 느낌인데요? 히히- 근데 이 CD 표면의 무지갯빛은 회절과 어떤 관계가 있는 거예요?

바리 CD 표면은 많은 요철로 되어 있어서(2권 40화 참조) 이것들이 '회절격자diffraction grating' 역할을 하기 때문인데, 회절격자는 '에돌이발'이라고도 불러.

울리 으~ 회절격자는 또 뭐예요? 에돌이발이면 발처럼 생긴 건가요?

바리 여기서 '발'은 커튼 같은 대나무 발의 발을 의미하는 거고, 많은 슬릿들이 촘촘히 배열되어 있는 구조를 의미하는 거야.

울리 아~ 발처럼 슬릿들이 촘촘히 있다는 뜻이군요. 슬릿이 많으면 그걸 통과한 빛들끼리의 간섭도 엄청 복잡하겠어요.

바리 원리는 마찬가지지. 보강간섭이 일어나면 밝고, 소멸간섭이 일어나면 어둡고. 근데 지금까지는 단색광의 입사에 대한 얘기만 했지? 조금 복잡하지만 만일 백색광이 입사한다면 어떨까? 바로, 분산 현상이 나타난단다.

엘리 단색광은 파장이 한 가지인 빛을 의미하고, 백색광은 모든 가시광선이 들어 있는 빛을 의미하는 거죠? 간섭이 무지 복잡하겠어요. 여러 가지 파장의 빛들이 들어오니까요.

바리 영의 이중슬릿 실험에서, 백색광을 보내면 다양한 파장이 경로차에 따라 조금씩 분리되어 보강간섭을 일으키기 때문에 스크린에는 정중앙의 흰색 양옆으로 무지갯빛의 간섭무늬가 생기게 돼. 이 현상이 프리즘이나 공기 중 물방울에 의해 나타나는 분산 현상과 다른 점은 뭘까?

엘리 흠…. 프리즘이나 물방울에서 분산 현상이 나타나는 것은 빛이 진동수에 따라 굴절하는 정도가 달라서였잖아요.

바리 그렇지. 그런데 지금은 굴절과 관계없이 회절에 의한 간섭으로 빛의 분산이 일어난다는 것이 차이점이겠지.

울리 슬릿이 많아지면 어떻게 달라지나요?

바리 보강간섭이 일어나는 조건은 슬릿 개수와 무관하지만, 슬릿 개수가 많아질수록 밝은 무늬의 폭이 줄어들어 간섭무늬가 선명해지지. 그래서 회절격자는 분광기나 장신구에 응용되기도 한단다.

엘리 회절격자로 장신구를 만들면 멋지겠네요. 보는 방향마다 색이 바뀔 테니까요. 근데 CD는 요철이 있는 것이지 슬릿처럼 빛이 통과할 수 있는 게 아닌데도 회절격자인 거예요?

바리 CD에는 약 1μm 간격으로 아주 작은 홈들이 무수히 파여 있는데, 이 홈들 사이 표면에서 반사된 빛들이 간섭을 일으킴으로써 파장별로 분산을 시킬 수 있는 거거든. 이런 것을 회절격자 중 '반사격자reflection grating'라고 부르기도 한단다.

울리 아~ 슬릿을 통과한 빛들의 간섭만 생각할 필요가 없는 거군요. CD를 움직이면 색이 변하는 것은 경로차 때문이겠죠?

바리 그렇지. 특별한 조건에서만 보강간섭이 일어나니까 광원, CD, 관측자의 방향에 따라 색도 변하고 세기도 변하는 거지.

엘리 이제 색들을 보면 많은 생각을 하게 될 것 같아요.

바리 이 밖에도 공작 꼬리의 다양한 색은 비눗방울처럼 얇은 막에서의 반사에 의한 간섭으로 설명할 수 있고, 전복껍질 속, 공작거미, 무지갯빛 구름은 회절에 의한 간섭으로 설명할 수 있어. 비 온 뒤 뜨는 무지개는 굴절로 설명했지만 말이야.

울리 우리가 보는 같은 색들도 원인은 정말 다양하네요.

바리 그동안 빛의 반사, 굴절, 편광, 회절, 간섭에 대해서 얘기했는데, 다음에 오면 빛의 산란에 대해서 알려줄게. 색에 관해서도 할 얘기가 아직 좀 더 있고 말이야.

바리 교수의 물리노트 38

- 회절(에돌이)diffraction: 장애물 뒤쪽까지 파동이 전파되는 현상으로, 파동의 파장이 장애물 크기보다 훨씬 길면 잘 일어나고, 파장이 장애물 크기보다 훨씬 짧으면 잘 일어나지 않는다.
- 회절격자(에돌이발)diffraction grating: 균일한 간격으로 여러 개의 슬릿을 갖는 구조로서, 슬릿을 통과한 빛의 회절에 의한 간섭으로 빛의 분산이 일어나고, 슬릿 수가 많을수록 선명하다.

39 빨간색 장미가 초록빛 아래에서는 검게 보인다구요?

삼원색/산란

엘리 엄마가 아침에 출근 준비를 하면서 엘리에게 새로 산 립스틱 색이 어떤지 물었다. 회사 화장실 불빛에서는 예뻐 보였는데 막상 집에서 보니 별로 안 예뻐 보인다는 것이다. 엘리가 보기에도 약간 부자연스러웠다. 그동안 계속해서 불빛에 따라 색이 달라 보이는 것을 느껴온 엘리는 바리 교수에게 들은 내용을 총동원하여 엄마에게 설명하려 했으나 그만 횡설수설하고 말았다. 그날 오후 울리와 함께 바리 교수를 찾아간 엘리는 엄마의 립스틱 얘기를 꺼냈다.

바리 엄마한테 선택적 반사를 설명해드리면 되었는데 그랬구나.

엘리 아하, 선택적 반사요~

울리 투명 유리에 대해 알려주실 때 설명하신 거죠? (3권 33화 참조)

바리 그래~ 특정 진동수의 빛만 반사시키고 나머지 빛들은 흡수될 때 선택적 반사라고 하지. 밖에서 빨갛게 보이는 립스틱은 빨간색 전자기파만 반사시키고 초록색과 파란색 전자기파는 거의 흡수했다는 뜻이야. 그럼 빨간색이 없는 불빛 아래에선 어떻게 보일까?

엘리 반사할 빛이 없는 거죠? 그래서 검게 보일 것 같아요.

바리 그렇지. 립스틱이 빨간색만 반사할 수 있는데, 불빛에 빨간색이 없으니 검게 보이지.

울리 검은색 입술이요? 멋진데요. 헤헤-

바리 (핸드폰으로 사진을 하나 보여주며) 이런 건 어때?

엘리 검은색 장미꽃이네요. 실제 검은색 장미꽃이 있는 건 아니죠?

바리 이것 역시 빨간색 장미꽃에 빨간색이 없는 불빛을 쪼여서 이렇게 검게 보이는 거야. 잎은 초록색인 걸 보니 초록빛을 쪼인 거네. 그래서 우리가 일반적으로 보는 색들은 '불빛이 어떤 진동수의 전자기파로 되어 있느냐'에 따라 결정돼. 물론 가시광선을 모두 흡수하거나 반사하는 물체도 있지만 말이야.

울리 모두 흡수하면 검은색, 모두 반사하면 흰색으로 보이는 거죠?

바리 맞아. 가시광선이 모두 합쳐지면 흰색으로 보이니까. 그럼 빨간색도 반사하고 파란색도 반사하는 물체는 어떤 색으로 보일까?

엘리 빨간색과 파란색을 섞으면 보라색이죠.

바리 물감을 섞는 것과 가시광선을 섞는 것은 달라서, 빨간빛과 파란빛을 동시에 보면 자홍빛으로 보인단다.

엘리 그래요?

바리 먼저 가시광선의 합성부터 생각해보자. 가시광선은 진동수에 따라 세 계열로 나눠, 빨간 계열Red, 초록 계열Green, 파란 계열Blue 빛으로 표현하는데, 이를 통칭해서 RGB라고 불러.

울리 우리 눈 속에 있는, 색을 구분하는 원추세포가 세 종류기 때문이죠? 각각 RGB 진동수에 반응한다고 들었어요.

바리 알고 있구나? 우리 눈 속의 세 종류 원추세포는 각각 RGB와 공명을 일으키며 반응하지. RGB를 '빛의 삼원색' 또는 '합성원색 additive primary colors'이라고 하는데, 빨간빛과 초록빛이 합쳐지면 노란빛(옐로우Yellow), 초록빛과 파란빛이 합쳐지면 청록빛(시안Cyan), 빨간빛과 파란빛이 합쳐지면 자홍빛(마젠타Magenta)으로 보인단다.

울리 빛이 합쳐져서 나오는 색은 상상이 안 되네요.

바리 그렇지? 각 색깔의 영어 첫 자를 이용해서 나타내면 조금 이해가 쉬울 수도 있는데 누가 해볼래? R+G=Y처럼 말이야.

엘리 R+G=Y, G+B=C, R+B=M이네요. 기억하긴 힘들 것 같아요.

바리 조금 있다가 기억하기 좋은 방법을 알려줄게. 엘리가 표현한 것에 R+G+B=W까지 합치면, Y+B, C+R, M+G는 뭐가 될까?

울리 모두 W가 되는데요?

엘리 RGB가 모두 합쳐지면 흰색인데, 노란색은 빨간색과 초록색의 합이니 파란색만 합쳐지면 흰색이 되니까요. 다른 것들도 삼원색 중 없는 하나를 더해줘서 결국 모두 RGB의 합이 되네요.

바리 그래, 맞아. 그래서 옐로우와 파란색, 시안과 빨간색, 마젠타와 초록색은 서로 보색이라고 해. 옐로우의 보색은 파란색, 시안의 보색은 빨간색, 마젠타의 보색은 초록색이란 뜻이야.

엘리 합쳐서 흰색이 되는 색을 보색이라고 하는군요.

바리 그렇지. 그럼 어떤 물체에 RGB가 모두 있는 백색광을 쪼일 때, 그 물체가 노란색으로 보인다면 흡수된 빛은 무엇일까?

울리 빨간빛과 초록빛이 반사되어 노란색으로 보인 것이니 보색인 파란빛이 흡수된 거겠죠.

바리 맞았어. 시안으로 보이는 것은 빨간빛이, 마젠타로 보이는 것은 초록빛이 흡수됐다고 보는 것도 이해되지?

엘리 그럼 물감을 섞을 때의 색은 왜 이것과 달라요? 빨간색 물감은 빨간빛을 반사하고, 초록색 물감은 초록빛을 반사하니까 둘을 섞으면 노란색으로 보여야 하는 것 아닌가요?

바리 조금 조심해야 하는데, 물감을 섞었을 때는 어떤 빛이 흡수되는가를 살펴보는 것이 더 편하단다. 빨간색 물감은 초록빛과 파란빛을, 초록색 물감은 빨간빛과 파란빛을 흡수하니까 둘을 섞으면 이론적으로는 RGB가 모두 흡수되어 검은색으로 보여야 하지. 근데 실제는 일부 반사되어 보라색으로 보이지만 말이야.

엘리 물감이 섞이는 바람에 거의 모든 색이 흡수되는 거네요.

바리 맞아. 빨간색이 흡수된 경우, 초록색이 흡수된 경우, 파란색이 흡수된 경우 남는 색이 각각 시안, 마젠타, 옐로우기 때문에 CMY를 '색의 삼원색' 또는 '감색원색subtractive primary colors'이라고 해. 이는 물감을 섞었을 때의 색을 분석할 때 유용하지.

울리 그래서 컬러 레이저 프린터에 들어가는 토너가 CMYK로 되어 있는 거군요. 색의 삼원색이 CMY라서요. K는 검은색이 'black'인데 파란색 'blue'와 구분해야 해서 K라고 쓴 것 같고요.

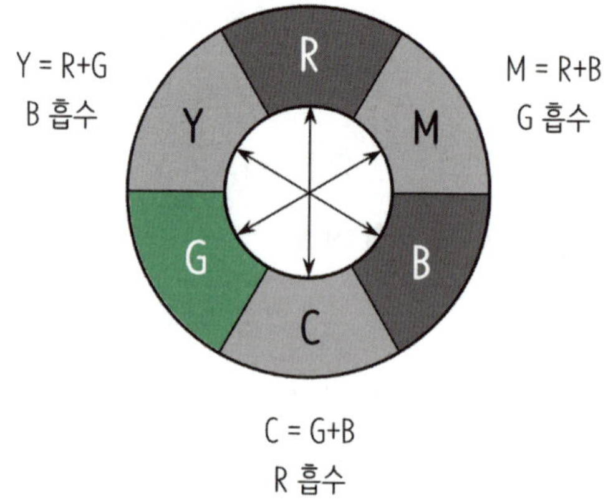

바리 맞았어. 그럼 CMY를 모두 합치면 무슨 색이 될까?

울리 그걸 바로 어떻게 알 수 있지요?

바리 그래서 빛의 혼합을 생각할 때는 먼저 위와 같은 원형고리 그림을 그리고 시작하면 좋단다. 원형고리를 6등분하고 삼각형 모양으로 RGB를 써넣은 후, 역삼각형 모양으로 YMC를 써넣는 거야. 그럼 R 맞은편에는 뭐가 있지?

울리 보색인 C가 있네요. 그리고 G 맞은편에는 M, B 맞은편에는 Y가 있는데, 모두 보색 관계라서 보기 편하네요.

바리 더구나 Y 양옆에는 R과 G가 있는데, Y=R+G잖아?

엘리 완전 신기해요. M 양옆에는 R과 B가 있고, C의 양옆에는 G와 B가 있어서 YMC가 어떤 빛의 합인지 바로 알 수 있네요.

바리 또 Y는 보색인 B를 흡수한 것이라고 이해할 수 있으니, CMY를 모두 합치면 어떤 색들이 흡수되는지도 바로 알 수 있지.

울리 아, CMY를 모두 합치면, RGB가 모두 흡수되어 검은색으로 보이겠군요. 정말 유용한 다이어그램이네요.

엘리 이런 건 재미있어요~ 헤헤-

바리 자, 그럼 이제 산란에 대해 얘기해보자. 빛의 산란은 '빛이 작은 입자들에 부딪혀서 여러 방향으로 퍼져나가는 것'인데, 낮에 파란 하늘이나 저녁의 붉은 노을색은 '레일리산란Rayleigh scattering' 때문이란다.

울리 레일리는 당연히 학자 이름이겠죠?

바리 물론이지. 존 윌리엄 스트럿 레일리John William Strutt Rayleigh는 영국의 물리학자로, 기체 밀도에 대한 연구와 아르곤Argon(질소와 산소에 이어 대기 중 세 번째로 많은 비중을 차지하는 비활성 기체) 발견으로 1904년 노벨물리학상을 받은 사람이야. 레일리산란은 빛의 파장보다도 훨씬 작은 크기의 입자에 의한 것인데, 산란된 빛의 세기가 입사한 빛의 파장의 네제곱에 반비례한단다.

엘리 가시광선의 파장이 원자보다 1,000배 정도 크니 공기 중의 분자들도 역시 가시광선의 파장보다 작겠네요.

바리 주로 산소와 질소분자들인데, 가시광선의 파장보다 훨씬 작지.

울리 파장의 네제곱에 반비례한다는 것은 무슨 의미인가요?

바리 파장이 짧을수록, 또는 진동수가 클수록 잘 산란된다는 뜻이라서 파란 계열의 가시광선이 빨간 계열보다 잘 산란된다는 거야. 그래서 낮에 파란 하늘을 볼 수 있는 거지.

엘리 그럼 저녁 때도 파란 계열이 여전히 더 잘 산란되는 것 아닌가요? 근데 왜 저녁 무렵에는 하늘이 붉게 보이죠?

바리 햇빛이 오는 경로의 길이가 저녁에 더 길기 때문이지. 가장 짧은 경로인 정오엔 파란 계열의 전자기파가 산란한 것을 볼 수 있지만, 긴 경로인 저녁엔 파란 계열이 미리 산란해버려서 우리는 파장이 긴 빨간 계열의 전자기파가 산란한 것을 보게 되는 거야.

울리 그럼 낮인데도 하늘이 파랗지 않고 뿌연 날은 왜 그런 거예요?

바리 공기 중에 가시광선 파장의 $\frac{1}{10}$보다도 작은 분자들이 많을 때는 레일리산란이 주로 일어나지만, 크기가 파장과 비슷한 입자들이 많을 때는 '미 산란Mie scattering'이 주로 일어나거든.

울리 산란도 여러 종류가 있는 거네요? '미'도 물리학자 이름인가요?

바리 맞아. 독일의 물리학자 구스타프 미Gustav Mie의 이름을 딴 거란다. 미 산란은 모든 가시광선을 비슷하게 산란시켜서 흰색으로 보이는 거야. 구름도 미 산란에 의해 희게 보이는 거고 말이야.

엘리 시커먼 먹구름도 있잖아요. 얘들은 왜 시커매요?

바리 재미있게도 물방울들이 아주 커지면 가시광선을 흡수해버려서 먹구름이 된단다. 그리고 더 커지면 중력 때문에 떨어져 비가 되는 거고 말이야.

엘리 어릴 때 아빠가 담배를 많이 피우셨는데 그때 신기했던 게, 담배 연기는 투명한 느낌인데 내뱉은 연기는 뿌옇고 탁했어요. 지금 설명 듣고 보니 그것도 입자 크기와 관계가 있는 건가 봐요.

바리 어릴 때인데 그런 관찰을 했어?

울리 엘리가 어릴 때부터 똘똘했어요~ 히히-

바리 담배를 그냥 태웠을 때는 아주 작은 입자들에 의한 레일리산란이 일어날 수 있어서 푸르스름하게 보이는데, 폐에 들어갔다 나오는 연기는 미 산란 때문에 희게 보이는 거야. 담배 성분 입자들이 폐 속의 물분자와 결합해서 커지기 때문에 레일리산란 대신 미 산란이 일어나는 거거든.

엘리 아하~ 그런 거였군요.

바리 교수의 물리노트 39

- '빛의 삼원색' 또는 '합성원색additive primary colors'은 빨간색Red(R), 초록색Green(G), 파란색Blue(B)이고, '색의 삼원색' 또는 '감색원색subtractive primary colors'은 청록색Cyan(C), 자홍색Magenta(M), 노란색Yellow(Y)이다.
- R+G=Y, G+B=C, R+B=M이고, RGB를 모두 합치면 흰색이 되며, CMY를 모두 합치면 검은색이 된다.
- 레일리산란Rayleigh scattering: 빛의 파장의 $\frac{1}{10}$보다도 작은 입자에 의한 빛의 산란으로, 산란된 빛의 세기는 파장의 네제곱에 반비례하고 모든 방향으로 산란한다.
- 미 산란Mie scattering: 빛의 파장과 비슷한 크기의 입자에 의한 산란으로, 입사한 빛의 파장과는 무관하고 특정 방향으로 산란한다.

40 빛이 파동일 수도 있고, 입자일 수도 있다구요?

빛의 이중성

바리 교수는 엘리와 울리에게 함께 저녁식사를 준비하자고 했다. 메뉴는 돼지등갈비구이와 마늘빵이다. 등갈비는 바리 교수가 손질하고, 울리는 감자, 당근, 브로콜리 등 채소를 다듬고, 엘리는 버터에 마늘을 섞어 바게트에 고르게 발랐다. 재료가 준비되자 바리 교수는 빵은 납작한 팬에, 등갈비와 야채는 움푹한 팬에 담아 올리브유, 소금, 후추로 간을 한 뒤 예열한 오븐에 넣었다.

바리 다 될 때까지 한 시간은 걸리니까 그동안 빛에 대해서 더 얘기하자꾸나.

울리 한 시간이나 걸려요?

바리 오븐 요리는 팬이 불에 직접 닿지 않고 대류와 복사에 의해 덥혀지니 시간은 오래 걸리지만 재료에 골고루 열이 가해지는 장점이 있지. 그래도 마늘빵은 한 20분이면 되니까 먼저 꺼낼 거야.

엘리 네~ 참, 빛에 대해서는 이미 아주 많이 알려주신 것 같은데 아직도 배울 게 많이 남았나요?

바리 하하- 오늘은 그동안 조각조각 나왔던 빛에 관한 얘기들을 다시 정리하면서 빛의 정체를 살펴볼까 해.

울리 빛의 정체요? '파동wave'이라고 밝혀진 것이 아니었나요?

엘리 근데 빛은 '광자photon'라는 얘기도 들어서 헷갈리긴 해요.

바리 지난번에도 얘기했듯이, 옛날에는 빛이 작은 입자들로 이루어져 있다고 믿었지. 이런 믿음은 뉴턴의 주장으로 더욱 확고하게 정설로 자리를 잡았고 말이야.

울리 하위헌스가 빛은 파동이라고 주장했어도 받아들여지지 않았다고 하셨죠.

바리 그랬지. 뉴턴의 영향력으로 18세기 말까지도 빛의 입자설이 지배적이었으니까 말이야.

울리 근데 뉴턴은 왜 빛이 입자라고 주장했을까요?

바리 당시만 해도 파동이 전파되려면 매질이 있어야 한다고 믿었는데, 햇빛은 매질이 없는 빈 공간을 지나온다고 생각했기 때문에 파동일 수 없다고 본 거였지.

엘리 입자로 반사, 굴절, 회절을 설명할 수 있었나요?

바리 반사법칙은 탄성충돌로 설명하고, 굴절은 빛을 이루는 입자와 물질의 입자들 간의 중력으로 휘게 되는 거라고 뉴턴은 설명했어. 다른 색에 따라 굴절을 다르게 하는 것은 색마다 입자의 질량이 다르기 때문이라고 보았고 말이야.

울리 그러고 보면 하위헌스가 대단한 학자 같아요. 당시 뉴턴처럼 저명한 학자의 주장과 다른 주장을 펼 수 있었다니요.

바리 그렇지? 하위헌스는 빛의 속력이 입자의 속력치고는 너무 빠르고, 회절 현상은 입자로 도저히 설명할 수 없는 것이라고 생각했지. 이미 설명했듯이 하위헌스 원리와 더불어, 그는 빛이 매질에 들어가면 빛의 속력이 느려져서 굴절을 하게 된다고 주장했지만 당시에는 매질 속에서의 빛의 속력을 잴 수 없어서 그 주장을 증명하기가 어려웠거든.

엘리 그러다 1801년에 영의 이중슬릿 실험으로 빛은 파동이라는 것이 입증된 거군요.

울리 넌 몇 년도인지도 외우고 있어?

엘리 외우고 말고 할 것이 뭐 있어? 기억하기 쉽잖아~ 헤헤-

바리 맞아. 그리고 영의 실험 이후 빛의 파동성에 대한 실험적 증거가 쏟아져 나오면서 19세기에는 빛의 파동설이 정설이 되었지. 특히 프랑스의 물리학자 오귀스탱-장 프레넬Augustin-Jean Fresnel은 편광 성질과 함께 빛의 진행 방향이 파원의 진동 방향과 서로 수직한 횡파라는 것을 보였단다. 그래서 요즘은 하위헌스 원리를 '하위헌스-프레넬 원리Huygens-Fresnel principle'라고 부르기도 하지. 그러나 매질이 없는 공간에서 어떻게 파동이 전파되는지는 여전히 이해할 수 없었어.

엘리 맥스웰이 빛은 전자기파임을 알아낸 것이 아주 중요했겠네요?

바리 그래. 맥스웰이 1864년에 빛이 전자기파임을 발표하고, 1873년에는 우리가 다루었던 4개의 맥스웰 방정식을 내놓았지만, 여전히 빛은 특별한 매질을 통해 전파된다고 생각해서 이 매질의 존재를 입증하려는 실험들을 수행했지. 빛의 파동설을 처음 주장한 하위헌스는 이 매질을 '에테르aether'라고 가정했어.

울리 실험은 실패했겠군요. 우리는 지금 결과를 아니까요. 히히-

바리 그때 실행한 실험 중 제일 유명한 것이 '마이컬슨-몰리 실험Michelson-Morley experiment'인데, 나중에 좀 더 자세히 설명하겠지만, 울리 말대로 실패였지. 점점 정교한 실험장치를 만들어 여러 번 반복했지만 모두 실패했어.

울리 평생 연구한 것이 소용없어졌겠네요?

바리 비록 가장 유명한 실패 실험이라는 기록을 남겼지만, 이 실험을 한 학자인 앨버트 에이브러햄 마이컬슨Albert Abraham Michelson은 정교한 광학장치를 개발한 공으로 1907년 노벨물리학상을 받기도 했어. 미국인이 수상한 첫 노벨과학상이었지.

엘리 와~ 그럴 수도 있군요.

바리 마이컬슨 간섭계는 여러 다른 실험에도 유용하게 사용되어왔는데, 2015년에는 이 간섭계를 사용해서 아인슈타인이 예측한 중력파를 탐지하는 데 성공해 다른 노벨상을 낳기도 했단다. 또 1905년 발표된 아인슈타인의 특수상대성이론의 기본 가정인 광속불변은 마이컬슨-몰리 실험의 결론이기도 했고 말이야.

엘리 완전히 실패로 끝난 실험인 것만은 아니었군요~ 근데 저희도 상대성이론을 공부하는 건가요? 우주여행을 하고 왔더니 딸이 할머니가 되어 있고 그런 거 말이에요~ 헤헤-

바리 곧 할 날이 올 거야. 상대성이론도 구경은 해야지. 19세기까지는 뉴턴과 맥스웰의 이론에 따른 고전물리학의 시대였다면 20세기로 들어가면서 물리학에 대대적이 변혁이 일어났는데, 그중 하나가 상대성이론이거든.

울리 그리고 양자역학이겠죠?

바리 그렇지. 그동안 뉴턴의 운동방정식과 맥스웰의 방정식을 모두 다루었으니까 이제 20세기로 넘어가야겠지?

울리 빛이 파동이라고 힘들게 믿게 되었는데 광자가 등장한 것도 20세기 물리학과 관계있는 거겠죠?

바리 그게 바로 양자역학의 출현과 연결되는데, 재미있게도 19세기 말에서 20세기 초에 빛이 파동이라면 도저히 설명할 수 없는 실험들이 나오게 된 거지. '흑체복사black-body radiation 실험'이 대표적이었어.

울리 흑체복사요?

바리 들어오는 모든 전자기파를 흡수하는 물체를 흑체라고 하는데, 예전에 열복사 얘기를 했듯이(2권 21화 참조) 흑체도 자신의 온도에 따라 전자기파를 방출하거든.

울리 기억나요. 복사에너지가 온도의 네제곱인가에 비례한다고 하신 것 같아요. 맞나요?

바리 오래되었는데 그걸 기억하고 있구나. 흑체복사 실험은 흑체에서 나오는 전자기파의 파장별로 세기를 측정한 것인데, 맥스웰의 전자기이론으로 설명할 수 없었던 실험이야.

엘리 전자기파를 맥스웰의 이론으로 설명할 수 없으면 어떡해요?

바리 그러니 문제였지. 여러 학자가 실험 결과를 설명하려고 했으나 온도별로 특정 파장에서 최대 세기를 갖는 실험 곡선분포를 얻지 못한 거야. 그러던 중 1900년에 막스 플랑크Max Planck라는 독일의 물리학자가 흑체복사 실험 결과곡선에 해당하는 수학적 식을 억지로 찾아서 의미를 따져봤어.

엘리 그런 방법도 있군요?

바리 더욱 신기한 것은 여러 온도의 흑체복사에 대한 실험곡선들이 상수 하나만 지정하면 이 수학적 식과 잘 들어맞았던 거야. 이 상수가 바로 대표적 보편상수 중 하나인 '플랑크상수Planck constant'고 말이야.

울리 그 수학적 식으로 어떻게 광자가 나오게 되죠?

바리 플랑크의 흑체복사법칙이 맞으려면, 에너지에 어떤 기본량이 존재해서 그 기본량의 정수(n) 배만큼의 에너지만 가질 수 있고, 에너지(E) 기본량은 진동수(f)에 비례해야 했는데, 이것이 바로 '플랑크의 양자가설Planck's quantum hypothesis'이야. 에너지와 진동수 간의 비례상수가 플랑크상수(h)고 말이지.

울리 아, 그럼 그 기본량은 광자 하나가 가진 에너지라는 뜻이군요? 그래서 빛이 광자들로 이루어져야 한다는 거고요?

바리 플랑크는 '에너지의 기본량을 갖고 있는 것'을 '양자quantum'라고 불렀고, 당시 빛의 양자라고 본 것이 지금의 광자란다. 근데 사실 이런 자신의 결론을 플랑크는 끝까지 믿으려 하지 않았어. 의도하지 않게 양자혁명의 아버지라 불리고, 그 공으로 1918년

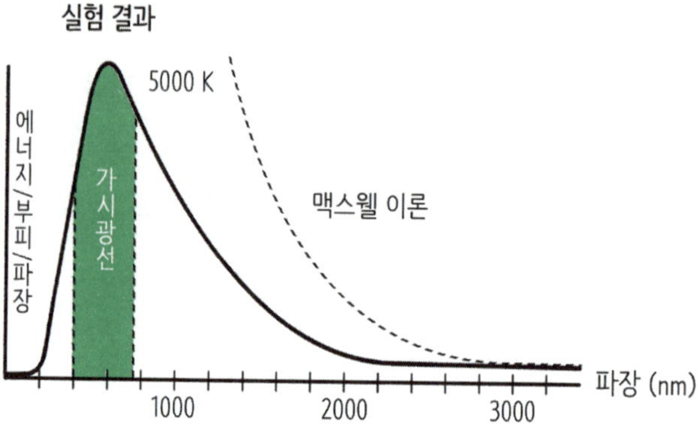

〈 플랑크의 양자가설 〉

광자에너지 $E = hf$

Planck 상수 $h = 6.62607015 \times 10^{-34} J \cdot s$

에 노벨물리학상도 수상했지만 말이야.

엘리 그만큼 혁신적인 아이디어였다는 거죠?

바리 맥스웰의 전자기이론이 완성된 이후의 시대는 물리학 영역에서 더 이상 연구할 것이 없으니 물리학을 전공하지 말라고 했던 시절이었는데, 양자혁명을 일으켜 양자역학이라는 새로운 이론이 만들어지게 했으니까. 플랑크의 양자가설을 적용해 고전물리학으로는 설명할 수 없었던 광전효과를 설명해서 1921년에 노벨상을 받은 아인슈타인도 양자역학을 완전히 받아들이지는 않았어.

울리 그 분야의 학자들조차 부인했던 혁명이라니 흥미롭네요~ 근데 그럼 빛은 파동이에요? 입자예요?

바리 어떨 때는 파동이고 어떨 때는 입자지. 전자도 어떨 때는 입자고, 어떨 때는 파동이고 말이야. 다음부터는 20세기 물리학 얘기를 해줄게. 상대성이론과 양자역학의 세계를 기대해보렴~

바리 교수의 물리노트 40

- 빛은 맥스웰의 전자기이론을 따르는 전자기파electromagnetic wave기도 하고, 플랑크의 양자가설을 따르는 광자photon들의 흐름이기도 하다.
- 플랑크의 양자가설Planck's quantum hypothesis: 에너지에 어떤 기본량이 존재해서 그 기본량의 정수(n) 배만큼의 에너지(E)만 가질 수 있다. 여기서 에너지 기본량은 진동수(f)에 비례하고, 비례상수는 플랑크상수(h)다.

$$E = nhf,\ h = 6.62607015 \times 10^{-34}\,\mathrm{J \cdot s}$$

- 19세기까지는 뉴턴의 운동법칙과 맥스웰의 전자기이론이 물리학을 주도했으나, 20세기부터는 상대성이론과 양자역학이 물리학의 새로운 지평을 열었다.

다이얼로그 물리학 ❸

전자기학

펴낸날 1판 1쇄 2022년 2월 25일
지은이 이공주복
펴낸이 정은경
펴낸곳 이화여자대학교출판문화원
주소 서울특별시 서대문구 이화여대길 52 (우03760)
등록 1954년 7월 6일 제9-61호
전화 02) 3277-2965 (편집), 362-6076 (마케팅)
팩스 02) 312-4312
전자우편 press@ewha.ac.kr
홈페이지 www.ewhapress.com
책임편집 이지예
본문 디자인 김리영 · 정혜진
표지 디자인 이현정

ISBN 979-11-5890-455-5 04420
979-11-5890-452-4 04420(SET)
값 19,000원

* 잘못된 책은 구입처에서 바꾸어 드립니다.